Life and Death on a Scorched Planet

熱浪會先殺死你

THE HEAT WILL KILL YOU FIRST

JEFF GOODELL

傑夫・古戴爾——著 徐仕美、畢馨云——譯

獻給席夢（Simone）

熱指數

・**三千萬**[1]
目前住在極端高溫（年平均溫度攝氏二十九度）環境的人數

・**二十億**[2]
二〇七〇年可能居住在極端高溫環境的人數

・**每年一英里**[3]
陸地動物遷往更高海拔、更冷緯度的地方的平均移動速率

・**每年二點五英里**[4]
瘧蚊遷往更高海拔、更冷緯度的地方的平均移動速率

・二億一千萬[5]

二〇一九年以來，面臨嚴重糧食不安全狀況的人數增加情形

・百分之二十一[6]

過去二十年來，氣候引發高溫與乾旱所導致的全球農業損失

・二十五萬[7]

每年槍枝造成的全球死亡人數

・四十八萬九千[8]

每年極端高溫造成的全球死亡人數

目次 contents

序幕
適居區 15

極端高溫是一種我們未曾想過的力量，或許是人類創造出來的產物，但其強大程度和預示能力有如天神一般。因為所有生物都面臨同樣的命運，而且結局簡單明瞭：如果原先習以為常的溫度區間上升得太多、太快，沒有生物能夠活下來。

第一章
警世故事 31

如果你的身體太快變得太熱，無論是因為大熱天來自於外界的熱，或者發高燒來自於體內的熱，你的麻煩就大了。……我們住在科技發達的世界裡，很容易讓人相信自然的狂野力量已經被馴服。但也因為世界變化得如此之快，我們掌握不到自身面臨的危險的規模與急迫性。

第二章
熱如何形塑我們 57

和所有生物一樣，人類的體溫調節策略已經最佳化，非常適應我們過去約一萬年來生存其中的適居區。但是當前這個世界變化得太快，快到天擇都趕不上，這些策略開始落伍了。

第三章
熱島
73
氣候變遷讓城市面臨的風險更加嚴重：高溫、洪水、基礎設施故障、民眾流離失所。……隨著城市發展和溫度上升，鳳凰城、清奈，以及許多相似城市的未來，是一種溫度上的種族隔離……這不是我們建立一個正義、公平或和平的世界的方法。

第四章
逃亡的生命
89
在全球各地，氣候危機使人們四處奔波，並引發各種激烈的政治後果……移民由許多因素促成，但是缺糧和缺水一定排在前幾名，這兩種因素會由於極端高溫而變得更嚴重。

第五章
剖析犯罪現場
107
極端事件歸因科學誕生了。極端事件歸因是有史以來第一門考慮到法庭而發展出來的科學。科學變成一種伸張正義的工具：人們如何看待人為氣候變遷的衝擊，以及他們認為誰應該負責。

第六章
神奇谷 129
我們的世界正在以快速的步伐變化，而我們如何與從何處取得糧食並沒有快速應變。……如今變化莫測的天氣不只讓農民的作物更難生存，也讓農民更難決定每一年要在田裡種什麼。……隨著溫度上升，破壞全球糧食系統的風險也在上升。

第七章
暖水塊 151
海洋吸收的熱並沒有神奇地消失，這些熱只是儲存在海底深處，之後會再輻射出來。……海洋吸收熱再緩慢釋出，藉此減低了氣候的波動，使日夜與寒暑的溫度高低變化有所緩衝。這也代表在未來幾個世紀，熱會持續滲出，抵消人類試圖讓地球降溫的努力。

第八章
血汗經濟 163
富裕國家把許多經濟活動帶入室內，這些地方可以安裝空調，但是多數開發中國家的經濟依賴勞力密集的戶外工作。……熱暴露除了直接導致中暑等風險，後續還可能造成嚴重的長期健康問題。

第九章

世界盡頭的冰

181

音樂與酒吧，公路和交通，市中心的新建築以及湖上的船舶……全是文明的喧囂，全是生活，無一不散發熱…… 想像這座城市裡的分子振動得更快，這些分子再撞到其他分子，舞動的分子一路振動下去，最終傳到南極洲，一個如此遙遠的地方。

第十章

蚊子是我的媒介

201

熱使得自然世界重新排列，並將疾病演算法重新改寫。……熱浪，以及洪水與乾旱等高溫氣候事件，使得我們已知的人類傳染病，包括瘧疾、漢他病毒、霍亂、炭疽病，半數以上都變本加厲。

第十一章

廉價冷氣

221

地球變得愈熱，就愈覺得需要空調，感覺愈有必要，需要的用電也愈多。只要一部分的用電是由化石燃料產生的，就代表溫室氣體汙染愈嚴重，這也會使氣候進一步暖化。……空調系統根本不是什麼降溫技術，而只是讓熱氣重新分配的工具罷了。

第十二章
隱形的東西不會傷害你
241

極端高溫的危險和巨大影響並未獲得應有的關注。事實上，這些危險和影響幾乎是無形的。麥克勞德認為，讓它們引人注意，可以挽救數百萬人的生命。「高溫對健康的風險正在不斷增加，如果要傳達這種風險的危險和嚴重性，替熱浪命名是最清楚不過的方法。」

第十三章
烤焦、逃跑，或行動
263

處於危險境界的不只是建築物本身，還有我們的歷史、文化，以及我們的身分認同。由於氣候危機正在加速，而且變成更緊急的問題，事實很殘酷，我們無法挽救所有事情。……我們已經進入新的氣候與能源典範，我們需要一種社會與文化方面的轉型，程度之大，恐怕是過去二十年當權者無法想像的。

第十四章
白熊
289

停止地球繼續暖化的最好方法，就是停止燃燒化石燃料，並且不再繼續排放二氧化碳到大氣中。一旦真能如此，地球的溫度將會停止上升。然後，在那之後的幾十年到幾百年當中，人類不走回頭路，不燃燒化石燃料，不再排放二氧化碳到大氣裡，地球的溫度將會逐漸下降。

尾聲
跨出適居區 313
寫這本書的過程中，最令我驚訝的是，我不只發現了，熱可以如何輕易且迅速地殺死你，而且發現到熱是一種強烈的提醒：我們彼此之間，以及我們與所有生物之間的連結是多麼深刻。無論我們走向何方，我們都一起踏上這趟旅程。

平裝版後記 323
對於全球暖化科學之父的漢森來說，二〇二三年是跨越界限的時刻。漢森預料，把地球氣候暖化限制在攝氏一・五度的目標，也就是國際間一致同意要限制危險變遷的風險的目標，在二〇二四年將被「實際超越。」

致謝 333
名詞解釋 337
注釋 343

該死的炎熱……我……喔，天哪，
我快要……他媽的……撐不下去了！

——麥可．赫爾（Michael Herr），《戰地快訊》（*Dispatches*）

序幕

適居區

The Goldilocks Zone

當熱浪來襲，它無形無跡。熱浪不會折彎樹枝，也不會吹動髮絲拂過臉龐，讓你知道它來了。地面更不會搖晃。它悄悄籠罩你，以預期不到或控制不了的方式影響你。你會流汗，你的心跳加快，你覺得口渴，你的視力模糊。感覺太陽就像槍管瞄準你。植物正在哭泣。鳥兒從天空消失，全都躲到蔭涼處。汽車變得滾燙。所有色彩似乎都變淡。空氣有燒焦的氣味。甚至你還沒真的看到著火，彷彿就能感受到火焰。

二〇二一年夏天，太平洋西北地區的氣象預報員警告民眾，有一股熱浪即將到來。華盛頓州雅基馬谷（Yakima Valley）的工人凌晨一點被叫到櫻桃果園，搶在成熟果實爛掉之前採收。空調工程行的電話接到手軟。家得寶（Home Depot）與勞氏（Lowe's）居家裝修賣場的電扇銷售一空。紅十字會啟動高溫預警網路，提醒民眾補充水分並多關心獨居的家人與朋友。圖書館與教會為遊民及需要庇護的人設置冷卻中心。在波特蘭的蒙特諾瑪郡（Multnomah County），負責緊急災難管理的主管克里斯・沃斯（Chris Voss）決定開放奧勒岡會議中心，做為提供數百人降溫服務的避難所。「即將來臨的熱浪不只是令人覺得不舒服，」該地區的主要衛生官員珍妮佛・維恩斯（Jennifer Vines）[1]告訴佛斯，「這股熱浪會危及性命。」

然而，這股熱浪的威力之強，沒有幾個人能料得到。畢竟，太平洋西北地區長久以來被視為「氣候避難所」。如果你想要住在不受氣候變遷威脅的地方，你會搬到這裡。這一帶有海灘、湖泊、高聳的樹木，還有適合栽種任何東西的火山土，可以長出藍莓、黃楊木，到釀成世界級名酒的黑皮諾葡萄。喀斯開山脈有冰河，奧林匹克國家公園的溫帶雨林鬱鬱蔥蔥，以及吸引大批開拓者踏上奧勒岡小徑的伊甸園天堂所留下的幾處遺跡。一九七〇年代，史帝夫・賈伯斯（Steve Jobs）在這地區的果園採收蘋果，他愛這項工作，於是把自己的電腦公司取名叫蘋果。熱浪？沒什麼大不了。這裡不是鳳凰城，那座城市受到高溫宰制。這裡也不是新德里，高溫在那裡既是女神，也是惡魔。太平洋西北地區的那個夏季，所有人或許都知道熱浪就要來臨，但是沒有人認為會變成幽靈般的酷熱力量，強烈到讓柏油路面熔化、害死摯愛的人，並且強迫他們重新看待自己所居住的世界。

這次的熱浪大約一個星期前在太平洋生成。大氣波在北半球徘徊，形成一個高氣壓頂蓋，海洋輻射出來的熱在蓋子下方累積。當這團熱移向海岸，規模與強度都迅速增加（陸地反射熱與放大熱的效率比水好得多)，產生科學家所說的高溫穹頂(heat dome)。二十四小時內，波特蘭市區的溫度從攝氏二十四度飆升到四十六度[2]，是一百四十七年的觀測紀錄中最高的溫度。*充滿蕨類與蠑螈的美國西北部，突然間，變得像是經過烘烤而硬化的鋼鐵或杜拜的沙漠。

冰是自然界最靈敏的溫度計，最早記錄到這種熱。喀斯開山脈的冬季降雪最後從陰暗凹地與山頂冰河退去。隨著有保護作用的積雪消失，藍色的冰河冰開始融化，化成滾滾灰色泥水朝向河床與峽谷奔去，帶走比化石燃料時代、書籍，甚至比金字塔更久遠的古老沉積物。融冰形成的水淹沒了道路和城鎮，再湧入河流後出海。哥倫比亞河是西北部最大的河流，夾帶大量沖刷下來的沉積物，環繞地球的衛星拍攝到一股羽毛狀灰色水流注入太平洋數英里遠的影像。

河川溪流中，洄游的鮭魚立即感覺到水溫的變化。鮭魚在太平洋的寒冷鹹水裡生長了三、四年，此刻正在淡水裡逆流而上，回到出生地產卵，開始新的生命週期。鮭魚的旅程是自然界的偉大奇蹟，但也是脆弱的奇蹟。河川在往下流出山區後，淺淺的河水溫度很容易上升，這種溫暖的逕流使得力爭上游的鮭魚很難呼吸(水溫愈高，動能讓氧分子振動得愈快，於是氧分子得以擺脫分子鍵的束縛，散逸到空氣中。有一位野生生物學家告訴我：「魚類就像感覺到牠們頭上套著塑膠袋呼吸一樣。」)牠們的閃亮銀色外皮冒出紅色病斑，背上長出棉花團般的真菌。有些魚游到更冷的支流

* 編按：為了方便臺灣讀者，除非特別標註，本書中提到的溫度都已轉換為攝氏度數。

逃過一劫，但是還有上萬條鮭魚精疲力竭、快要窒息，就在溫暖的河水中解體，成為其他魚類的食物，或給沖上河岸，遭到浣熊和鵰肢解。

在山上和谷地，每一棵植物與樹木遭受高溫攻擊，但它們的根扎在土地上，無法移動，這些綠蔭製造者本身都不能倖免。隨著氣溫上升，植物奮力與高溫對抗，和人類一樣，在太陽與熱抽乾土壤以及植物葉子和樹幹的水之前，它們試圖保存水分。整個太平洋西北地區，植物葉片下表皮的氣孔緊閉，就像屏住呼吸，希望高溫趕快過去。黑莓和藍莓的植株從自己的果實汲取水分，任由果實在莖上枯萎。榕樹與楓樹等闊葉樹的葉子變得脆化、捲曲。隨著氣溫上升，一些最常曝晒在陽光下的樹會打開氣孔，拚命透過蒸散作用試圖降溫。它們的根從乾燥土壤用力吸取水分，卻把氣泡吸入樹幹的維管束，導致樹幹裂開。科學家說，如果你用合適的麥克風，可以聽見樹在吶喊[3]。

在山區，大角羊往高海拔移動。鴿子棲息在樹蔭下的枝頭上，張開翅膀，讓身體通風，牠們氣喘吁吁，像狗一樣。還不會飛的毛茸茸雛鷹，要不是和兄弟姊妹待在炎熱的巢裡一起面臨高溫煎熬，不然就是往巢外跳。許多雛鳥選擇跳出去[4]。結果有健行者在地上發現了數十隻發抖的骨折小鳥，把牠們帶到野生動物救傷復健中心。

然而，對於某些動物來說，這是大好時機。生活於高溫下的毛蟲，體內的病原會被熱殺死。蛆可以在死於河岸的鮭魚嘴中孵化。對於松樹皮甲蟲（pine bark beetle）這一類正在肆虐西部森林的入侵物種，高溫讓就像牠們大口喝下紅牛飲料一樣，代謝加速，胃口大增，行動起來有如大軍，橫掃占地千畝的傑弗利松（Jeffrey pine）。

在市區與市郊，空調轟隆轟隆運轉。過載的電力線嘶嘶作響並往下垂。電網控制中心的調度員緊急回報電力公司，他們啟動閒置的天然氣發電廠，以備在緊急時刻迅速發電（以及獲利）。在奧勒岡州的蒙特諾瑪郡，戶外體育活動與音樂會全數取消，志工人員打了成千上萬通電話，確認殘障人士與老年人是否安然無恙。在英屬哥倫比亞省的溫哥華，警察一時之間接到大量電話，民眾通報他們遇到呼吸困難或心跳停止的狀況。警笛大響，醫院的急診室擠滿了喘不過氣、臉色泛紅的人。醫生亟欲讓他們的體溫快速下降，甚至把病人放進裝著冰塊的屍袋[5]。

維瓦克・山達斯（Vivek Shandas）是波特蘭州立大學的都市研究與規劃教授，他開著豐田Prius車，載著十一歲的兒子蘇海爾（Suhail），到處測量這座城市各處的溫度。蘭茨（Lents）是波特蘭最貧窮的區域之一，樹木很少，大多是水泥地，山達斯測到攝氏五十一度（華氏一百二十四度）的溫度，是他長達十五年高溫紀錄中曾經量到的最高值。「我把車子停好，打開車門，最先感覺到眼睛在燃燒，」山達斯回憶[6]，「皮膚像遭到火烤。彷彿你正在融化。」他開車到威拉米特高地（Willamette Heights），這裡是樹木林立的郊區，充滿了公園，綠意盎然，房價中位數大約是一百萬美元。他也測量了氣溫，是攝氏三十七度（華氏九十九度）[7]。熱浪來襲時，財富可以提供十四度的涼爽。

沒有人確切知道，太平洋西北地區這場七十二小時的極端高溫中，究竟有多少人喪命。官方統計是一千人[8]，然而高溫是難以捉摸的殺手，不一定會出現在死亡證明書上。真實的數字可能會大很多。無論正確人數是多少，其中必然包括六十七歲的蘿絲瑪麗・安德森（Rosemary Anderson）[9]，她被人發現在自己家中身亡，屋內溫度高達三十七點五度，前一天晚上，鄰居才傳了訊息給她說：「晚安，睡個好覺，願你在枕頭上找到許多天使羽翼。」這些人也包括六十三歲的喬琳・布朗（Jollene Brown）[10]，她獨自居住在公寓，離安德森家只有幾英里遠，布朗的兒子夏恩發現她時，她坐在La-Z-Boy搖椅式布沙發上，一隻腳放在腳托上，一隻腳踩在地板上，就像是她想起身，但是沒有空調的小客廳的牆壁燙到讓她起不來。今天大多數熱浪所見到的情形是，最早沒命的人是那些獨居、無力負擔空調或有健康問題而虛弱的年長者。熱浪像是某種意義上的燒殺擄掠，最脆弱的人會先被除掉。但情勢正在改變，當熱浪愈來愈強，愈來愈普遍，在淘汰人口時會更一視同仁。

甚至早在熱浪侵襲太平洋西北地區之前，這裡的森林就已經著火了，由於多年來溫度不斷升高，雨量持續下降，讓森林變得乾燥易燃。但是在英屬哥倫比亞省，高溫造成利頓（Lytton）發生類似自燃的現象，這個地方位於夫拉則河（Fraser River）與湯普森河（Thompson River）的匯流處，過去是採礦營地（人口約兩百五十人），第一民族（First Nations）的原住民更早就在此生活了數千年之久。河水通過湯普森峽谷的黑花岡岩，形成壯觀的激流，使得附近的這座村莊在一九七〇年代再度興盛，變成泛舟勝地。熱浪來襲的第三天，利頓的溫度到達令人難以忍受的四十九度。洛娜・范德里奇（Lorna Fandrich）記得她從村裡的華人歷史博物館（Chinese history museum）望向窗外，看到樹上的葉子掉落，彷彿秋天的情景，但那時還只是六月；這間博物館是洛娜和丈夫創立的，為了紀念那些建造鐵路和在採礦營地工作的華人勞工，並向他們致敬。她後來說：「我心想，好奇怪啊。」[11] 然後風勢大作，一列運貨火車路過，鋼輪迸出火花。幾分鐘內，村子陷入火海。村長揚・波爾德曼（Jan Polderman）開著本田迷你廂型車在村子裡疾駛，呼籲仍在遲疑的居民撤離。他還讓一位落單的逃難者搭便車，那個男人正在路上奔跑，手上提著裝了貓的籠子[12]。

傑夫・查普曼（Jeff Chapman）與父母住在村莊外圍，正要煮晚餐時看到濃煙與大火逼近。「十分鐘後[13]，我們的房子完全被火焰吞噬，」他說，「我們無計可施，無處可逃。」隨著火焰吞沒房子與周遭的樹木，查普曼要六十多歲的父母趕快躲到壕溝裡，那是幾天前為了修理化糞池才挖的。壕溝的空間容納不下三個人，於是他搬來一旁鋪屋頂用的金屬板蓋住爸媽，然後自己到附近的鐵軌去尋找掩護，希望能夠度過大火。

就在這時，電力線崩落，打在他父母藏身的地方。「我知道我爸媽在那個洞裡，我看著房子燒起來，心想：**『喔，我的天哪。』**」查普曼從烈火煉獄中倖存，他的雙親卻沒有。

幾天後，如同奇蹟一般，利頓的天空再度變藍，氣候恢復涼爽。這座村莊已經夷為平地，仍持續悶燒。華人歷史博物館的灰燼中，只有幾件瓷器保存下來。村子外圍的花旗松看起來像黑色長矛。村民對於發生的事情感到悲傷與恐懼，並且誓言要重建村莊。同時，遠方的海邊有大量的柔軟海星、貽貝與蛤蜊被沖上岸。英屬哥倫比亞大學的動物學家克里斯・哈雷（Chris Harley）估計，這場為期三天的熱浪殺死海洋生物的數量超過十億[14]。

但隨著六月來了又去，夏天轉成秋季，生活回到常態，人們對熱浪的記憶褪去，每一次熱浪留下的記憶總是如此，後來變成夢魘般的短暫影像，連你都不確定那是真實的經歷，或者，那是你不願想像的未來。

你或許想過溫度計上代表熱的數值，無論是華氏或攝氏溫標。你想到的熱是一種漸進的線性過程，就像是一種在你周遭的空氣，會一點一點地升溫或降溫，能夠用某種恆溫裝置來控制。二十一度比二十度熱一點，二十度又比十八度熱一點。季節的更迭也能讓我們感覺到溫度的微幅變化——冬天逐漸暖和，直到春天來臨，然後春天逐漸變成夏天。是的，有些日子明顯比其他日子更熱或更冷，我們只能大吹冷氣或套上毛衣。我們相信這種情形會過去，日子會恢復正常。溫度就像是我們騎慣了的旋轉木馬。

這種漸進感也適用於氣候危機。由於人類燃燒化石燃料，地球變得愈來愈熱。這就是一種事實，如同夜空中會有月亮一樣明確。到目前為止，經過二百五十年的拚命消耗燃料，大氣中增加許多會困住熱的二氧化碳（CO_2），全球溫度比前工業時代高了一．二度，而且到本世紀末將會再高三．三度以上。我們燃燒的石油、天然氣與煤炭愈多，溫度將升得更高。

科學家長期警告，氣溫比前工業時代多攝氏二度是氣候變遷的危險臨界點，我們目前的增溫已經超過二度。當世界的溫度上升二度，可能會發生什麼情形，聯合國的政府間氣候變化專門委員會（Intergovernmental Panel on Climate Change）的報告裡充滿驚悚的細節，從冰層崩落到害死作物的乾旱。但是，對於科學家以外的人，亦即地球上的大多數人而言，攝氏二度的增溫聽起來一點都不危險。誰能分辨氣溫二十五度的某一天和氣溫二十七度的另一天有什麼區別？還有人主張說，極端低溫也會害死人[15]，造成各種天氣相關的問題，所以世界變得更熱或許不是壞事。*甚至「全球暖化」這種說法聽起來很溫和動人，似乎暗示燃燒化石燃料導致的最嚴重後果，反而是帶來更棒的海灘般天氣。

對於「熱」的一般概念，阻礙我們理解高溫的後果。在大眾文化中，火熱代表性感，熱門代表很炫，酷熱代表新潮。網站會發布新書、電影、電視節目與演員的熱門清單。臉書最初的起源，是馬克・祖克柏（Mark Zuckerberg）在哈佛大學宿舍創立類似Hot Or Not[16]網站的FaceMash，讓網友為哈佛女生的吸引力排名。熱是一種表達強烈感情的方式——酒吧裡的那個男人讓你渾身發熱，或者我和他陷入白熱化激辯。至於那些很容易激動的人，我們說他們很熱血。我目前住在奧斯丁，附近有一家健身房叫做熱力訓練營。在這裡，汗水有淨化的功能，象徵內在的力量（或許這就像回到中世紀時代，透過哲學家多瑪斯・阿奎那〔Thomas Aquinas〕所說的「精液的基本熱力」[17]，那時認

* 關於極端高溫與極端低溫的死亡率，在第二四五頁的注釋有更多說明。

為熱與男子氣概有關)。邁阿密是美國最熱的城市之一,那裡的炎熱對於戶外工作者形成致命威脅,而且由於格陵蘭與南極大陸的冰層融化,這座城市經常淹水,但是他們的籃球隊叫做邁阿密熱火隊(Miami Heat),並沒有諷刺的意味。

我寫這本書的目的,是要說服你以不一樣的方式思考熱。我在這裡討論的熱,不是溫度計上逐漸遞增的數值,也不是春天悄悄變成夏天的變化。這種熱是一種作用力,能夠使鐵軌彎曲,甚至在你還沒意識到生命受威脅時就殺死你。科學家尚未徹底理解這種熱可以移動得多迅速,或者下次會出現在何處(在真的發生之前,太平洋西北地區出現致命熱浪的機率與撒哈拉沙漠下雪的機率差不多)。但是,科學家的確知道一件事:由於燃燒化石燃料,這種熱才會釋放出來波及我們。在這種意義下,極端高溫完全是人為產物,與中國的長城一樣,切切實實都是人類文明的遺產。

我們消耗化石燃料所產生的熱到底有多少,很難完全弄清楚:根據一項測量,海洋每秒吸收的熱,相當於三顆核彈釋放出來的熱。而且因為二氧化碳會在大氣裡停留數千年,當我們最終停止排放二氧化碳到大氣,氣溫也不會冷卻下來。零排放只能讓氣溫不再上升,無法逆轉。在找到方法把空中的二氧化碳吸走之前,我們將會困在一顆愈來愈熱的行星上。

我們注入空中的熱,是造成氣候危機的主要原動力。你最常聽到的氣候衝擊,從海平面上升、乾旱到野火,都是不斷變熱的行星造成的二級效應。一級效應就是熱。熱是促使行星發生混亂的引擊，是促使冰層融化而導致世界各地沿海城市淹水的隱形力量。熱使土壤變得乾燥，也讓樹木脫水到變成易燃物。熱使得啃食作物的昆蟲變得更加活躍，並讓含有上一次冰河期的細菌的永凍土解凍。下一次肆虐的全球大流行病，很可能是動物身上的某種病原為了尋找涼爽之處棲息，而跳到人類身上的。

熱是一種神祕的力量，因為它的效應可慢可快。想想乾涸麥田的情形，數個月的高熱把土地裡的水分抽出來，釋放到空中。然後再想想熱浪，好比巨大的捕蚊燈，在你還來不及了解發生什麼事情時就殺死你。極端高溫穿透每一顆活細胞並使之融化，如同融化在夏日人行道上的冰棒。熱會逆轉演化，導致熵和無序。這就是葉慈（W. B. Yeats）詩中寫到的不斷擴大的迴旋*，是一種毀滅性的力量，把宇宙帶回混亂的起點。在有了光之前，就已經有了熱。熱是萬物的起點，也是萬物的終點。

你不需要是好萊塢編劇，就能想像得到極端高溫如何改變我們的世界。有一些事情不證自明。溫度上升時將促使大遷徙的發生，不論是人類、動物、植物、工作、財富、疾病都將移動。這

---

* 葉慈在一九一九年寫下〈二次降臨〉(The Second Coming）這首詩，就在第一次世界大戰結束後不久，詩的開頭是：環繞盤飛於不斷擴大的迴旋之中／隼聽不見馴隼者的呼聲／萬事分崩離析；中心無力維繫。

些事物會尋找更涼爽的生態區位，讓自己能夠繁榮興盛。有些東西會發展得比其他東西更好。旅鶇比大象更容易遷徙。毒漆樹比橡樹更快蔓延。種植小麥的農夫比栽種桃子的農夫有更多選擇。有些生物卻無處可去。北極熊無法遷徙到比北極更北的地方。哥斯大黎加的蛙類不能跳到加拿大。

與許多動物和植物相比，人類的處境好多了。在科技的協助下，我們能夠適應許多事情。有一位建築師告訴我：「如果你的錢夠多，你可以打造出解決各種問題的方法。」就某些方面來說，他是對的。如果我們能夠隔空傳送圖片，也能操縱探測車在火星上繞來繞去，那麼就可以設計出如何在炎熱地方生活的新方式。你能在巴黎、洛杉磯和世界各地許多城市看到這種情形正在發生，那些地方種植了遮蔭樹，街道漆成白色來反射陽光。植物遺傳學家正在培育更能忍受高溫的新品種玉米、小麥和黃豆。主管公眾健康的官員宣導如何在熱浪中自我保護的手法愈來愈熟練。服飾公司正在研發可以反射陽光且能更快散熱的高科技織物。

但即使是有錢有勢的人，適應極端高溫也有局限。有一種想法認為，八十億人只靠著大吹冷氣或尋找松樹的庇蔭，就能繼續繁榮發展下去，這樣是深刻誤解了我們為自己創造的未來。在巴基斯坦西部，只有富人當中最富有的那一群人買得起冷氣，當地一年中有數個星期的天氣，對於人類來說已經熱過頭了。種植幾千棵樹，也救不了他們。在印度，我與住在混凝土貧民窟的家庭交談，那裡熱到他們開門時手會被燙傷。麥加與耶路撒冷等聖城，因為有數百萬人前來朝聖，變成汗水淋漓的熱鍋。二〇二二年的夏天，中國百分之六十三的人口，也就是九億人[18]經歷了長達兩個月的熱浪，農作物死亡，還引發野火。「世界氣候史上[19]，沒有任何事情可以和中國正在發生的情形相比擬，」一位天氣史學家宣稱。

在高溫帶來混亂的世界，熱揭露了不平等與不公義的深刻裂縫。貧窮等於脆弱。如果你有錢，可以把冷氣開大一點、囤積食物與瓶裝水，並且安裝備用發電機，以備停電之需。如果情況遭透了，你可以賣掉房子，搬到更涼爽的地方。回過頭來說，如果你沒錢，只能待在沒有鋪設隔熱材料的公寓或拖車，沒有空調的情形下遭受酷熱煎熬，即使有老舊簡陋的冷氣機，你也負擔不起運轉的費用。你無法搬到涼爽的地方，因為你擔心失去工作，也沒有積蓄從頭開始。「我們都處於暴風雨中，但是我們不在同一艘船上，」密西西比州格林維（Greenville）前市長希瑟．麥克蒂爾．托涅（Heather McTeer Toney）[20]在美國國會作證時這麼說，「我們有些人坐在航空母艦上，有些人只是套著游泳圈載浮載沉。」

達特茅斯學院（Dartmouth College）的研究人員[21]估計，自從一九九〇年代以來，氣候變遷引發更多極端熱浪，造成全球經濟十六兆美元的損失。高溫使得孩童的考試分數[22]下降，孕婦流產[23]的風險上升。長期暴露會增加心臟與腎臟疾病[24]的死亡率。當面臨高溫壓力，人們會更衝動[25]，更容易發生衝突[26]。社群媒體上的種族歧視[27]與仇恨言論激增。自殺的人變多[28]。槍枝暴力事件頻仍[29]。性侵[30]與嚴重暴力犯罪增加。研究發現，在非洲與中東地區，氣溫變高與內戰[31]爆發之間有相關性。

對於過熱行星上的生命而言，最殘酷的事實是：隨著溫度上升，許多生物將會死亡，其中可能包含你認識與深愛的人。《刺胳針》（*The Lancet*）這份聲望卓著的醫學期刊上的一項研究估計，二〇一九年全世界有四十八萬九千人[32]死於極端高溫。這遠遠超過颶風與野火等其他天然災害加起來的死亡人數，也超過槍枝與毒品導致的死亡人數。而這個數字只是可直接歸咎於高溫的死亡人數。還有一些死亡人數是由於高溫加重了地面的臭氧汙染（也就是霾害），或者乾燥森林野火的煙霧而造成的。煙霧的微粒能夠進入大氣中，飄散數千英里遠。當你吸入這些微粒，會產生各種健康問題，包括氣喘到心臟病。這種死亡數字很巨大：全球每一年有二十六萬[33]至六十萬人因吸入野火濃煙而死亡。煙霧汙染不只危害火場附近的人。加拿大西部發生野火，與三千英里外美國東岸住院人數激增[34]有直接相關。

地球的歷史充滿了劇烈的溫度波動現象，推動的因素有火山噴發、隕石撞擊，以及地質劇變。北極曾有棕櫚樹生長，紐約市曾經覆蓋了兩千英尺厚的冰層[35]。但是過去約三百萬年來，也就是人類演化的期間，氣候相對穩定。至少穩定到讓我們的祖先得以遷徙、適應、茁壯。

但是，這樣太平的歲月可能結束了。地球上一次比今天還熱的時候是十二萬五千年前[36]，早在勉強算得上人類文明的任何事物出現之前。地球的溫度自一九七〇年起持續飆升，速度之快是有史以來的任何四十年[37]都望塵莫及的。二〇一五到二〇二二年的這段時間，是紀錄中最熱的八年[38]。

二〇二二年，有八億五千萬人[39]居住的地區經歷到空前的高溫。在全球各地，致命熱浪持續的時間愈來愈長，溫度愈來愈熱[40]，發生得愈來愈頻繁。有一項最近的研究發現，比起我們在工業時代初期開始把二氧化碳排入大氣之時，讓太平洋西北地區陷入火熱境界的那種熱浪在今天發生的可能性上升到一百五十倍[41]。海洋[42]的溫度在二〇二二年來到有紀錄以來的最高點，海洋是上億人所仰賴的食物供應來源，而且對氣候有重大影響。即使在南極洲這個地球上最寒冷的地區，也無法倖免。二〇二二年三月，一股熱浪侵襲這片冰封大陸，讓溫度升高到比平常高了**三十九度**[43]，足足有三十九度！

極端高溫正在改變地球，這顆行星有廣大區域逐漸變成不適合人類生活。最近有一項研究推算，今後的五十年間，將有十億到三十億人[44]被排除在過去六千多年來孕育出文明的氣候條件之外。即使我們相當快速地轉型到清潔能源，到了二一〇〇年，全世界還有一半的人口將暴露在致命的溫度與濕度組合下[45]。另一項研究警告，世界部分地區可能炎熱到只要走到戶外幾個小時，「即使是適應力最好的人[46]都將喪命。」

地球上的生命就像演化打造出來的一部機器，經過精心校準，在設計參數內運作良好。熱從根本上破壞了這部機器，擾亂細胞的功能、蛋白質的摺疊、分子的移動。的確，有些生物在高溫下發展得比其他生物更好。走鵑就過得比冠藍鴉好。撒哈拉銀蟻可以在炙熱沙漠上奔跑，儘管那些沙子熱到能夠立即燙死其他昆蟲。黃石國家公園攝氏七十七度的熱溫泉中，仍有微生物生存。三十歲的鐵人三項運動員更能撐過氣溫四十三度的日子，勝過七十歲的心臟病患者。是的，我們人類是一種非凡生物，有卓越的能力調整自己，以適應瞬息萬變的世界。

然而，極端高溫是一種我們未曾想過的力量，或許是人類創造出來的產物，但其強大程度和預示能力有如天神一般。因為所有生物都面臨同樣的命運，而且結局簡單明瞭：如果原先習以為常的溫度區間（科學家有時稱為適居區[47]）上升得太多、太快，沒有生物能夠活下來。

Chapter 1

警世故事

A Cautionary Tale

二〇二一年八月十六日的那個星期一，保母上午十一點來到美珠（Miju）家要照顧她，但很驚訝發現沒人在家。美珠是強納森・格瑞希（Jonathan Gerrish）與鄭艾倫（Ellen Chung）的一歲大女兒，他們才剛逃離灣區，搬到內華達山脈在加州的山腳處開始新生活，距離昔日的淘金鎮馬里波沙（Mariposa）不遠。他們居住在現代風格的三房住屋，座落於有稀疏森林的十英畝土地上。屋子有木地板、一根石造大煙囪，以及幾扇高大的長方形窗戶，可以俯瞰蜿蜒崎嶇、沒有樹木的魔鬼峽谷（Devil's Gulch）。從二樓的臥室，恰好可以望見東方三十五英里外的酋長岩（El Capitan）的頂端，那是優勝美地谷（Yosemite Valley）極具代表性的花岡岩層結構。這幢房子是他們遠離喧囂矽谷的避難所，格瑞希是一位軟體工程師，為矽谷的Snapchat即時通訊應用程式公司工作。

保母有房子的鑰匙，她自己開門進來，呼喚這家人的名字。沒人回應。這個週末很熱，但幸好空調開得很強，屋裡很涼爽。但更令人疑惑的是，這對夫婦一定會帶出門的尿布袋還在。

保母最後一次見到他們是上個星期五，那時她才把房子整理好。當天晚上，鄭艾倫還很高興地把美珠開始走路的影片發給她，並沒有提到他們星期一將不在家。格瑞希和鄭艾倫很疼愛美珠，也似乎對於山腳下的新生活很開心雀躍，他們不是那種會臨時起意開車到拉斯維加斯旅行就突然失蹤的人。

保母很擔心，於是打電話給幫格瑞希一起整修他名下另一幢房子的營建經理，以及自己所知經常與格瑞希聯繫的人。營建經理起初不以為意，因為格瑞希和鄭艾倫是「很活躍的家庭」[1]，日後撰寫警方報告的調查員如此表示。然而，保母與營建經理開始打電話、發訊息給這對夫婦的朋友，詢問是否有人見到他們。一位住在馬里波沙的朋友史帝夫・傑夫（Steve Jeffe）在臉書貼文：「嗨，請問有人這兩天聯絡過格瑞希和鄭艾倫嗎？拜託回覆。」[2]那天下午五點，幾位友人開始駕車四處尋找這一家人。到了十一點，他們向馬里波沙郡的警長報案。

幾個小時後，有一位警官在海特灣步道（Hites Cove trail）的起點發現格瑞希的卡車，這裡離他們家只有幾英里遠。到了清晨四點，一組搜救小隊抵達現場。他們駕駛一臺可以越野的全地形車沿著步道前進，手電筒的燈光劃破了黑暗。隊員以無線電回報說在步道發現行蹤，但在追尋到麥瑟德河（Merced River）時失去了蹤跡。這時太陽升起，一架直升機調來支援，更多搜救隊伍抵達。有一隊前往另一條充滿之字形路線、通往河流的陡峭步道。他們順著步道走了一英里半的距離，在上午九點半左右發現格瑞希、美珠以及他們的狗歐斯基（Oski）的遺體。格瑞希呈坐姿，美珠和歐斯基在他身旁。

一開始，搜救小隊沒有發現鄭艾倫的身影。大約一個半小時之後，一位警官從發現格瑞希的地點沿步道往回走，注意到「步道邊坡上有一些鬆動的土壤，[3]似乎有東西或人嘗試往上爬。」他看到一隻鞋子，然後是鄭艾倫的遺體。調查員後來的結論是，這家人死的時候正在步道健行。鄭艾倫最後所在的位置顯示，她放棄走步道，想要直接爬向山上——調查員認為，這代表他們遇到緊急狀況，她不顧一切想要回到卡車上。

但是即便鄭艾倫努力回到卡車旁，可能也無法進到車裡。調查員搜索這個地區時，在格瑞希陳屍處往下一百英尺的步道上，找到福特汽車的遙控鑰匙。那是不小心從他的口袋掉出來的嗎？還是他原本拿在手中，但是掉在路上，卻渾然不知，這或許代表他已經陷入恐慌，有些神智不清了？

搜救人員沒有發現謀殺的跡象。遺體上沒有傷痕，也沒有掙扎的痕跡。由於地點偏遠且地形複雜，遺體無法立即移走，改由兩位警官在現場守夜，保護遺體不被熊和郊狼破壞。隔天早晨，加州公路巡警局派一架直升機把這家人從步道空運出來。

※　※　※

格瑞希和鄭艾倫大約在出事的一年半前搬到馬里波沙，就在第一個孩子美珠出生之前。他們原先住在舊金山，鄭艾倫取得諮商心理學的學位之後，擔任瑜珈教學工作，格瑞希在Snapchat公司與程式碼纏鬥。但是，後來懷了美珠，加上Covid-19疫情爆發，他們想要改變。兩人決定離開城市，讓美珠在接近自然的地方長大。馬里波沙距離優勝美地國家公園的入口只有一小時的車程，是野性與魅力兼具的理想地方。這家人的一位朋友說：「他們愛上馬里波沙這一帶。」[4]

格瑞希出生於格林斯必（Grimsby），這裡是英格蘭東北方的古老漁港，他的父親是小學老師，母親是私人診所的櫃臺人員。弟弟理查小他兩歲，回憶小時候，爸媽會帶他們走很遠的路。「哥哥和我在山間溪流築水壩，在樹林中玩抓人遊戲（刺激版的捉迷藏），」理查在一篇關於童年的文章寫道，[5]「但我們通常最後會抱怨走這麼遠的路，然後哭了起來，因為我又累又餓，而且腳好酸。」格瑞希中學畢業後，進入紐卡斯爾大學（Newcastle University）主修資訊科學。他在英格蘭陸續為幾家軟體公司工作，然後跳槽到Google在倫敦的分部。當這家公司提供轉調加州的機會，他欣然接受。「強尼（格瑞希）在自己的成長過程中有一點內向，」理查告訴我，「他搬到舊金山後，找到一群自己人。他愛上那裡。」

格瑞希身高六英尺四英寸，留著鬍子，頭髮蓬亂，稍微有點長度，像是從來沒梳過一樣。他穿帆布鞋，是綠色和平組織的支持者，喜歡聽鐵克諾與深度浩室音樂。火人祭（Burning Man）是他認為最神聖的慶典，這是夏末在內華達沙漠舉行的活動，充滿各種服裝造型，以及超級狂歡的迷幻氛園。許多朋友叫他強尼，這個名字展現了他孩子氣的熱情與魅力。其中一位朋友說：「你能看到比強尼更開心的人可不多。」[6]

鄭艾倫在加州橘市（Orange）長大，二〇一二年從加州大學柏克萊分校畢業。父母是一九七〇年代從南韓來的移民，後來在橘市開了一家很成功的餐廳。她畢業之後，在一家科技公司擔任行銷工作好幾年，但是她想要有所改變。於是鄭艾倫去註冊加州整合研究學院（California Institute of Integral Studies）的課程，那是一間位於舊金山的私立大學，有著基於東方文化與哲學的理念，她在那裡發現自己擅長協助別人探討本身的問題，而且深受這件事吸引。她帶著一頂優雅的草帽，喜歡陽光穿過加州紅杉樹林的樣子，以及猶他州錫安國家公園的開闊遠景。

格瑞希和鄭艾倫都很寵愛美珠。你可以在他們的每一張合影看到，格瑞希的臉上展現幸福爸爸的燦爛笑容，鄭艾倫臉上充滿喜悅和新手媽媽的疲憊。美珠張大雙眼，等著認識世界。她正要開始走路，開始用眼睛追逐飛過天空的鳥兒，開始理解身旁的一切神奇事物。格瑞希與鄭艾倫很保護他們的小女兒，也很注意她周遭的環境。他們曾經請本地的建築承包商把女兒的臥室改建得酷一些，因為那房間「太乏味了」。[7]

健行的前一天，格瑞希在Google Pixel 4手機上，利用AllTrails應用程式規劃路線。這個應用程式可以幫使用者找到當地的步道，提供地圖與海拔高度，還可以看到其他健行者留評論的地方。格瑞希在二〇二一年記錄了十六次健行[8]，大多是三、四英里的行程，全都在他家附近的山嶺和峽谷。

他為家人計畫的健行，並非去偏遠地方進行蠻荒冒險。這趟健行的步道起點只離他們的房子幾分鐘車程，終點是魔鬼峽谷的山頂，幾乎就像是在他們自家的前院裡。步道沿著山脊延伸，然後轉往陡峭的下坡路，切到麥瑟德河的南支流，這條河自優勝美地流出，經過峽谷蜿蜒至馬里波沙。步道沿著河岸的路段很平坦，綿延大約三英里。從這裡格瑞希畫了一個右轉，這會帶他們走上爬坡二千三百英尺的陡峭路徑，穿越惡魔峽谷，回到卡車的停泊地點。總而言之，這是一條八英里長的環狀路線。

格瑞希喜愛自然，但不是重度的戶外活動者。他的弟弟理查目前與妻子和四個孩子住在蘇格蘭，他擔任外展教育組織（Outward Bound）的指導者有數年的時間，帶領青少年到野外探險。理查也利用繩索下降的方式到全世界的一些深邃洞穴探險（包含奧地利一個叫做「適合瘋狂蚯蚓和壁虎」〔Fit for Insane Worms and Geckos〕的洞穴）。相反的，格瑞希比較像是週末探險家。與格瑞希一起翻修另一幢房子的營建經理稱這對夫妻是「都市佬」[9]，還說格瑞希想升火的話會去商店買木柴，而不是自己砍柴。

碰巧的是，格瑞希在健行前一天打電話給理查，詢問帶小孩出門要注意什麼事情。格瑞希還跟弟弟提到，他那天到房子外頭巡了一下，感覺天氣熱得不尋常。格瑞希也說到計畫隔天全家去健行，勘查麥瑟德河是否有可能適合游泳的水域。理查很清楚在高溫下健行會有危險，於是提醒哥哥要多帶一些水，並且早一點出發。格瑞希說好，答應在天氣變得太熱之前就會離開步道。

星期日早上，格瑞希與鄭艾倫清晨就起床。他們沒吃早餐就收拾裝備，帶了登山杖、嬰兒背帶、尿布、美珠的吸管杯，以及八歲大的歐斯基的狗鏈，牠是一隻混有秋田犬血統的強壯大狗。至於飲用水，艾倫準備了一個魚鷹牌（Osprey）水袋，可以裝八十五液盎司（大約是二．五夸脫）的水。格瑞希穿著深色短褲、黃色T恤和網球鞋。艾倫穿著登山靴、彈性纖維短褲及黃色背心。這對父母叫醒美珠，給她穿上短袖連身服與粉紅色的鞋子。然後，兩人把所有東西都裝到他們那輛二〇二〇年的灰色福特猛禽車（Ford Raptor）上，這是越野版的F-150皮卡車，然後出發到五分鐘車程外的步道起點。

上午七點三十分左右，有一位女士在海特彎路（Hites Cove Road）上溜狗，這條路就只是一條狹窄的泥土路，她看到他們的卡車駛過，停在步道起點。上午七點四十四分，格瑞希在步道拍下全家的第一張自拍照。當時氣溫是攝氏二十多度，濕度不高，是個溫暖宜人的早晨。格瑞希很可能估計，在正常的情形下，八英里的環狀路線也許四、五個小時能走完。如果一切順利，他們應該最晚在下午一點可以離開步道，恰好在午後太陽發威之前。

內華達山脈的山麓仍有一八五〇年代與一八六〇年代加州淘金熱的標誌。你可以看到河岸遺留成堆的舊尾礦，還有廢棄的礦場棚屋與溜洗槽。馬里波沙地區的山脈中，有十二英尺厚的石英脈貫穿其間，而石英脈是黃金的地質產地。海特彎（Hites Cove）曾經是有一百多人的採礦營地，也是格瑞希與鄭艾倫健行的地方。淘金熱早已消退，但你偶爾還會遇到探礦者拿著金屬探測器在這一帶遊走。如今，大多數健行者是為了春天的野花而來的，尤其是為了加州罌粟花（也就是金英花）的壯觀橙色花海，這種植物在炎熱、乾燥的石質土壤上長得特別茂盛。健行時，你可能看到熊、截尾貓、郊狼（其實更可能看到牠們的糞便）。在峽谷底，有碩大的紅鱒棲息在麥瑟德河的深潭與漩渦裡。

近幾年，氣候引發的高溫與乾旱把這個地區變成火絨盒，在二〇一八年的佛格森大火（Ferguson Fire）[10]中遭到嚴重燒毀。這場大火延燒將近十萬英畝的面積，導致優勝美地國家公園數十年來首度被迫關閉，兩位消防員殉職。起火原因是一部車輛的觸媒轉化器過熱，點燃乾草與受樹皮甲蟲感染的樹木，蔓延成大火。火災後的三年期間，野花回來了，石質土壤冒出幾棵幼樹，但大多數樹木是兀立在原地的焦黑枝幹，很難讓健行者或野生動物在炎熱的午後有樹蔭可乘涼。

甚至在二〇一八年之前，格瑞希就曾選擇一條有點風險的健行步道。走出峽谷的陡峭上坡路，是沿著面向東南方的山坡，這代表整段路都會遭到太陽荼毒。「這段步道很可怕，」[11]一位當地人在社群媒體上寫道。「有毒漆樹、響尾蛇，腳踝還可能骨折，不值得，」另一位當地人在和煦的春天走這段山路，讚歎山坡上盛開的野花，但是提到這裡毫無遮蔽，有點危險，「我不會在大熱天來健行。」[12]

對於格瑞希一家人來說，這次健行一開始很輕鬆。前兩英里幾乎都是下坡路。早晨的太陽令人感到舒暢，光線斜斜照在群山。他們只花了一個小時多一點的時間就抵達河畔，然後停下來，在上午九點零五分自拍另一張全家照。接下來的一個半小時，他們沿著河岸散步，很可能在那裡休息一下，喝了水袋的水，甚至還把手伸進冰涼的河水中，捧起水弄濕臉龐。

上午十點二十九分，他們在河邊拍下最後一張全家自拍照，然後開始爬坡。此時是他們離開卡車的三個小時之後了。氣溫已經升高到將近攝氏三十八度，隨著每一分鐘過去，天氣愈來愈熱。陡峭步道旁，先前遭到火燒的樹木都變得黑黝黝、光禿禿的。長得很高的草被太陽晒到變成金黃色，甚至像酥脆食物的褐色，有如麥桿一樣。

如果這本書當中，有一項觀念可以拯救你的性命，那就是：人體是一種熱機，和所有生物一樣。光是活著，就會產生熱。但是，如果你的身體太快變得太熱，無論是因為大熱天來自於外界的熱，或者發高燒來自於體內的熱，你的麻煩就大了。

每一個生物體應對熱的方式都不同（下一章會提到更多）。我們人類努力把體內溫度維持在攝氏三十七度，不管外界溫度是多少。如果外面很冷，我們會讓血液流到重要器官，為它們保暖。如果外面很熱，我們會讓血液流向皮膚，再靠著出汗而變得涼爽。這也是為什麼濕熱比乾熱危險，因為空氣的濕度愈高，愈不利於汗水蒸發與散熱。如同所有生物，我們的身體有耐熱極限。這些極限會隨著年齡、整體健康狀況及許多其他因素而不同。但研究人員的普遍共識是，攝氏三十五度[13]的濕球溫度（wet bulb temperature）是人類適應濕熱的上限；基本上，這個溫度代表室外的氣溫與濕度都很高（請見〈名詞解釋〉了解濕球溫度的定義）。超出這個極限，我們的身體產熱的速率會比散熱的速率還快。

這就是麻煩的開頭。體溫過高（hyperthermia）導致一連串生理反應，起初可能是暈眩和熱痙攣，最後變成中暑，這種症狀就可能且通常會致命。

一般說來，中暑可分為兩種：典型中暑和運動型中暑。典型中暑可以發生於小孩、老年人、體重過重的人，以及有糖尿病、高血壓、心血管疾病等慢性病的人。酒精與某些藥物（利尿劑、三環抗憂鬱劑、抗精神疾病藥物）會增加發作機率。夏天被留在車上的嬰兒，或者居住在沒有空調的高樓層的長者，經常會出現典型中暑。

另一種是運動型中暑，通常發生於年輕人與健康的人。起因是劇烈活動加速體溫上升。只要你活動肌肉，就會產生熱。事實上，肌肉進行動作時，你所花費的能量只有大約百分之二十是真的用在肌肉收縮上，其餘的百分之八十都變成熱。這就是為什麼馬拉松跑者、自由車手和其他運動員有時會進入所謂的運動誘發的體溫過高狀態，體內溫度往往可達三十八到四十度。這一般不會造成後續的傷害，但是如果你的體溫繼續上升，可能引發一連串災難，因為你的代謝速率急遽上升，就像失控的核反應爐，身體無法自行冷卻。

這過程不需要很長的時間。即使年紀輕或身體好，也救不了你。事實上，年輕力壯反而會驅除熱衰竭的警告訊號，等到出事為時已晚。數年前，維吉尼亞州有一位十八歲的年輕人凱利．瓦特

（Kelly Watt）[14]把車停在山路上，然後進行一趟十五分鐘的戶外跑步，他經常在夏季炎熱的午後到那裡練習；瓦特是一位田徑明星，而且還是身懷抱負的記者。幾個小時後，瓦特的爸爸在灌木叢發現兒子的遺體，就在離汽車不遠的地方。車子上留有手印，顯示瓦特在跑步後曾回到車旁，但是由於過熱失去方向感，他打不開車門，然後搖搖晃晃走入灌木叢，倒在那裡，氣絕身亡。*二〇二一年七月的一個上午，三十七歲的超級馬拉松跑者，同時身為兩個小孩的父親的菲利普・克雷切克（Philip Kreycik）[15]，開車到加州普雷珊頓（Pleasanton）附近的山丘，打算去跑步。他把自己的Prius車停在泥土道路，水瓶留在中控臺上，人就出發了。中午，氣溫來到將近四十一度。克雷切克的妻子發現他失蹤，於是向警方報案，幾個小時後就有數百人響應加入搜救行列，阿拉米達郡警長辦公室（Alameda County Sheriff's Office）表示這是西岸目前為止規模最大的搜救行動之一。有一萬兩千人加入同一個臉書社團，為了幫助尋找克雷切克，並總共募捐超過十五萬美元給他的家人。二十四天後，終於在一處人煙稀少的地方發現他的遺體。死因是體溫過高。

克雷切克與瓦特都是優秀的運動員，也知道他們跑步時天氣會很熱，兩人都沒隨身帶水。但是，這有關係嗎？二〇一六年，三十四歲的麥可・波波夫（Michael Popov）[16]在八月一個炎熱的日子到

---

*瓦特為沙洛斯維（Charlottesville）的在地新聞週刊《鉤》（*The Hook*）撰稿，是每週體育專欄「運動透視」（Sports Wrap）的作者。諷刺的是，他去世的那天早上才睡過頭，原因是前一晚熬夜撰寫職業賽馬騎師伊曼紐・荷西・桑切斯（Emanuel Jose Sanchez）在里奇蒙（Richmond）附近的科洛尼爾當斯（Colonial Downs）賽馬場中暑過世的報導。

死亡谷（Death Valley）進行六英里的慢跑，他是世界級的頂尖超級跑者，經常在崎嶇的內華達山脈跑數百英里。他帶了四瓶的水加冰塊。兩個小時後，他被人發現倒在路旁，當天稍後死亡。

水分和熱衰竭及中暑有何關係，眾說紛紜。想要流汗，一定需要水分。如果身體脫水，你就不會出汗。如果你不會出汗，身體就無法降溫。但是，喝水本身不能降低體內的核心溫度。換句話說，脫水可以使熱衰竭與中暑惡化，但你可以在水分充足時仍死於中暑。蒙大拿大學的一項研究中[17]，在極端高溫下工作七個小時的一位野火消防隊員雖然持續補充大量的水分，水量是身旁其他消防隊員的兩倍以上，但他的核心體溫仍然高達四十度，這已經快要中暑了。

山姆・謝弗朗（Sam Cheuvront）在麻州的美國陸軍環境醫學研究所（US Army Research Institute of Environmental Medicine）工作超過二十年，是研究熱與補水的專家，他對我這麼說：「在沒有脫水的情形下，熱衰竭與中暑[18]還是可能發生。不過，我們推測適度補水可以延緩熱衰竭，因為脫水會加劇熱衰竭。但是，適度補水無法避免中暑。」

炎熱的時候多喝水，當然很重要。一般的建議是，在適中的溫度下進行溫和活動，每個人需要大約半夸脫（十六液盎司）的水。然而，在極端條件下，這樣還是不太夠。體內水分充足的人一個小時最多可以流失三夸脫的汗水，但不論你喝下多少水，身體一個小時只能補充大約兩夸脫的水，因此如果你長時間待在很熱的地方，要考慮缺水的問題。

即使是每小時流失兩夸脫汗水的速率（這大概是消防員穿著消防衣在炎熱環境下工作的情形），

一個小時後的脫水量將超過體重的百分之二，此時開始造成心臟的壓力，大多是由於血容量變少。這也會使得你的肌肉、皮膚、腦、器官之間競爭血流的情形加劇。

處理中暑唯一有效的方法，是趕快讓人體的核心體溫降下來。沖冷水、泡冷水，或者泡在冰盆裡（或如同我在序幕提到的裝著冰塊的屍袋），都是可以降溫的措施。此外，由於血管的分布，人體有一些部位，像是腳底、手掌、臉的上半部，表皮下的血液循環很旺盛，我們可以趕快從這裡加以冷卻。而服用泰諾（Tylenol）或阿斯匹靈並沒有幫助。事實上，這兩種藥物都會影響腎臟的功能，讓你的身體更難應付體溫升高的狀況。只有核心體溫下降之後，中暑帶來的破壞才會停止，身體才有機會開始修復。

離開麥瑟德河岸大約一個半小時後，格瑞希、鄭艾倫、美珠與歐斯基遇上大麻煩。他們已經爬了兩英里的上坡路，但是還有一英里半的陡峭之字形步道要走，才能回到卡車上。

上午十一點五十六分，格瑞希從口袋拿出手機，嘗試發送一封簡訊：[19]「（名字隱去）你能幫我們嗎？我們在薩維奇倫迪步道（Savage Lundy trail），正要走回海特灣步道。沒有水，寶寶過熱（over heating）。」後來的紀錄顯示，當時的氣溫將近攝氏四十二度。但是，陽光直接照射在步道上，沒有任何遮蔭，岩石吸收很多熱再釋放到環境中，格瑞希一家人實際感受到的溫度肯定更高。

格瑞希與鄭艾倫應該曾經有一度停下腳步想過，是不是放棄往上爬，走回河邊，找個地方避難，這樣會比較好。河畔雖沒有太多樹蔭，但是多少還有一些。他們原本可以涉入沁涼河水中讓自己稍微冷卻一下。但同時，如果他們撤退到河邊，最後仍然得走出來，下午就是會愈來愈熱。等到溫度下降，最後一抹太陽消失，代表要等到午後稍晚或天色已暗的時候。雖然這可能是安全的決定，仍有其風險：他們的水已經喝完，而沿著河岸有許多標誌警告登山客不要飲用河水，因為河裡長著有毒藻類。比起中暑的危險，有毒藻類真正導致生病的風險非常低，但是格瑞希與鄭艾倫可能不知道這一點。

美珠的食物也是問題。他們攜帶的尿布和嬰兒奶粉不夠撐過一整天。或許，出於愛女心切，他們認為最好的方式是，自己冒著酷暑，衝回山上的卡車，把空調開到最大，這麼想讓他們感覺到如釋重負，似乎擺脫了炎熱帶來的夢魘。

格瑞希的簡訊中出現錯字（把over打成or ver），可能不過是急著想把訊息發出去的跡象。但是也可能代表高溫已經讓他的認知功能出現問題，這在嚴重熱衰竭很常見。如果是這樣的話，會讓是否要繼續在炎熱中往上爬，或者回到河邊尋找庇護，這種需要清醒頭腦來決定的事情難上加難。

無論格瑞希那個時刻在想什麼，他很清楚處境愈來愈惡劣。接下來的二十七分鐘內[20]，他嘗試打出五通電話，但由於那個地區沒有通訊服務，沒有一通成功打通。他沒有撥打九一一。如果他撥了，可能有機會得到回應，九一一電話在偏遠地區以不同的方式傳送到基地臺，所以有時候在其他電話無法接通的地方會被接收到。格瑞希可能不知道這件事，或者他只是神智不清而沒想到。不管怎樣，他在十二點三十六分試圖打給某個人求救。到那時，他們離開有樹蔭的麥瑟德河岸已經兩個小時了。

幾年前一個炎熱的五月天，我在尼加拉瓜攀登馬德拉斯火山（Maderas volcano）。這座火山位於尼加拉瓜湖中的奧美特匹島（Ometepe Island）上。步道蜿蜒穿過茂密雨林，色彩鮮豔的鸚鵡一閃而過，蜘蛛猴成群懶散地躺在樹上。爬到火山頂全程六英里，爬升高度是三千七百五十英尺。這是很陡峭的爬山行程，但是我體力很好，人又健康，沒有任何疾病。所以，為什麼不去呢？有一天清晨，我從自己待的村子搭公車到不遠處的尼加拉瓜湖。在湖邊的小棚子，我遇到一位當地的嚮導，我僱了他陪我爬山（遵守尼加拉瓜的法律規定）。我可以看到遠方的火山。它的輪廓簡單且對稱，就像六歲小孩畫的山。

登山之前，我的嚮導羅伯托確保我們都攜帶足夠的水。我們也帶了一些堅果、糖果棒和水果乾。羅伯托不會說英語，我不太會說西班牙話。他穿著俄亥俄州大學七葉樹隊的T恤，背著一個小背包。

我們出發時，天氣很暖和，大約二十七度，而且很潮濕。這對我來說已經很溫暖了，因為那是初夏時節，而我當時住在紐約上州，天氣很涼爽。我剛到尼加拉瓜待了幾天，幾乎沒什麼時間適應這種熱度。我從那時起知道，你在炎熱氣候待幾個星期後，身體會進行微妙的調整，幫助你更能忍受熱壓力。*你的正常深層體溫會降低。你的身體在較低溫度就會出汗，所以心臟的負荷變得較小，你的心跳速率不會上升得太快。同時，你的心臟每跳動一次打出更多血液。你的身體保留更多體液，血容積上升，因而儲存了更多水分，用於出汗與冷卻。但是，這些改變並非永久不變的。「如果你離開高溫環境[21]，僅僅幾個星期內，這些適應都會歸零，」謝弗朗說。

我沒有讓自己的身體有時間這麼做。事實上，我完全沒有考慮到在高溫潮濕的日子爬火山會有危險。對我來說，想到我會中暑的可能性，幾乎和遭外星人綁架一樣。

步道切過雨林，泥濘又陡峭。我們以緩慢而穩定的步伐往上爬。我的雙腿感覺良好。我聽到猴子的聲音。我在想會不會有美洲豹。我嘗試和羅伯托進行簡單對話，他人很好，但顯然喜歡安靜地爬山。他頻頻回頭，確認我是否還好。

在某個時刻，或許是登山一個小時後，我注意到自己流了很多汗。這沒什麼好驚訝的。天氣炎熱潮濕，我正在爬一座陡峭的火山。我們停下來幾分鐘，讓我可以喘口氣。我注意到羅伯托流的汗不像我那麼多，我想，呃，**或許我的體力沒有我以為的那麼好**。但是，我不覺得很疲累，雙腳還可以走。我喝了一些水。

我再爬了二十分鐘，繼續流汗，仍然覺得很熱，但是感覺還好。然後，奇怪的事情發生了。我超越某個臨界點。我開始失控地流汗，從汗孔不停流出水來。我的心臟猛然狂跳，血液衝到我的臉上。這時，我的皮膚變得濕濕冷冷的。就好像我在燃燒，又同時想要冷卻下來。

我坐在樹蔭下的一截原木上。我用西班牙語說：「**熱。**」羅伯托看著我，一臉關切的樣子，然後用西班牙語說了我不太懂的話，但我認為意思是：「你需要休息並喝水，你這個傻瓜。」出汗的情況更加嚴重。我的運動衫濕透了。我的褲子濕透了。我的心跳加快。我不知道接下來我會怎樣。我覺得頭暈，快要昏過去。我的心臟就像要爆炸了。

容我澄清一下：我的情形和格瑞希一家人在加州的遭遇截然不同。首先，我人在雨林中，這代表我沒有長時間受到陽光的直接照射。還有，這裡的氣溫比較低。我不知道我爬山時到底有多熱，但我猜當時的溫度已經升到三十二度，還是比格瑞希一家遇到的溫度低了十一到十四度。另一方面，在我登山健行期間的濕度高得多，這代表空氣吸收我身體滾下的汗珠的容量很有限。汗水無法蒸發，身體就沒有機會冷卻。

但是，我們有一個共同點：我們對於熱帶來的風險，同樣無知。每個人都曉得，騎自行車不戴安全帽，或開車不繫安全帶，是很危險的事情。吸煙也是有風險的，我父親在五十三歲死於肺癌後，我切身理解到這一點。但是，炎熱？對我來說，熱就是一種溫度，並非致命的武器。

我陷入這種奇怪的狀態，持續十或十五分鐘。我記得看著汗水從自己身上湧出，心想我身體裡的水怎麼這麼多。幸好，我們帶了很多水。我一直喝一直喝。這些水似乎穿過我的身體傾洩而出，

＊究竟要多久的時間才能習慣較熱的氣候有賴各種因素，包括你在高溫下的運動量，以及身體狀況。對多數人來說，一般需要兩個星期。有趣的是，吹冷氣會延長甚或中斷這種習慣過程，即使吹冷氣的時間很短暫。

直接通過細胞膜，就像我的細胞是有漏洞的水球。我害怕會當場死在雨林裡，淹沒於泥濘中，可憐的羅伯托望著我，卻束手無策。

然後，流汗變少。我的心跳慢了下來。我感覺到身體冷靜下來，並重新取得主導權。這些都不是我意識下的行動或故意為之的後果。我喝下更多水。又過了五分鐘左右，我不再出汗。我全身濕透了，但覺得平靜，雖然有點虛弱。我吃了一些收在背包裡的果乾。最後，我站起來，對著羅伯托微笑，跟他說我可以往前走了。

我們繼續往火山上方走。羅伯托緊跟著我，似乎擔心我隨時會昏倒。大約一個小時後，我們抵達山頂，一覽火山口潟湖的壯麗景色。我們坐下來吃午餐。那時我已經把我們大家帶的水全都喝光，大約有四夸脫。我知道接下來的行程是一路下山，所以我應該會沒事。

結果我真的沒事。我們走下火山，平安無事。那天晚上，我在雨林中的一家小酒吧喝了幾杯**冰啤酒**，就像要把體內乾涸的洞都補滿。然而，直到開始寫這本書，我才真的理解我那時遇到的麻煩有多大，而且我有多麼幸運。

沒有人知道格瑞希一家究竟發生了一連串什麼樣的事件，導致這場悲劇。但是在大熱天，發展成中暑的進程會是這樣：一旦你走到室外，由於太陽輻射與自身代謝變快提供的熱，讓你的血液開始變暖。為了把核心體溫維持在將近三十七度，這是人類喜歡的範圍，此時需要有所作為。位於大腦下視丘視前區的受體開始活化，告訴循環系統把更多血液送到皮膚，從那裡可以讓熱發散出去。汗腺開始從底部糾成一團的管子排出鹽水，於是你會出汗。汗水蒸發的時候，順便把體表的熱帶走。

然而，身體可以靠汗水散出的熱很有限。你的血管會擴張，試圖盡量把過熱的血液運輸到體表附近。不過，如果你找不到地方讓血液降溫，你的核心體溫會迅速升高。而且你肌肉用得愈多，核心體溫上升得愈快。你的心臟瘋狂跳動，嘗試盡量把最多血液送到皮膚去降溫，但是心臟無法維持這種狀態。你的核心區域，包括肝臟、腎臟、腦等內部器官的血液被分走，它們變得缺血也缺氧，因為氧氣需要血液攜帶。你覺得頭昏，視野變暗變窄。隨著核心體溫升高到三十八度、三十九度，甚至四十度，你開始走路搖搖晃晃，而且由於腦中血壓下降，你很可能會昏迷。其實這是一種非自主生存機制，是一種想讓你的身體躺平，使血液流到頭部的辦法。

在這個時刻，如果你獲得協助，並且能夠讓體溫快速下降，你就可以復原，很少留下永久性傷害。

但是，如果你昏倒在太陽晒得到的地方，而且你躺在地面上，那麼危險會增加。你就像掉入熱煎鍋中。地面的溫度可能比氣溫高十一到十七度。你的心臟拚命加速血液的循環，找方法降溫。但是你的心臟跳得愈快，代謝加速得愈快，結果產生更多熱，導致心臟跳得更快。這是一種致命的回饋回路：當你體內的溫度上升，身體會點燃暖爐，而不是開冷氣。如果你的心臟不夠強，這可能就是你的終點。

體溫到達四十至四十一度時，你的四肢會因痙攣而抽搐。到了四十二度以上，你的細胞本身真的會開始解體或「變性」(denature)。[22]細胞膜真的會開始溶解，細胞膜是為了保護細胞內部結構的脂質薄膜。在你的細胞裡，那些可以從食物或陽光獲取能量、抵禦入侵者、分解廢物等生存必需的蛋白質，通常擁有完美的正確形狀。蛋白質剛製造出來時是一條條長鏈，然後根據組成序列的指示，摺疊成螺旋形、髮夾形或其他的結構。這些形狀決定了蛋白質的功能。但是，隨著愈來愈多的熱累積，蛋白質會展開來，維持結構的鍵結斷裂：比較弱的鍵結先斷掉，然後，隨著溫度上升，較強的鍵結也會斷裂。你的身體從最基本的層面崩壞。

到了這種地步，無論你多麼強壯或多麼健康，活下來的機率渺茫。你腎臟裡過濾血液的廢物和雜質的小管子正在壞死。肌肉組織溶解。腸子穿孔，消化道裡的毒素進入血流。這一場混亂當中，循環系統出現的反應是血液開始凝結，阻礙血液流向重要器官。這引發醫生所說的凝血級聯反應(clotting cascade)，把血液中的凝血蛋白消耗殆盡，但矛盾的是，卻讓身體其他部位變得容易出血。你的內臟崩潰瓦解，身上各處都在出血。

格瑞希與鄭艾倫一家的遺體從空中運出山區。馬里波沙郡警長傑若米．布利斯（Jeremy Briese）面臨一個明顯卻令人費解的問題：什麼原因或誰害死他們？一般家庭不會在健行時暴斃，特別是帶著幼兒健行的家庭。「沒有外傷的跡象，沒有明顯的死因[23]，也沒有遺書，」馬里波沙郡警長辦公室的發言人克莉絲蒂・米契爾（Kristie Mitchell）說，「他們出門到國家森林，進行一日健行。」

媒體對這件事相當關注。馬里波沙郡警長辦公室外的停車場擠滿了衛星車，記者前往事發步道健行，大肆報導這個幸福家庭一起命喪步道的神祕事件。

「有可能是一氧化碳[24]中毒，這是我們當成危害物質事故的其中一項理由，」米契爾解釋。有一項理論是，可能是附近廢棄礦坑突然釋出有毒氣體，害死這一家人。而雷擊的可能性早已排除，因為那一天晴空萬里，遺體沒有燒焦的痕跡。

調查員也考慮了麥瑟德河裡有毒藻類的可能性。從河裡數個地點蒐集到水樣本，檢測到類毒素A（Anatoxin A）[25]陽性的結果，那是藍綠菌產生的毒素，對動物可能致命，然而沒有造成人類死亡的紀錄。無論如何，也沒有證據顯示，格瑞希、鄭艾倫或他們的女兒曾飲用河水。至於礦坑飄出有毒氣體的這種想法，雖然兩英里外有一個舊礦坑入口，但是執法人員沒有發現這家人接近過那裡的跡象。

解剖格瑞希和鄭艾倫的報告幾乎沒有透露什麼端倪，歐斯基的解剖報告也一樣。這一點也不奇怪，因為熱傷害的多數案例中，受害者死於器官衰竭，不會留下容易辨識的特徵。有時候，解剖結果可以發現內出血或肝腎損傷的跡象。格瑞希與鄭艾倫的案子，要確定死因很複雜，由於他們死後遺體留在步道上有一段時間，無法保存完好。

「我從沒見過這樣的死亡事件[26]，他們似乎是健康的一家人和狗，」布利斯告訴記者說，「我們的心與家屬同在，而且我們會努力調查，提供結案報告，在釐清真相之前不會停止。」

調查員希望從格瑞希的手機找到一些線索，但是手機有密碼保護，他們無法立即取得內容，必須請聯邦調查局（ＦＢＩ）協助。

歐斯基可能是最先陷入困境的。狗的身體很容易受到熱的影響，因為牠們不會流汗。曾經在炎熱夏天溜狗的人知道，狗的唯一散熱機制就是喘氣，但這種方法不是特別有效率。比起其他狗兒，有些狗更容易過熱。最近有一項研究發現，狗[27]有三項特質與牠們發生熱病和死亡相關：體重、年齡與身體解剖結構。像英國鬥牛犬這類扁臉、寬骨骼的狗，容易因為太熱而生病，機率是小獵犬、邊境牧羊犬及其他吻部較長的犬種的兩倍。

毛髮濃密的狗無法好好散熱，這一點不足為奇。黃金獵犬發生熱病的機率是拉布拉多的三倍。活躍、肌肉發達的狗，例如灰狗[28]，也很容易發作。「雖然灰狗有很好的長鼻子，體毛稀疏，而且通常不會過重，但是牠們的肌肉率很高，」研究顯示，這與運動後中暑的風險較高具有相關性，一位研究人員這麼說，「而且牠們喜歡在大熱天跑來跑去，不會考慮到後果。」

歐斯基是一隻有濃密毛髮與強壯肌肉的大狗，在將近三十八度的大熱天爬陡坡，對牠來說簡直是酷刑。

一歲大的美珠也會很快感受到熱。她被背帶包起來，讓爸爸背在背上，那裡可不是涼爽的地方。

她待在背包裡，就像多了一層布料保溫，而且還一定會吸收到爸爸與太陽的熱。除此之外，小孩在青春期之前[29]汗腺尚未發育完全，因此體內累積的熱不容易散出去。他們身體裡的血容積也比成年人少，所以當心臟把血液送到皮膚降溫，就會把器官的血液帶走，有可能造成傷害。這就是為什麼把嬰兒單獨留在高溫車子裡是很危險的，他們基本上對於熱沒有抵禦能力。

這股熱也會讓格瑞希不好受。他是大個子，體重大約兩百一十磅（「他有老爸身材，」[30]他的朋友傑夫深情回憶時這麼說）。不論性別或種族，成年人的汗腺數目大致上差不多，當身體要降溫時，大尺寸變成一種缺點，原因單純是體型較大的動物身體可以蓄積更多的熱，超越體型較小的動物。此外，格瑞希把美珠背在背上，這樣會增加重量，同時妨礙他的散熱能力。

鄭艾倫或許有最大的勝算在爬山之後活下來。她只背了一個輕量背包，裡面裝著水袋和一些美珠的用品。由於她的身材較嬌小，身體可能比較慢才會過熱。雖然女性的汗腺數目和男性一樣多，但是她們變動的荷爾蒙平衡對於出汗反應有顯著的影響。例如，當女性處於月經週期的黃體期[31]，也就是排卵之後到月經來潮的第一天為止，她的出汗情形與男性相似。但是在濾泡期，也就是月經最後一天到排卵為止，女性的出汗反應會啟動得較晚。避孕藥[32]也會使核心體溫升高，讓女性更難在炎熱時感覺清涼（或更難在寒冷時保持溫暖）。

「艾倫的身體狀態維持得很好，」她的一位朋友告訴我，「她經常運動，身上沒有一丁點贅肉。如果有人可以挺過這個生死難關，你會覺得應該是她。」

十月二十一日，距離格瑞希、鄭艾倫、美珠，和他們忠心的夥伴歐斯基在某個夏日早晨出發去健行，已經過了兩個月又幾天，布利斯警長舉行記者會，發布死亡調查的官方結論。「死因是體溫過高，或許還有曝晒於環境中所造成的脫水，」他說，聲音微微顫抖。[33]如同許多高溫致死的案例，這件案子並沒有單一的證據，可以讓調查員做出死因是體溫過高的結論。這是根據現場調查、死亡情形，以及合理排除其他原因後的結果。布利斯展示了發現遺體處的地圖，指出步道面向南方的斜坡會持續受到日晒，而且沒有樹蔭。他估計，這一家人在健行時，步道的地面氣溫將近四十三度。

格瑞希、鄭艾倫、美珠與歐斯基的遭遇，並非只是運氣不好和野外決策失誤的後果。這是一場悲劇，由於我們很大程度上沒有考慮到快速暖化的世界有哪些生存風險，也沒有思考到熱的本質為何。我們根本還沒想到要接受這些事情，特別是我敘述的面向。這不是任何人期待的死亡方式。有一部分是因為我們住在科技發達的世界裡，很容易讓人相信自然的狂野力量已經被馴服。但也因為世界變化得如此之快，我們掌握不到自身面臨的危險的規模與急迫性。

二〇二二年八月，他們過世的一年多之後，家人與朋友聚集在格瑞希與鄭艾倫位於馬里波沙的家園，把他們的骨灰埋葬在一處寧靜的角落。這是一個晴朗而美好的星期日上午，但也有「一點不太現實，」理查回憶道。這個地區在幾個星期前，才遭受橡樹大火（Oak Fire）肆虐，這場火災燒毀兩萬英畝的土地與一百八十幢建築，還蔓延到格瑞希與鄭艾倫房子附近不到半英里的地方。路旁仍停放著消防車，堆土機正在掩埋尚在悶燒的最後餘燼。這是該地區四年來第二度慘遭火噬。

在親友的圍繞之下，理查和鄭艾倫的姊妹梅莉莎（Melissa）把一個深色木盒放入土中，格瑞希、艾倫、美珠與歐斯基的骨灰一起裝在這個木盒裡。理查唸了約翰．繆爾（John Muir）日記裡的一段話，繆爾在一八三八年出生於蘇格蘭的丹巴爾（Dunbar），那裡離理查現在的住處不遠。繆爾對於加州群山的生動描述，推動了美國國家公園的成立，啟發一代又一代的人以不同的方式思索自身與自然的關聯。繆爾也代表來自單純時代的一種聲音，他深愛的優勝美地所受到的最大威脅是一座水壩，而非快速暖化的氣候。理查選擇的段落裡，繆爾把死亡描述為「回家」的過程：「每一天，每一小時，甚或每一刻，無數欣喜的生物落入死亡的懷抱，」理查朗讀，「然而，如我們這般熱愛生命的萬物，與我們共享天堂的祝福，死亡並埋於神聖之地，與我們同出永恆，復歸永恆。」

其他家人與朋友朗誦詩歌或表達感言。理查和梅莉莎剷了一些土覆蓋在木盒上，最後再把土壓實。東方的遠處，酋長岩這座花岡岩穹丘隱約可見。這時還不到中午，但是熱度已經升起。

Chapter

2 熱如何形塑我們

How Heat Shaped Us

了解我們過去如何與熱共處，有助於了解現在的極端高溫多麼危險。先不說別的，我們已經演化出巧妙的方法，可以控制身體的加溫與冷卻，讓我們的祖先有超越對手的演化優勢。不過，為了告訴你這件事，我必須回到很久以前，因為你無法把熱與萬物的起點分開。

一百四十億年前，宇宙處於壓縮狀態，原本是極端熾熱、極度稠密的小點，然後疾速擴張。隨著這個小點膨脹，同時也開始變冷；當中粒子的狂熱運動逐漸放緩，慢慢聚集成團，隨著時間形成了恆星、行星，以及我們。

生命究竟如何從宇宙裡的高溫團塊出現，我們只有模糊的理解。最廣為接受的理論[1]是，地球形成後不久，或許是一億年內，生命始於從海洋冒出來的火山附近。火山周遭盡是靠間歇泉提供養分的熱水池塘，以及冒泡泡的溫泉，水裡充滿了撞擊地球的小行星與隕石所帶來的有機物質。火山就像化學反應器，煮出滾熱的火山湯。不知怎的，RNA分子誕生了，然後變得愈來愈長，愈來愈複雜，後來摺疊出真正的蛋白質與雙股DNA。多采多姿的分子組成了微生物，這些微小的生物漂浮在火山池塘的水面，積成厚厚的一層。當池塘乾涸，風吹起微生物的孢子，散播到數英里之外。最後，雨水把微生物沖刷到海洋。「一旦它們到達海洋，」[2]科學作家卡爾・齊默（Carl Zimmer）寫道，「整個地球都活了起來。」

演化的下一個戲法，是發展出讓動物應付溫度波動的方法。演化的漫長過程中，產生了兩種策略：一是讓你的體溫隨著周遭溫度變動，開頭約三十五億年期間的生物就是採取這種策略。如果這些動物需要讓自己暖和起來，牠們會去晒太陽或窩在溫暖的岩石上。這種體溫調節策略流傳至今，在魚類、蛙類、蜥蜴、鱷魚等所有爬行動物與兩生動物身上都可看到。科學家稱牠們為外溫動物（ectotherm），而你我說牠們是冷血動物。

但是，大約二億六千萬年前[3]，有一種新的體溫調節策略出現了。有些動物發展出一種控制體溫的方法，這種方法與環境溫度無關。事實上，這讓動物的身體變成小型的熱機，使動物身體可以獨立於外界運作，只要能夠維持穩定的內部溫度即可。這種體溫調節策略仍然保留到現在，在一些動物身上應用得很好，科學家稱牠們為內溫動物（endotherm），你我則說是溫血動物，像是狗、貓、鯨、虎，以及幾乎地球上所有的哺乳動物，包括我們。鳥類其實是會飛行的恐龍，也是溫血動物。（「鳥類**不像**會飛行的恐龍，」有一位科學家曾經糾正我，「牠們**就是**會飛行的恐龍。」）

溫血特質的誕生堪稱演化上的躍升，也是科學家至今尚未完全了解的問題。首先，溫血這種表徵無法良好地轉變成化石，所以你不能只看某個古老生物的骨頭，就確認牠是溫血動物或冷血動物。其次，從冷血過渡到溫血，並非奮力一跳就能達到的。許多物種介於冷血和溫血之間，特別是恐龍。

乍看之下，冷血動物似乎過得很輕鬆。因為牠們無法從體內調節體溫，消耗的能量是同等大小的溫血動物的三十分之一[4]。所以，雖然哺乳動物和鳥類一直把卡路里投入於維持溫暖的穩定體溫，但爬行動物與兩生動物如果想愜意度日，就只要在周遭環境找個溫暖地點。但是，如果冷血這麼好，為什麼哺乳類與鳥類會發展出不同的策略？

為什麼溫血動物演化出較高的穩定體溫，解釋的理論很多。這裡舉出一些說法：穩定的體溫有助於生理過程，例如養分的消化與吸收；有利於動物維持長時間的活動力；讓早熟性動物的親代更容易照顧後代。溫血也使得神經系統以及心臟與肌肉中特定細胞的功能更加精確和強大。

溫血對於疾病有抵抗力，還可能帶來額外的好處。昆蟲會晒太陽，讓身體變熱，把入侵的生物煮熟；人類則是以發燒做同樣的事。但是，冷血生物得靠外界的熱源來殺死入侵者。如果外面不夠熱，蚱蜢無法把體內有害的微生物燙死。而且如果那隻蚱蜢想找地方照射陽光，可能得冒險進入未知領域，遭到掠食者捕殺。溫血動物沒有這些風險，而且不論身處何方，都能讓身體這部熱機活動起來。

溫血動物的行動也更迅速。新墨西哥大學生物學家約翰．葛雷迪（John Grady）認為，成為敏捷的掠食者有競爭上的優勢，這可以加速演化成溫血動物的過程。體溫更高，等同於代謝率更高，等同於反應更快與捕捉獵物時更活躍。「想像有一隻大得像牛的鬣蜥[5]，」葛雷迪告訴我，「這類生物曾經存在，但不是存在於現今的世界，因為牠們動作太慢。最接近牠們的現代動物是巨大的陸龜，陸龜的策略是穿上鎧甲，動作就不需要迅速。當你的體型很大，那麼行動迅速就很重要。我認為，如果你是大型冷血動物，真的要擔心很容易被殺死的問題。」

無論溫血帶來什麼特別的優勢，對哺乳動物都很有幫助。在過去約七千萬年的時間，哺乳類散布到全球，每一隻動物都自備生物發電機，體內有自己的暖爐。牠們的成功，最終導致一種靠兩隻腳站立的猿類崛起，這種猿類發展出碩大的腦，還有更精細的體溫調節系統隨之產生。想要一睹這種非凡的生物，你只需要去照照鏡子。

一九七四年，唐納德．喬漢森（Donald Johanson）在衣索比亞阿瓦士河（Awash River）的河谷發現了一堆骨頭，當時他在俄亥俄州的凱斯西儲大學（Case Western Reserve University）擔任教授。這些骨頭屬於三百二十萬年前的一位人類女性祖先。從完整的智齒與髖骨的形狀，喬漢森判斷她死時還只是青少女。他把她叫做露西[6]，因為喬漢森和團隊發現她時，營地一直在播放披頭四的歌曲〈露西在鑲滿鑽石的天空〉。

這是一項了不起的發現，重新改寫人類演化的故事。即使露西並非我們在那時曾找到過的最古老人類祖先，但是她把演化樹上從早期人族（hominin）到現代人類之間的重要空隙填補起來（人族是指人類祖先大約在七百萬年前與其他猿類分開之後的分支）。以一個埋葬了超過三百萬年的女孩來說，她的保存狀態算是相當好。她的脊柱、骨盆及腿骨與現代人類非常相似。她的腦還沒有現代人類那麼大，但肯定是用雙足走路，毫無疑問。

我們的祖先花了一段時間才學會站起來。從早期人族動物留下來的化石的結構與形狀來看，古生物學家知道他們主要在樹上出沒。他們在地面用四條腿活動，方式有點像今天的黑猩猩。但是，露西不一樣。從股骨下端以及膝蓋的發育情形，顯示她至少有部分時間會直立行走。不過，和我們不同的是，她的髖部較寬，腿比較短。從演化上的觀點來說，她就是蹣跚學步的人[7]，才剛學會脫離樹林的掩護，進入稀樹草原探險。

問題是，讓露西站立起來[8]，開始走路的原因是什麼？在古人類學家當中，這個主題還有很多爭議。有些人主張，這讓我們的祖先更方便攜帶工具。有些人相信，我們的祖先因此更容易摘到高掛樹上的果實。還有些人認為，雙足步行是形成單配偶制與家庭的基礎，雄性的人族動物可以外出帶食物回來，而雌性則用陪伴與性行為回報。

或者，站立只是一種保持涼爽的方式。這讓露西吹到陣陣微風，幫助身體更容易散熱。這也讓她離地面更遠，地面的空氣總是比幾英尺高的地方溫暖得多。

無論露西的動機是什麼，她開始走路。這件事改變一切。

想要了解熱的威力，你不能只把熱視為一種溫度上的變化，而是要看成演化上的障礙。體溫調節是地球上所有生命的生存技能，應對的策略多采多姿，如同動物界一樣豐富繽紛。

大象[9]的策略尤其令人讚歎。牠們待在太陽下的時間很長，會去尋找樹蔭和水來幫自己降溫。（在波札那，我曾看過幼象大熱天在泥濘的水窪裡嬉戲，就像夏令營的六歲小孩一樣。）牠們的體毛稀疏，耳朵不時扇動，都有助於散熱。更重要的方式是，當溫度上升，大象皮膚的水分滲透率會提高。這就相當於皮膚多了很多孔洞，讓汗水排出，雖然牠們其實沒有汗腺。

無尾熊會抱住那些樹皮比氣溫涼爽的樹木。袋鼠把口水吐在手臂上，再塗抹開來，讓手臂濕濕的，就可以降溫。有些松鼠利用毛茸茸的尾巴充當遮陽傘。河馬在泥巴裡打滾（泥巴的水分蒸散得很慢，能夠延長涼爽的時間）。獅子爬到樹上，離開熱騰騰的地面。兔子把血液送往長長的耳朵，把耳朵當作散熱器。兀鷲、美洲鷲與鸛鳥把尿撒在腳上。鷺鷥、夜鷹、鵜鶘、鴿子及貓頭鷹透過喉囊顫動（gular fluttering），讓喉囊的膜快速振動，增加氣流，促進蒸發作用。長頸鹿皮膚上美麗的斑塊是錯落有致的散熱窗，牠們把溫暖的血液導入分布在斑塊邊緣的血管，強制把熱排出體外。

有一些動物會建立特殊的結構或機制，讓自己可以乘涼，有點類似人類建築有空調的大樓一樣。白蟻在蟻丘內打造精緻的氣穴系統。蜂則會外出汲水，回到巢裡時用嘴傳給內勤蜂，後者再噴灑小水滴到巢房。其他的蜂用翅膀對著水滴扇風，藉此冷卻蜂巢。

撒哈拉及阿拉伯半島有酷熱的環境，但撒哈拉銀蟻仍可以生存得很好，牠們已經演化出了不起的策略來應對高溫。被沙漠高溫熱死之前，撒哈拉銀蟻有十分鐘的時間覓食。牠們在超過攝氏五十度的溫度下行動，通常會去尋找那些被熱死的動物的屍體。只有在溫度高到蜥蜴掠食者不想出來，但還不到可以立刻燙死牠們的時候，這種螞蟻才會外出。為了避免被超級熱的沙子燙傷，牠們跑得很快，速度可達每秒一公尺，以牠們的迷你尺寸來衡量，相當於人類每小時跑四百五十英里。這種螞蟻有漂亮的銀色光澤，來自於身上的體毛，這些毛的截面呈三角形，可以把熱反射出去（就像你穿著白色T恤，要比穿著黑色T恤更涼爽的情形一樣）。

但是，在你提到熱與動物時，絕不能不提到駱駝[10]。不久前，我花了幾天的時間，騎著單峰駱駝穿越瓦地倫（Wadi Rum），這是位於約旦的沙漠地區。對於習慣騎馬的人來說，駱駝是奇怪、冷靜、味道很重、毫無魅力的動物。我騎的那頭駱駝其實不在乎我是否騎在牠的背上。我的約旦導遊說這隻駱駝沒有名字，而且對牠似乎沒什麼感情，這讓我為這隻必須背著我越過沙漠的駝獸感到難過。

駱駝大約四千萬年前在北美洲演化出來，長睫毛、寬腳底、駝峰是牠們最著名的特徵，有可能是為了應付北美洲冬天而產生的。牠們在一萬四千年走過陸橋，越過白令海峽，最後到了阿拉伯半島與其他地方。牠們被人類馴化了數千年，幾乎與馬的馴化一樣久。

雖然駱駝有這樣的起源，也或許因為如此，牠們非常適應炎熱沙漠的生活。牠們有一層透明的眼瞼，可以在沙塵暴中閉起眼睛繼續往前走。牠們也可以關閉鼻孔，把沙子擋在外面，讓水分留在裡面。駱駝的胸骨前長著一團厚厚的組織，讓牠趴在地上時，頭部能夠離開熾熱的地面。駝峰為駱駝遮擋太陽，使體內器官與熱隔絕。有一些訛傳提及駝峰可以儲水，但駝峰真正儲存的是脂肪，遇到食物不足時，脂肪可以提供能量。如果駱駝長時間沒有進食，駝峰會扁塌下去。

對於所有生物來說，在炎熱氣候下生活需要謹慎調節水分，而駱駝是個中翹楚。牠們的紅血球呈現特殊的橢圓形，適合在濃稠的血液中循環，遇到水分充足時會很快膨脹。在冬天與寒冷季節，駱駝能夠不喝水跋涉數個月。在炎熱環境下，牠們可以忍耐八到十天才喝水，身體因為脫水而失去三分之一的體重。脫水的駱駝排的尿就是幾滴濃縮的尿液，只在後腿和尾巴留下白色的條紋（其實就是鹽類的結晶）。駱駝處理尿液的方式不只能保留更多水分，也讓牠們可以喝比汗水還鹹的水，可以吃有鹽分的植物，雖然那些植物對於大多動物來說是有毒的。牠們的糞便非常乾燥，可以當作人類生火的燃料。

把熱當成一種演化力量，很少人想得比吉兒．普魯茲（Jill Pruetz）更深入。過去二十年來，她每年花很多時間待在塞內加爾的方果力（Fongoli）村子附近，研究住在炎熱環境的黑猩猩。普魯茲談論到自己與黑猩猩相處的方式，讓人覺得她對黑猩猩的了解程度，勝過很多人對兒女的了解。

一個晴朗的春日，普魯茲和我在德州貝斯卓普（Bastrop）的餐廳見面，就在她住的五英畝大農場附近。她在德州南部長大，大學畢業後不久到一間黑猩猩中心工作，那裡在繁殖生物醫學研究用的黑猩猩，她開始對黑猩猩著迷。她現在是德州州立大學的人類學教授，並主持「方果力稀樹草原黑猩猩計畫」（Fongoli Savanna Chimpanzee Project），也就是研究棲息於國家公園外，一百平方公里區域中的三十二頭黑猩猩。

普魯茲和我坐在可以俯瞰科羅拉多河的木製野餐桌，我們一邊吃披薩，一邊交談。「我研究黑猩猩的原因有很多，」她告訴我，「但主要是因為牠們是現存動物中與我們最接近的親戚，藉由觀察黑猩猩面臨生活中各種壓力如何行為與反應，我們能夠了解早期人類發展的許多事情。」

對於方果力的黑猩猩[11]來說，熱是極大的壓力。塞內加爾的乾熱季節在三月和四月達到高峰，溫度可以高達四十九度。「這種熱就像一記耳光，」普魯茲說。樹木失去所有葉子，水資源變得稀缺，大火燒遍牠們的領域。這些黑猩猩住的地方，是我們知道黑猩猩生存過的最乾燥、最炎熱之處。這是一幅慘不忍睹的末日景象，完全不像地球上其他黑猩猩棲息的繁茂森林和叢林。

這群黑猩猩生活在這片草地有很長一段時間。「長達數千年，」普魯茲告訴我。隨著時間過去，這些黑猩猩逐漸演化出一系列奇特的行為，即使可見於其他同類，也是很稀有的行為。森林裡的黑猩猩吃水果就能攝取到足夠的水分，因此不需要常喝水，牠們可以四處遊蕩，尋找食物。相反的，在旱地的方果力黑猩猩每天都需要喝水，生活離不開可靠的水源。

森林黑猩猩在白天都很活躍，但普魯茲發現稀樹草原的黑猩猩會休息五到七個小時。普魯茲經常在乾季發現這些黑猩猩躲在小山洞裡，當雨季來臨，牠們會溜到新形成的池塘，在那裡泡上幾個鐘頭。森林黑猩猩整晚都待在自己在樹上築的巢。而在方果力，研究團隊注意到，這裡的黑猩猩通常會在晚上喧鬧。

「在炎熱季節，這些黑猩猩的行為出現徹底的變化，」普魯茲告訴我。牠們盯著天空，等待自己預期的雨落下。方果力的樹很少，這些樹的葉子不多，能提供的遮蔭也只有一點點。幾年前，有一天特別熱，普魯茲觀察到一隻青春期的黑猩猩躲在孤零零的一棵樹的陰影下。隨著那天的時間流逝，這隻黑猩猩一直跟著陰影變換位置，嘗試躲避炎熱。

普魯茲也注意到另一件事，或許是整個人類故事的關鍵：在高溫中，方果力黑猩猩站立起來到處走動的時間，比住在涼爽地方的黑猩猩多。

露西生活在一個快速變化的世界。雖然那個世界的變化速度遠不及我們人類今天的世界，但從演化的角度來說，仍是不容小覷的變動。東非的氣候愈來愈熱，愈來愈乾燥。雨林被森林取代，隨著地景愈來愈開闊，形成了稀樹草原。「三百萬至四百萬年前，東非的景色從泰山的場景變成《獅子王》[12]的場景，」路易斯・達奈爾（Lewis Dartnell）在《起源》（*Origins: How Earth's History Shaped Human History*）一書中是這麼寫的。隨著衣索比亞的裂谷愈裂愈寬，環境變得非常複雜，有林地、高地、山脊、陡崖、丘陵、高原、平原、山谷，谷底還有很深的淡水湖。同時，如同吉力馬札羅山這樣的火山，正在噴出浮石與火山灰，瀰漫整片地區。像斑馬這樣的新物種，從樹下冒出，出現在草地上。

在這個不斷變化的新世界裡，露西必須機智靈活。水源會逐漸乾涸，然後每一場暴雨過後又重新注滿水。溝壑之中潛藏著花豹和獅子，露西生來是掠食者，同時也是獵物（我們會認為她生活的世界與我們有很大的不同，但事實上，東非當時的生物組成和現在差不多，有獅子、鬣狗和大象，大致上是一樣的）。如果現代黑猩猩的行為能夠說明任何事情的話，那就是古早的人族動物對於開闊的地面特別警惕，一有機會就跑回讓他們有安全感的樹林。地形不斷變動，這些人族動物需要穿越地面，這代表他們當中最羸弱的人會被掠食者殺害。但適應力最強的人得以存活下來，並且學到新技能，包括使用工具狩獵，這讓他們的飲食從吃水果、白蟻及小型森林動物，轉變為更以肉類為主的食物，包含瞪羚與斑馬，這些動物很可能是他們成群一起圍捕的。

印第安納大學的人類學教授凱文·杭特（Kevin Hunt）專門研究人類演化，相信雙足步行[13]大約是在一萬年左右的期間逐漸演化出來的。露西是第一階段的例子，她站起來可能是為了避開熱氣，以及讓自己搆到水果。第二階段最重要的事件，就是直立人（*Homo erectus*）的出現，這個階段的人類四肢變長，走路與跑步的速度更快，身體更加修長，這樣更容易散熱，而且飲食也更偏向肉食性。

但是，要邁入人類演化的下一階段，讓我們的祖先可以在才剛變暖的世界中擴大活動範圍，他們還需要一項更關鍵性的演化創新。他們需要學會如何流汗。

在人類祖先的身上，汗腺的演化甚至比雙足步行的演化更加複雜。我們可以從化石的骨頭推論出雙足步行的情形，但是從化石看不到汗腺。我們對於汗腺的了解，只能以其他方面發現的行為模式做為提示，以及從我們在自己身體與其他動物身體看到的證據來推測。

目前清楚的是，當露西和她那一代的人想要離開樹林，進入稀樹草原，他們必須以住在樹上沒用過的方式來克服熱。在這兩種情形下，我們的祖先發展出重要的創新，這些對於我們現在的生活仍有重大意義。

首先要解決的是陽光的問題。我們的祖先從樹下走出來，他們暴露到愈來愈多的紫外輻射，這種輻射會損害皮膚細胞的構造，也會破壞ＤＮＡ。所以露西與她的祖先演化出製造黑色素的能力，黑色素是一類褐黑色的色素，作用就像是天然的防晒乳。我們的祖先在一開始的幾百萬年來，膚色都很黝黑。只有在他們從非洲向外遷徙，到了更北方與高緯度的地方定居下來，黑皮膚變成演化上的劣勢，因為這樣會限制陽光進到皮膚，減少維生素D的合成。在陽光不強烈的地區，膚色淺是一種優勢。

應對熱的問題就複雜得多了。對於溫血動物來說，更多陽光，代表會有更多熱隨之而來。更加活躍，也代表會產生更多熱。在炎熱之下，你能追逐受傷的羚羊跑多遠，取決於你如何調節熱。在非洲的稀樹草原上，如果你的身體過熱，你就得挨餓。此外，我們祖先的腦正朝著變得更大的方向演化。然而，更大的腦，需要排出更多的熱，因此發展出強力的冷卻系統，對於加強其他技能（像是製造工具）很重要。

演化提出的解決方案，是建立一種相當於內部灑水系統的機制，當我們變得過熱時，就在皮膚上澆水。隨著水分蒸發，順便把熱帶走，這樣可以讓皮膚與在皮下循環的血液冷卻。冷卻後的血液在身體中循環，使體溫降低。

如果你曾經在大熱天騎馬，就知道其他動物也會流汗。和其他許多哺乳動物一樣，馬有一種特殊的汗腺，稱為頂漿腺（apocrine gland，又稱大汗腺），這種汗腺和毛囊連在一起。頂漿腺會分泌濃稠的奶白色液體。你可以在賽馬身上看得很清楚，有時馬兒比賽完之後，脖子上出現一層類似刮鬍泡的東西（這就是get in a lather這個片語的由來，代表緊張或激動的意思，就像馬兒汗沫淋漓的樣子）。許多披著毛皮的哺乳類有頂漿腺，包括駱駝和驢子，還有黑猩猩。這些腺體幫助調節體溫，但是不能讓大量的熱迅速散出去。

人類也有一些頂漿腺，分布在腋窩和外陰部，是早期演化殘餘的痕跡。在緊張或很熱的時候，這些頂漿腺會產生反應，這就是為什麼你面試時腋下會出汗，以及你的汗水有特殊氣味的原因。有些人類學家認為，這種氣味在古早時代是一種性誘引劑，現在則是我們辨識彼此的一種方式。

但是，當我們的祖先在炎熱的非洲稀樹草原打獵時，他們也發展出更好的體溫調節工具，那就是外泌腺（eccrine gland）。這種汗腺不會產生汗沫，基本上就是把水噴到體表的機制，然後等到水分蒸發，就可以讓你降溫。這種方法既簡單又聰明。發明外泌腺的不是人族動物。獮猴等舊大陸猴已經有數量一樣多的外泌腺和頂漿腺。我們的近親，也就是黑猩猩與大猩猩，擁有外泌腺及頂漿腺，兩者的數量大約是二比一。但是，人類除了腋窩和外陰部有殘餘的頂漿腺，其他的汗腺都是外泌腺。

今天，你和我的身體都擁有大約兩百萬個外泌腺。這些汗腺本身就像糾纏成一小團的管線，埋在皮膚裡面。它們很微小，大小和一顆細胞差不多，你需要用顯微鏡才看得到。外泌腺並非平均分布在你身上：手掌、腳掌與臉上最多，臀部最少。男性和女性的情形差異不大。女性身上任一區域的汗腺通常比男性多，但是男性的最大流汗速率通常較高。外泌腺分泌的液體有百分之九十九點五是水，唯一的功能就是讓皮膚濕潤。在很熱的天氣，多數人每小時能輕易地流下一夸脫的汗水，或者一天流十二夸脫的汗水，大約是一隻黑猩猩流汗量的十倍。

然而，為了讓汗腺更有效率，露西的後代做出另一項演化上的調整：他們失去了體毛。要讓蒸發的汗水可以真正發揮作用，毛髮（或可說是皮毛，這只是另一種名稱，用來指人類以外的動物的體毛）變成一種阻礙，因為毛髮濕了之後會糾結在一起，妨礙熱從你身上傳遞出去的效率。我們唯一還有茂密毛髮的地方是頭部，這是因為我們的腦對於熱很敏感，在這種情形下，頭髮的作用就像遮陽傘，幫助腦袋保持涼爽。（頭髮在我們跌倒時，也可以增加緩衝。）

我們的身體失去毛髮，發展出外泌汗腺，都是重要的演化事件，或許和使用工具及用火一樣重要。非洲稀樹草原上的其他動物已經發展出應對熱壓力的各種策略，最簡單的一種就是喘氣。但是對於掠食者來說，喘氣不是好策略。獅子或鬣狗可以在短距離內快速移動，可是不能一邊奔馳一邊喘氣。牠們很熱的時候，必須停下來、休息、喘氣，恢復熱平衡。人類找出在運動中保持涼爽的方法。我們不需要停下來喘氣。我們一邊走一邊流汗。在人類演化的故事中，這是了不起的大事。因為可以調節體溫，人類能夠離開水窪更遠，進行長途跋涉，擴張狩獵範圍。

於是人類成為傑出的酷暑獵人。他們可以在烈日當空的時候出來冒險，而其他動物做不到，這使得人類擁有掠食方面的優勢。到了大約兩百萬年前，直立人出現的時候，我們的祖先已經擁有修長的腿、靈活的腳，以及強壯的腿部與髖部肌肉，正在成為耐力型運動員的路上。他們具有優秀的體溫調節系統，可以追逐動物，直到牠中暑為止。這種做法延續至今。在非洲南部的喀拉哈里沙漠（Kalahari Desert），現代的狩獵採集者能夠獵殺大扭角條紋羚，雖然這種羚羊在短距離內跑得比人類快得多，但他們會在大熱天的中午追逐一隻大扭角條紋羚好幾個鐘頭，追到牠熱衰竭而不支倒地。＊

＊有一種普遍但錯誤的說法是，我們生活在炎熱氣候下的祖先發展出嗜辛辣的口味[14]，是因為這樣可以讓他們出汗。事實上，開始喜愛辛辣食物，可能是因為在冰箱出現之前，香辛料可以當作食物防腐劑，這在炎熱地方尤其重要，由於食物很容易腐敗。大蒜、洋蔥、多香果、牛至都有很好的抗菌功能，還有百里香、肉桂、香艾菊、小茴香（孜然）（續接下頁）

然而，和所有生物一樣，人類的體溫調節策略已經最佳化，非常適應我們過去約一萬年來生存其中的適居區。但是當前這個世界變化得太快，快到天擇都趕不上，這些策略開始落伍了。在體溫調節方面，我們就像好萊塢默片時代的演員，突然發現自己正在扮演可以說話的角色。我們知道劇本，但是自身的技巧再也不適合我們居住的世界。

也是。「以前那些喜歡吃加了抗菌香辛料的食物的人類可能更健康，特別是在炎熱氣候下，」演化生物學家保羅・謝爾曼（Paul Sherman）說，「他們更長壽，有更多後代。他們還會教下一代『這就是怎麼煮乳齒象的方法』。」

Chapter

3 熱島

Heat Islands

在鳳凰城的市中心，某個溫度飆到四十六度以上的灼熱日子，在陽光的攻擊下，逼得你想尋找掩護。空氣似乎變得扎實，像是一片由熱組成的朦朧臭氧布幕。你感覺到熱氣從停車場的地面向上輻射，穿過你的鞋子。范布倫街（Van Buren Street）上的金屬製候車亭變成旋風烤箱。天港國際機場（Sky Harbor International Airport）的航班延誤[1]，因為飛機無法從稀薄的熱空氣獲得足夠的升力。市政府大樓的入口掛著一顆巨大的金屬太陽，員工寧願在大廳吃午餐，也不想冒險外出到附近的餐廳。在市郊，電力線往下垂並嘶嘶作響，由於民眾打開空調的需求飆升，電力線裡的電子超載，整個電網卯足全力運轉。亞利桑那州一波熱浪來襲的當下，電力不只是帶來便利的設施，而是生存的工具。

現代城市是由柏油、鋼筋和混凝土打造的帝國，這些材料在白天吸收熱並加以放大，到了夜晚再輻射出來。空調排出熱氣，使都市的熱蓄積問題更加惡化。鳳凰城市中心的溫度比周遭地區高了十一度[2]。紐約市白天的溫度平均比綠意盎然的郊區多一到三度，夜晚有時可以多達十一度[3]。這種現象就是規劃城市與研究高溫的專家所說的都市熱島效應，而且發生在許多地方，普遍到讓那些對氣候變遷持懷疑態度的人曾經聲稱，成千上萬座原本位於鄉村的氣象站後來由於都市發展逐漸受到包圍，於是測得更高的溫度，因此氣候變遷只是這些氣象站製造出來的錯覺（和氣候變遷的懷疑論者推動的多數主張一樣，但這種主張已經完全被戳破）。

「對城市來說，都市熱島效應對當地溫度造成的影響，比氣候變遷對溫度的影響大得多，」大衛・洪杜拉（David Hondula）說，他是亞利桑那州立大學的科學家，也是鳳凰城高溫因應和緩辦公室的主任。

二〇二一年，馬里科帕郡（Maricopa County）有三百三十九起高溫相關死亡案例[4]。這聽起來可能不是多大的數目，尤其是與二〇〇三年歐洲一場熱浪在幾天內造成七萬人[5]死亡相比，但這是十年前的數字的三倍多，在該郡開始刻意採取抗熱行動之前。這種趨勢與各城市高溫相關死亡案例愈來愈多的情形相符。美國國家科學院一項最近的研究發現，過去四十多年來，都會地區的高溫風險升高到三倍，讓十七億人[6]陷入危險境地。除非我們大刀闊斧地行動，降低二氧化碳汙染，並且改變我們的生活方式，否則面臨危險的人數將會成指數式增長。到了二〇五〇年，全世界將有百分之七十[7]的人口住在城市裡。

我們才正要開始了解都市區極端高溫所造成的層層危險，對鳳凰城這類地方也是一樣，就算鳳凰城長期以來就是美國最熱的大城市之一。米凱爾．切斯特（Mikhail Chester）是亞利桑那州立大學梅蒂斯基礎設施與永續工程中心（Metis Center for Infrastructure and Sustainable Engineering）的主任，就他來看，高溫所導致的災難的風險每年都在上升。幾年前，我們一起坐在亞利桑那州立大學附近的咖啡館，他提出疑問：「極端高溫的卡崔娜颶風會是什麼樣子？」二〇〇五年，卡崔娜颶風[8]重創紐奧良，造成將近兩千人死亡，經濟損失超過一千億美元，展現了一座城市面對極端天氣事件時可以多麼措手不及。

「卡崔娜颶風導致紐奧良都市基礎設施的一系列失靈，災情始料未及，」切斯特說明，「堤防崩潰。民眾受困。救援行動受挫。極端高溫可能導致鳳凰城發生類似的一系列失靈，暴露出這個地區基礎設施難以預見的弱點和缺失。」

從切斯特的觀點看來，鳳凰城的高溫災難會從停電開始。有很多種狀況可能引發停電。大熱天的野火摧毀主要的電力線，變電所爆炸，俄國駭客破壞電網。二〇一一年，一位電力公司工人[9]在猶馬（Yuma）附近進行日常維修，卻弄壞一條五百千伏的電力線，結果使七百萬民眾必須輪流分區停電，有十二小時無電可用，聖地牙哥幾乎全市都受到影響，經濟損失達到一億美元。「鳳凰城的一場大停電可能就輕易導致數十億美元的損失，」切斯特說。

像鳳凰城這樣一座城市陷入黑暗，現代生活的舒適與便利開始瓦解。沒有空調，住家與辦公大樓的溫度節節高升。（諷刺的是，獲得美國綠建築協會LEED認證的高節能建築物由於封閉性高，在失去電力時反而變成吸熱裝置。）交通號誌故障。公路塞車，因為民眾都想要逃離過熱的城市。沒有電力，加油機不能用，車輛油箱見底，哪裡也去不了。地下水管因為太熱而裂開，抽水機無法運作，大家到處找淡水。醫院擠滿了熱衰竭與中暑的人。如果附近山區發生野火，空氣會變得霧濛濛，使人難以呼吸。如果停電持續超過三十六小時左右，國民警衛隊可能需要出動來維持秩序，並控制趁火打劫與一片混亂的局面。

接著，開始會有人死亡。多少人？「就像卡崔娜颶風造成的死亡人數，」切斯特預計。這也就是說有好幾千人。

切斯特在咖啡館冷靜地描述這一切，就好像鳳凰城的高溫災難已成事實，而非假設狀況。

「這種情形發生的可能性有多大？」我問。

「我會說機率和另一場大颶風侵襲紐奧良的機率差不多，」切斯特說明，「這比較像是時間早晚的問題，而非假設是否會發生的問題。」

炎熱的城市，與炎熱的叢林或炎熱的沙漠不同。比起你在大自然感覺到的炎熱，都市的炎熱更殘酷也更親密。雖然城市裡充滿人，但是對於沒有辦法或沒有社會關係的人來說，都市的熱帶來了負面影響，創造出艱辛的孤島，阻礙他們接觸到涼爽的空間。熱，讓貧窮的艱難變得更加困難，甚至日常生活中最簡單的差事都成了危險的冒險。

我們來看看安潔萊（她要求不透露姓氏），她三十九歲，肩膀寬闊，眼睛流露出一種渴望的神情，似乎總是在想接下來要問的問題。她右邊鼻孔穿了一個金環，而且經常戴著金色耳環，細細的金鍊末端掛著一顆珍珠。安潔萊與十七歲女兒及四十九歲丈夫住在以棕櫚葉做為屋頂的小屋，就在清奈（Chennai）的拉馬普拉姆區（Ramapuram），清奈是印度南部有一千一百萬人口的城市。清奈是最富有的企業家與商界人士的家園，也是像安潔萊那樣的一百多萬貧民的家園，他們住在充滿塑膠垃圾與飢餓狗兒的荒涼地方。

安潔萊的屋子很小，面積大約三百平方英尺。房子裡乾淨整潔，天花板有一個風扇。清奈距離赤道不遠，全年炎熱潮濕。但是五月特別折磨人。白天溫度幾乎都是三十二度以上，到了晚上，溫度也很少下降。這裡完全不是鳳凰城乾燥沙漠的強烈酷熱。在清奈，你的汗水不會蒸發，而是黏在你的身上。這種熱是叢林裡的熱，黏膩且厚重，雖然叢林曾經覆蓋在這片區域上，但已成回憶，現在鋪上了混凝土。高大的羅望子樹、可可椰子、香蕉樹，以及有細長葉子的楝樹，大部分都消失了。清奈目前的樹木覆蓋率和鳳凰城一樣。

我與安潔萊見面的時候是在五月，她的日常作息由熱來決定與推動。她在早上吃稀飯，相信可以幫助身體冷卻。每一天，她上工之前會把葉子鋪的屋頂淋濕，然後把水灑在房子基部地面的泥土上。她說，潮濕有助於熱的吸收。她把動作放緩，為了保留體力，一整天還有其他事情要做。

「你感覺怎麼樣，阿南？」她總是不忘問丈夫。

安潔萊每天都很擔心他。阿南有心臟病，炎熱帶來的壓力讓他很難受。他在建築工地工作，所以白天多數時間都在戶外晒太陽。他無法吹冷氣稍作喘息，也不能泡冷水消暑。她想讓他待在家裡，但是他們需要錢，所以他通常一星期做個幾天工，幫忙付帳單。他們買不起手機，安潔萊很怕萬一丈夫出什麼狀況，自己要好幾個鐘頭後才會得到消息。有一天，安潔萊告訴我：「他今天會留在家裡。」我從聲音聽出來她鬆了一口氣。

除了星期日以外，她每天上午十一點左右外出工作，幫人打掃房子。她騎著輪胎被太陽晒白、鏽跡斑斑的單速腳踏車穿越城市。她每個星期要不固定地輪流清潔五到六間房子。這些都是有錢人的房子，安潔萊的意思是這些人都有固定的職業，房子有漂亮的窗戶、寬敞的廳室，以及空調。她在室內工作，可以稍微好過一點。她經常想到丈夫，心裡覺得愧疚，因為她能夠涼快一下，而他不能。但這種感覺不會持續太久，她還是得上到屋頂去打掃（清奈的許多屋頂也兼作生活空間）。太陽在天空燃燒，空氣很沉重。「上到那裡，晒到都快覺得痛了，」她告訴我。她在屋頂工作時，偶爾會想起自己長大的村子，就位於清奈外圍的鄉村地區，那裡以前有樹，她可以坐在樹蔭下，看著樹枝隨風搖曳，吃著涼爽的椰子果肉。她二十歲時與丈夫結婚，然後舉家搬到都市找工作，想要過更好的生活。

他們在二〇〇四年抵達，清奈正在蓬勃發展，汽車、健康醫療、科技及電影產業一片欣欣向榮。這裡還遺留少許馬德拉斯（Madras）的往日痕跡，例如美國商人弗雷德里克・圖德（Frederic Tudor）[10]在一八四二年蓋的冰庫（Ice House），馬德拉斯是這座城市過去的名稱。圖德把新英格蘭地區湖泊與池塘結的冰，切割成大冰塊，用木屑包著，運到全世界。居住於馬德拉斯的英國人當中，新英格蘭冰塊大受歡迎，因為他們喜歡在香蕉樹下啜飲琴酒與通寧水調和的琴湯尼。隨著製冰機與現代化便利設施的問世，圖德的生意一落千丈，但是冰庫至今仍屹立在清奈離海灘不遠的地方。

回到舊時，清奈是一座溫和的城市。泥土道路被大片叢林的樹蔭籠罩著。住家房屋與建築物有厚厚的屋頂，由磚頭、木頭與灰泥砌成，稱為馬德拉斯屋頂，有助於建物維持涼爽。街道的排列讓孟加拉灣的海風能夠吹進城市。建築物之間刻意保留空間，因此空氣可以自由流動。水源很充沛，大部分來自社區水井。天氣很熱，但是你可以喝白脫牛奶，或者，如果你夠幸福的話，就喝琴湯尼。你的步調緩慢，你能從容應付。這就是熱帶生活。

然而，到了一九七〇年代，印度開始大規模都市化。有別於垂直發展的德里與其他城市，清奈往水平擴張。濕地和沼澤被埋沒。有了空調之後，當這座城市要進行建設時，開發者與市府官員就不用管海風或氣流的問題。深鑽井取代傳統水井，而深鑽井需要抽到該地區的深層含水層，先不說別的問題，這樣很容易造成鹽水入侵，導致井水無法飲用。

清奈現在是印度的第六大城市，人口是巴黎的五倍。這座城市被鋪平或開發的土地將近一百平方英里[11]，使得百分之八十的濕地消失。

這種開發的代價顯而易見，不只是熱，還顯現在水的方面。二〇一五年，下了幾天暴雨之後，混凝土和柏油把水導入這座城市[12]，而且幾乎將它淹沒。然後到了二〇一九年，印度多數地區受到一場將近五十一度[13]的熱浪烘烤。在清奈，由於水資源即將耗盡，讓這種炎熱變得更加殘酷。這座城市一年的平均雨量大約有五十五英寸，是倫敦的兩倍以上。然而在二〇一九年，因為雨量大幅下降，水庫蓄水量幾乎見底[14]，地下水也減少，市民沒有足夠的水可飲用。每天卡車運來一千萬公升的水，直到熱浪消退。如同一位記者所寫的，「這座古老的南印度港埠成為一項個案研究，說明當工業化、都市化及極端氣候交會時，以及一個正在向上發展的都會為了滿足新住屋、工廠與辦公室需求，把氾濫平原掩蓋起來時，可能會出什麼錯。」[15]

安潔萊打掃完屋頂後，騎著腳踏車穿過擁擠的街道，來到幾英里外的普迪雅多學校（Pudiyador school），這間私立學校是一位大學教授在二十多年前創辦的，想要協助貧窮孩童，讓他們可以上大學。安潔萊三年前開始在這裡工作，幫忙維護這些建築物的清潔。但是，學校的行政主管注意到她和孩子處得很好，而且喜歡學習，所以讓她擔任兼職教師。結果成效很好，於是她成為全職教師，每天從下午四點到八點，教一群七、八歲的小朋友。這份工作讓她每個月獲得十美元的薪水。

五月底的某一天，她踩著踏板穿越城市，金色沙麗飄在她的背後，而午後暑熱有如水一般流過她的臉往兩旁分開。五月進入「火神星」（Agni Nakshatram），這是指初夏的一段時期，而且在這段期間要崇拜印度教的戰神穆如干（Murugan）。五月的酷熱有時候稱為「剪刀熱」（Kathiri Veyil），因為太陽光晒在皮膚上的刺痛感，就像剪刀劃過你的肌膚一樣。傳統上，清奈人在這段時間避免舉行喬遷派對、婚禮，以及其他聚會。他們不吃肉，也不喝冰水，而改是喝溫糖水、檸檬汁，或泡了小茴香的水。曾經和我聊天的一位醫師建議可以一週洗兩次油浴，並飲用葫蘆巴水（葫蘆巴水的做法是，晚上把十五粒葫蘆巴種子泡入一杯水中，第二天早上就可喝下；葫蘆巴種子聞起來有楓糖漿的香味，在印度當作藥草有很長的時間）。*

安潔萊騎腳踏車抵達普迪雅多學校時汗流浹背，臉色泛紅，但是她毫無怨言。因為Covid-19大流行，教室空空蕩蕩，和全世界許多老師一樣，她的教學改成線上進行。她從上鎖的櫃子裡拿出一臺筆記型電腦，然後盤著雙腿，坐在粉紅色教室地板中央的墊子上。有一部電扇在她上方旋轉。學校主管拒絕安裝空調，因為擔心會寵壞孩子，讓他們回家後更難適應高溫。

接下來四個鐘頭，安潔萊坐在地上開啟電腦，用坦米爾語跟小孩討論數學與地理作業。燈光閃爍。筆電連線上網失敗好幾次，她必須重新連接網路。

晚上八點剛過，課程結束。她合上筆電，再放回上鎖的櫃子裡。然後她跨上腳踏車，踩著踏板，在悶熱潮濕的晚上騎回家。幾聲狗吠傳來。男人蹲在街旁，圍成一圈，小聲交談。空氣中混合了腐

---

* 雖然這些療法具有文化上的重要性，但是幾乎都沒有科學根據。

敗、晾衣服、茉莉花、死水灘的氣味。黑暗裡的熱無法阻斷，整夜瀰漫著沉重感覺，直到太陽升起，又是一天的開始。

像鳳凰城這樣的城市成立了稱為冷卻中心的設施，當熱浪來襲時就會開放。它們通常是圖書館或社區中心，裡面有空調、點心與飲用的冷水。理論上，這些地方提供無處避暑的民眾一種熱庇護所。我參觀過的冷卻中心，收容的人大都寥寥可數，你仔細想過的話，就不令人意外。最需要冷卻中心的人，往往是沒有辦法到那裡的人。

於是有一些好心人去到街頭，想了解那些人的處境。在一個炎熱的下午，我開車載著布萊恩．法瑞塔（Brian Faretta）與李奇．海茲（Rich Heitz）在鳳凰城郊的格倫代爾（Glendale）繞行，他們都是鳳凰城救濟差傳會（Phoenix Rescue Mission）的培訓牧師。這個慈善教會組織致力於幫助人們離開街頭，才剛發起一項名為「紅色警戒」(Code:Red）的活動，在熱浪期間把水與其他必需品分送給街上的人。「我們的策略很簡單，」海茲向我解釋，「我們找到人，給他們水，讓他們遠離高溫危害。」

海茲今年四十八歲，成年後的多數時間住在亞利桑那州。他是很溫和的人，留著山羊鬍，戴著哈雷戴維森的鴨舌帽（他還給我看他那臺一九九九年哈雷路王的照片，用半開玩笑的語氣說：『這是上帝。』）。加入鳳凰城救濟差傳會以前，海茲是海洛因成癮者，在街上待了七年。「我失去自我，過著麻木的生活，」他說。他因為好幾種罪名在牢中關過幾年，現在已經戒毒，把生命奉獻在幫助其他人做同樣的事。

我們把車子駛進沙地公園，這裡是典型的郊區休閒設施，有籃球場和野餐區。海茲與法瑞塔朝著一間混凝土蓋的浴室走去，他們發現靠近入口的陰涼處有一位中年婦女坐在地板上。她有晒傷後的棕色皮膚，留著灰色長髮，臉上帶著愉快的笑容，穿著髒牛仔褲與T恤。她身旁有一個本子，看起來像是小孩的著色簿，封面上有紅色蠟筆寫的字：愛從天而降（It's Raining Love）。

「你怎麼樣，雪莉？」海茲問她，「這麼熱，你還好嗎？」

我注意到她臉色發紅，腋下有汗漬。

「還好，我設法讓自己保持涼快。」

海茲給她幾瓶水，她接過去，堆成一堆，擺在身邊。

我們走回廂型車時，海茲說，對她和這座城市的所有遊民來說，這個夏天將會很嚴酷。「如果你很聰明，會想出辦法生存和適應，」他說，「你會找到有涼爽房子的朋友，白天到那裡混一下。你會知道有哪些教堂開放。」

但不是每個人都那麼靈光。海茲告訴我，去年夏天他發現有一個人躺在高溫的人行道上。那人滿臉通紅，瞳孔放大，一動也不動。「我打給九一一，他們把他送到醫院，」海茲說，「那個傢伙就在人行道上煮飯。」

氣候變遷讓城市面臨的風險更加嚴重：高溫、洪水、基礎設施故障、民眾流離失所。二〇一五年的洪水淹沒了清奈的大部分地區，在那之後，位於清奈的坦米爾那都邦都市人居發展委員會（Tamil Nadu Urban Habitat Development Board）開始把住在該市低窪地帶的小屋和棚屋的居民遷出，強迫他們搬到「更安全」的住宅。[16] 其中一位居民是梅西．穆圖（Mercy Muthu），她和家人遷往大約十英里外的高樓，位於一個叫做佩魯姆巴卡姆（Perumbakkam）的開發區。

佩魯姆巴卡姆區自成一個世界，由眾多混凝土高樓組成，聚集在被遺忘的城市角落。想像你曾見過的最粗糙的低收入聯邦住宅計畫，然後再想像更糟的版本就是這裡了。到處都是混凝土蓋的高塔，有十層樓高，走在其中，滿目所見都是雜草與混凝土塊。不只沒有樹木，也沒有灌木。我在夏天和穆圖及其家人一起散步，只見一片酷熱的景象。

穆圖有三個正值青春期的孩子。她是四十一歲的婦女，神情堅毅，穿著藍色與金色的紗麗，髮絲往後梳成很緊的包頭。她的公寓位於佩魯姆巴卡姆的中央地帶，在第三棟的五樓。室內的牆壁漆成令人愉悅的粉紅色，但是很擁擠，只有一間臥室、一間廚房、一間客廳。他們只有一扇窗戶，位於臥室，全家人都睡在地板上。孩子只能在混凝土建築物的走廊玩耍。「天氣太熱，他們不能到戶外，」穆圖告訴我，「他們都會長痱子。在我們以前住的地方，至少他們可以出去玩。」

佩魯姆巴卡姆區離清奈市中心很遠，這種孤立加劇了高溫風險。這個區域本身成為一個熱島。穆圖和家人想走路到將近一英里外的商店時，必須隨身帶很多水，就好像他們要穿越沙漠一樣。有些人因此昏倒。穆圖的丈夫是計程車行的司機。在他們以前住的街區，他走五分鐘的路就可以到達嘟嘟車招呼站。「現在他只是為了賺錢，必須單程移動三十二公里的距離，來回是六十公里，」她告訴我。這種孤立也讓婦女更難找工作。許多女生會找家庭幫傭的工作，在穆圖家以前住的地方，女生走路就可以到雇主的房子，但現在不行。穆圖說，她有一位朋友每天清晨兩點起床，三點準備好午餐，四點前搭上公車，工作到下午一點結束，然後回到家已經是下午三點。「這種壓力，加上炎熱，使我的朋友全身長癬子。」穆圖告訴我。

許多公寓沒有自來水。穆圖很幸運，她有自來水，但是流出來的水有臭味，而且喝了會生病，所以他們只用來洗滌東西（在印度，乾淨的飲用水並非普及的公共資源，很多貧窮國家的情形都是這樣）。為了要有可飲用的水，穆圖和孩子得下樓到庭院的水井，把水裝在橘色塑膠罐裡搬回家。她必須隨時叮嚀孩子不要碰抽水機附近的電氣設備。我與她見面的幾個星期前，才有一個孩子因為碰觸電線而被電死。

穆圖家沒有空調。她估計，在佩魯姆巴卡姆的大約六百間公寓中，只有三到四間有空調設備。就算穆圖裝了空調，她說他們也負擔不起開冷氣的電費。

「我為老人家覺得難過，」穆圖告訴我，「他們害怕出門。」

電梯的潛在危險特別可怕。「停電時，電梯動彈不得，」她說，「老年人可能會受困好幾個小時。這種事經常發生。雖然聽到警鈴大作，但還得花一段時間才能確定人困在哪裡，然後你要怎麼把他們救出來？這種狀況非常棘手。沒有人想在電梯裡被熱死。」

在鳳凰城，溫度是階級與財富的象徵，通常也是種族的象徵。如果你很富裕，你能夠擁有一幢大房子，安裝強大的空調系統，還可以來一杯冰鎮的馬丁尼。如果你很貧窮，好比說像蕾奧諾・華瑞斯（Leonor Juarez）這樣帶著四個孩子的四十六歲單身媽媽（我和她在六月的一個午後碰面，當時溫度徘徊在四十六度上下），那麼你會住在樹木稀少的南鳳凰城，並希望每一週從工資擠出夠多的錢，能在夏天夜晚開上幾個小時的冷氣。

在炎熱的日子，華瑞斯的小公寓像個洞穴，與穆圖在清奈的混凝土公寓給人的感覺沒有太大的不同。她在窗戶掛上厚重的紫色窗簾來遮住陽光。「不開冷氣，我無法住在這裡，」她告訴我。因為她手頭拮据，而且信用不佳，無法採用她的電力公司，也就是鹽河專案（Salt River Project，簡稱SRP）平常的帳單月繳方案。SRP為了讓她支付電費來開冷氣，提供一臺需要接到插座上的讀卡機，而她必須利用卡片輸入儲值金額，就像給點唱機投幣一樣，才能夠有電可用。華瑞斯一天只開幾個小時的空調，夏季一個月的電費帳單仍然可達五百美元，比她的房租還高。她會在深夜搭巴士到五英里外的自助洗衣店，因為午夜一點以後，每洗一次衣服有〇・五美元的折扣，對華瑞斯來說，五百美元是一筆巨大的金額。

華瑞斯給我看讀卡機上的顯示區，她還有價值四十九美元的點數，足以讓她再用幾天的電力。

等到點數用完了呢?「我就有麻煩了,」她說得很坦白。華瑞斯一星期工作數天,擔任老年人的居家照顧員,她說自己知道有幾位獨居者死亡,是因為他們付不出電費,並嘗試過著沒有空調的生活。

史戴芬妮・普爾曼(Stephanie Pullman)[17]就是這樣的一位女士。她七十二歲,獨自住在西森城(Sun City West)的小房子,這裡是鳳凰城市中心以北的開發區。普爾曼在俄亥俄州拉拔大四個孩子,然後在一九八八年搬到亞利桑那州,想擺脫俄亥俄州的寒冬。她在醫院工作,二〇一一年退休後,靠著一個月不到一千美元的固定收入生活。二〇一八年的夏天,她遲繳電費的帳單,積欠了一七六・八四美元。普爾曼在九月五日支付一二五美元,還剩下五一・八四美元沒付。兩天後,氣溫來到將近四十二度,她的電力公司,也就是亞利桑那公共服務公司(Arizona Public Service,簡稱APS)停止供電。一星期後,普爾曼的女兒因為一直沒有媽媽的消息而覺得擔心,於是通知當地的人。馬里科帕郡警長進入普爾曼的房子,發現她死在床上。死因是暴露於高溫。

幾個月後,《鳳凰城新時報》(*Phoenix New Times*)[18]刊出普爾曼死亡的報導,以及APS公司因普爾曼沒有付五十一美元的帳單而斷電。根據APS自己的資料,該公司在二〇一八年切斷用戶的電力達十一萬次[19]。當然包括五月到九月,這段尤其酷熱的期間發生的三萬九千次斷電[20]。

普爾曼之死引起媒體的廣泛報導,以及幾場抗議APS斷電政策的街頭示威活動,促使亞利桑那州的主管官員頒布禁令,不許在炎熱夏季實施斷電。但是,普爾曼之死也引發了更大的問題:在迅速暖化的世界,像是鳳凰城與清奈這樣的城市會有什麼樣的未來。隨著未來幾年的氣溫飆升,真正的問題不是過熱的城市能否永續。鳳凰城不會化為沙漠，清奈也不會變回叢林。問題在於，是誰可以永續？代價是什麼？隨著城市發展和溫度上升，鳳凰城、清奈，以及許多相似城市的未來，是一種溫度上的種族隔離，有些人可以享受冰冷氣泡飲料帶來的清涼，有些人在高熱中煎熬而奄奄一息。這不是我們建立一個正義、公平或和平的世界的方法。

Chapter 4

逃亡的生命

Life on the Run

二〇一七年，就在哈維颶風把休士頓變成水鄉澤國的幾週後，我開車行經以前的六十六號公路穿越亞利桑那州，一路上，黑色風暴事件（Dust Bowl）的幽靈仍籠罩著每一間加油站與冰淇淋店；黑色風暴發生於一九三〇年代，由於乾旱導致西部一大片相當於賓州大小的土地失去水分，乾燥土壤被風刮起，形成了大規模沙塵暴。小說家約翰·史坦貝克（John Steinbeck）把六十六號公路稱為「母親之路」[1]，數十萬人曾踏上這條路，逃離美國第一場人為環境災難。

我開著租來的汽車在夫拉格斯塔弗（Flagstaff）向南轉往十七號公路，朝著鳳凰城前進，看到儀表板上溫度計的數字上升到四十一度……四十二度……四十三度。柏油在高溫下閃閃發光，沿途的西部黃松乾燥到好像快要燒起來了。我想要加油並喝點水，於是把車開往路邊。在服務站，我將車子停在一輛速霸陸汽車旁，那輛車的後窗寫了潦草的鮮豔粉紅色大字：「我們挺過德州橘市的哈維颶風」，車身濺滿了泥巴與塵土，後座堆著行李、箱子，以及一個吉他盒。

從車子裡出來一位中年女子，以及一位有雜亂棕髮的狼狽男子。他們看起來像是經過疲憊的旅途，一臉憔悴的樣子。那位男子突然打開引擎蓋，調整一些線路。

我對著他們後窗的文字點點頭，問道：「你們是從哈維颶風裡逃出來的嗎？」

「是啊，」女子回答。她介紹自己是梅蘭妮．艾略特（Melanie Elliott），「我們必須離開那裡。」

「情況很糟糕，」男子說，在引擎蓋下彎著身子。他的名字是安德魯．麥高恩（Andrew McGowan）。

哈維颶風襲擊休士頓時，降下數兆加侖的雨水到一座由混凝土與柏油構成的城市，這座城市並非為氣候災難而設計的。颶風是一種熱機，它的發展能量來自於溫暖海洋表面的溫暖上升空氣（這就是北極地區沒有颶風的原因）。我們的世界愈來愈熱，颶風的強度也會愈來愈大。哈維颶風肆虐期間，數十萬房屋遭到淹沒，數萬人撤離到地勢較高的旅館與避難所，還有人睡在高架橋上的車子裡。

「橘市的情況特別糟糕，我們就住在那裡，」艾略特說。我後來得知，橘市是歷史悠久的工業海港城鎮，位於德州與路易斯安納州的交界，人口有一萬八千人。近年來，橘市反覆遭受颶風襲擊：

二○○五年，麗塔（Rita）颶風重創這座城市。三年後，艾克（Ike）颶風使堤防出現缺口，大水淹沒街道，積水高達十五英尺，三人不幸喪命。

「我們一直與水搏鬥，水不停淹過來，」在引擎蓋下的麥高恩說，「整片地方都要淹沒了。」

「對我們來說就是這樣，」艾略特補充，「太常淹水，我們再也處理不了。我們要去聖地牙哥。」

「你們打算在那裡做什麼？」

「我們還不知道，」麥高恩說，他站直身子，關上引擎蓋，「我打算彈吉他，看看情況。」

「我們只是認為那裡有機會，」艾略特說。

我祝他們一切順利，他們擠進那輛濺滿泥巴的速霸陸車，朝著公路駛去。我想起伍迪・蓋瑟瑞（Woody Guthrie）唱著農民逃離黑色風暴的老歌：我們把東西裝進老爺車[2]，把家人也塞進去，我們丁鈴噹啷開在那條公路上，再也不回來。

世界在暖化的過程中，開始發生遷移，在分子層面與物種層面都是如此。從黎巴嫩雪松到太平洋底深海熱泉的微生物，所有生物已經在某種基本溫度範圍內演化，如果那個範圍改變得太大，生物必須找到氣候上更適合居住的區位。對人類來說，決定要離開或留在極端高溫的地方，通常跟錢有關，錢能買到冷卻系統、乾淨的水，以及食物。但是，大多數生物無法享受冷氣，也無法從全食超市訂購聖沛黎洛氣泡礦泉水。對牠（它）們來說，適應通常代表移動到更高的緯度或更高的海拔，那些地方更涼爽。如果牠（它）們不能找到避難所，下場就是死亡。

過去十年來，研究動物移動的科學家發現，他們追蹤的四千種物種當中，百分之四十至七十種[3]生物的分布發生了變化。平均來說，陸地生物每十年移動了將近二十公里[4]。海洋生物大多不受屏障阻擋，可以自由地去尋找更冷的水域，因此移動速率是陸地生物的四倍[5]。有些動物的移動情形很驚人。科學家估計，大西洋鱈[6]往北移動的速率是每十年兩百多公里。在安地斯山脈，有些種類的蛙和真菌[7]在過去七十年往上攀升了四百公尺。甚至看起來不太動的野生動物也在移動。日本有幾種珊瑚會形成一叢叢樹枝狀珊瑚礁，科學家發現牠們的珊瑚蟲[8]每年往北行進了十四公里。

植物也會遷移。在美國東部，樹木正以每十年約兩英里[9]的速率往北與往西轉移。速率與方向因樹種而異：針葉樹大多向北移，而會開花的闊葉樹，例如橡樹和樺樹則往西移。銀白雲杉[10]是科學家所知移動速率最快的樹種之一，每十年移動大約六十英里。

有些動植物適應得比其他動植物還要好。鯊魚可以從佛羅里達州游到緬因州，但是貽貝、海膽及海星無法很快游到較冷的海域。北極熊需要有海上浮冰才能獵捕海豹，沒有浮冰，牠們只好挨餓。蝙蝠擅長四處飛翔，尋找新棲地，許多鳥類也是這樣。不過，有一些鳥類並非如此。

有一類例子是厚嘴海鴉（thick-billed murre）[11]和雪鵐（snowy bunting），牠們都是北極的鳥類，相當適應北方的冰天雪地。但是，隨著北極暖化，牠們的深色羽毛會吸收更多的熱。這些鳥類在太陽下的體溫可達四十六度，即使當天氣溫是二十四度。這就像是人類在夏天最熱的時候，穿著保暖外套做運動。而且因為牠們已經生活在地球上最寒冷的地方之一，不可能遷徙到氣候更冷的地方。

甚至連可以自由自在移動的動物，都正在面臨艱困時期。太平洋鮭包含生活於冷水的幾種魚，牠們很適應高山林間的河流，以及冷冽的海域與河口。對鮭魚來說，讓牠們健康生活的水溫是十五度以下。到了十五度以上，牠們的身體開始感覺到壓力，因而更容易變成掠食者的目標，生病的風險也提高。當水溫到達二十一、二十二度，就形成了「遷徙障礙」[12]，也就是說，這麼溫暖的水域很難讓鮭魚游過去，很可能讓牠們喪命。這種極端的溫度也有跨世代的影響。受到熱壓力的鮭魚即使能夠活到抵達產卵場，也不容易成功產生後代。溫暖的水也讓來自孵化場的幼魚很難完成從孵化場到海洋的旅程。實際上，二〇二一年的酷熱夏天，加州主管野生動物事務的官員就利用油罐車運送年幼鮭魚[13]，幫助牠們通過旅程中最炎熱的一段。

生物在應對暖化的世界時，也會面臨其他風險。我在前往波札那的一趟旅程中，知道獅子喜歡在一天中比較涼爽的時段狩獵，大多是清晨和傍晚。於是長角羚羊、斑馬、水羚等獵物改成在一天中較熱的時段出來覓食，那時獅子不會出現。但是在炎熱的時候覓食，讓牠們更容易受到熱壓力的影響，也就是不足以適應溫度上升。

而且還有會同時影響到周遭事物的問題。熊蜂身上有長長的絨毛，非常適應涼爽的氣候。但只要溫度發生微小的變動，牠們就變得很脆弱。暖化中的南方地區，像是西班牙和墨西哥，熊蜂族群受到的打擊最嚴重，有些種類早已生活在適宜溫度範圍的邊緣。渥太華大學的生物學家彼得·索羅耶（Peter Soroye）說，有時候太熱了，熊蜂會從空中直接掉下來就死了。「熊蜂正從一些地區消失[14]，速度之快是牠們重新拓殖到其他地區的八倍。」因為熊蜂是野外（以及番茄、南瓜、莓果）的重要授粉者，熊蜂的減少會波及生態系。舉例來說，蒙大拿州如果沒有個體夠多的熊蜂族群，酸越橘植株就無法授粉。這也就是說，植株結不出果實。由於酸越橘是棕熊的重要食物，棕熊必須到其他地方覓食，包括到那些健行者在荒郊野外的宿營地，這對牠們來說也是危險的旅途。

接著還有松樹皮甲蟲，這些昆蟲正在危害洛磯山脈的松樹。說到適應高溫的問題時，昆蟲是有優勢的，牠們的生命短暫，而且演化快速。和所有昆蟲一樣，松樹皮甲蟲無法調節體溫。如果天氣很冷，牠們的行動會變慢或者進入休眠。當環境變暖，牠們的活動就會加速，牠們吃得更多，繁殖更多後代。而且到了冬天，牠們不會死亡。

松樹皮甲蟲最喜歡的食物是——松樹皮，驚喜吧！「松樹皮甲蟲完全跟得上氣候對樹木造成的影響，」蒙大拿大學的昆蟲學家黛安娜．席克斯（Diana Six）告訴我，「甲蟲用化學方法來看整個世界。事實上，牠們可以『嗅出』正處於熱壓力或乾旱壓力下的樹，然後優先去找那些樹。」十年前，科羅拉多州、亞利桑那州及蒙大拿州發生過甲蟲肆虐面臨熱壓力與缺水壓力的森林，而最近西部的甲蟲大爆發，規模大約是那時的十倍[15]。這些甲蟲也正移往一些牠們還未去過的西部地區，對牠們來說，那些地方原本過於寒冷。

甲蟲入侵不只會扼殺大片森林，也讓樹木更容易著火。更多野火導致一系列後果，不僅影響到住在森林裡的生物（包括人類），也影響到其餘的所有人：更多二氧化碳排放到大氣中，更多煙灰落在冰河上（煙灰會加速冰河的融化，因為這種黑色的微小碳渣會吸熱，吸收陽光的速率大過冰河冰反射陽光的速率），造成更多燒焦的荒地。這一切讓大氣進一步加速暖化，然後大氣暖化又回過頭來提高松樹皮甲蟲的代謝率，驅使牠們遷移到新的森林，而這些森林終將發生火災。科學家稱這種情形為正向的回饋回路。這證明了，幾十億隻甲蟲的食欲可以改變世界。

羅伯特．史蒂文斯（Robert Stevens）在北鳳凰城的公寓都是箱子。有一些箱子已經用封箱膠帶牢牢黏好，上面標著「CD」或「Comix」（獨立漫畫）。有一些箱子是打開的，裡面的襯衫滿了出來，或者堆著一疊疊厚重的電腦程式設計教科書。「我從不知道我擁有多少垃圾，」他喃喃自語。史蒂文斯是有點瘋癲的二十九歲軟體程式設計師，穿著牛仔褲、T恤和夾腳拖。我才在二十分鐘前認識他，我剛好開車經過他的公寓，注意到他正用布滿灰塵的RAV4汽車搬運箱子，於是我停下車子問他要去哪裡。我們聊了一會兒，然後他問我可否幫他一個忙。在我幫他把箱子搬出來，移到車子上時，他說：「我們來搞定這件事。」他隔天早上要開車到明尼亞波利斯（Minneapolis），搬去和姊姊一起住，打算做一些寫程式碼的特約工作。

「我必須承認，這裡還滿美的，」史蒂文斯說，用手指著窗外的曲折沙漠山脈。他在水牛城長大，四年前追隨女朋友來到鳳凰城。他喜歡日出，經常早起到鳳凰山保護區（Phoenix Mountain Preserve）

健行。事實上，他搬來鳳凰城之後，健行是他認為自己最喜歡這裡的一件事。但結果，他對亞利桑那的浪漫感覺也是結束於健行之時。「我去年夏天出門去走步道，那天熱得離譜，我走得太遠，不知道怎麼搞的，我就倒下去了，」他告訴我，「我完全昏過去，頭撞到一顆石頭上。我女友嚇壞了。後來她讓我喝一點水，我就沒事了，但這讓我思考——我幹嘛要住在這裡？或許是遺傳或什麼的，我無法忍受。這種熱很**危險**。」

顯然，很多人對於鳳凰城有不同的感受。二〇二〇年的普查結果中，鳳凰城所在的馬里科帕郡是全國人口成長率最高[16]的郡之一。人們為了工作搬來這裡，房價相對不貴，還有一些人是為了天氣而來。

「人們對適應有很大的信心，」加州大學柏克萊分校的項中君（Solomon Hsiang）說，「無論溫度高低，他們都以為自己應付得來，打開空調就好了，你知道嗎？但是當你身處其中，會發現沒那麼簡單，而且成本很高。」項指出，如果人們可以穿著有空調的太空衣四處走動，就能順利度過亞利桑那州的炙熱。「但是，誰想要這樣過生活？誰能夠負擔得起？」

在說到適應時，有一個核心問題是：「要適應什麼？」討論溫度上升兩度的全球暖化，是一回事。此時面臨溫度比預期高十多度的夏季熱浪來襲，又是另一回事。你當然可以重新建設倫敦，讓那裡成為適合居住的好地方，即使反覆遭到熱浪侵襲，而且強度如同二〇二二年讓這座城市發燒的熱浪一樣，但是安裝不會熔化的鐵軌、建造不會像烤爐的房子，以及鋪設不會變成布丁的柏油，不僅非常昂貴，而且需要耗時數十年才能完成。當今世界上許多地方暖化的速度之快，超過我們可以適應的能耐。

有些人可能會堅守原地，試圖與大自然抗爭，但是多數人不會這麼做。「人類會做他們數千年以來一直在做的事，」波特蘭州立大學的山達斯說，「他們遷移到氣候較好的地方。」

這就是黑色風暴時期所發生的事。芝加哥大學經濟學教授理查・洪貝克（Richard Hornbeck）對黑色風暴事件[17]有廣泛研究，認為農夫可以改用不一樣的犁、種植別的作物，或者把農田變成養牛或羊的牧場，以適應正在改變的條件。但是，農夫沒有這麼做。「對於如何做事太墨守成規，對於特定種類的農業機械的投資太過巨大，導致人們無法做出必需的改變，」洪貝克說，「他們其中有很多人不想去適應，而是選擇前往加州。」

在全球各地，氣候危機使人們四處奔波。東南亞的雨量愈來愈難預期，這使得農耕面臨愈來愈多困難，促使八百多萬人[18]遷往中東、歐洲及北美洲。在非洲沙赫爾地區（Sahel），農村地區由於乾旱和大面積農作物歉收，數百萬人湧向海岸地區和城市。聯合國估計，五分之四的非洲國家沒有永續方法管理的水資源，到了二〇三〇年，將會有七億人移動到他處。二〇二二年，巴基斯坦的水災[19]讓三千三百萬人流離失所，這大約是該國百分之十五的人口；造成這場水災的部分原因是高溫使得喜馬拉雅山脈的冰河融化，另一部分原因則是更溫暖的空氣可以攜帶更多的水氣。

「如果逃離[20]炎熱氣候的行動，有可能到達當前研究顯示的規模，」記者亞布拉罕・拉斯特伽登（Abrahm Lustgarten）寫道，「將等於要大幅重新描繪世界人口的分布圖。」

人口大規模移動所造成的政治後果，說得再怎麼誇大也不為過。就在美國，莫名擔心棕色人種入侵鄉村、偷走工作、犯罪，被包裝成移民相關的政治議題。對外來者的恐懼，也促使歐洲與澳洲極端右派政治觀點的興起。（我到墨爾本的時候，有一位澳洲創業家告訴我：「如果你想要了解澳洲的政治，首先你必須了解我們對於來自北方的黃色部落的恐懼。」）移民由許多因素促成，但是缺糧和缺水一定排在前幾名，這兩種因素會由於極端高溫而變得更嚴重。

然而，美國二〇二〇年普查最令人驚訝的一點是，美國人正在遷移到氣候衝擊風險最高的地方，特別是出現極端高溫的地方。根據房地產仲介商雷德芬公司（Redfin）的一項分析，美國有高溫風險的房屋的比例最多的五十個郡[21]，從二〇一六年到二〇二〇年，由於民眾遷入，人口平均成長了百分之四點七。相較之下，有風暴風險的房屋的百分比最多的郡，人口成長平均只有百分之零點四。

這要如何解釋？否認和無知是答案之一，尤其是出現在那些負責制訂政策以避免人民步入險境的政治人物當中。美國國會稽核處（US Government Accountability Office）二〇二〇年的報告[22]提到：「聯邦領導不明確，是氣候移民做為韌性策略所面臨的關鍵挑戰。」

此外，氣候風險較高的地方，往往居住起來更便宜、有更大的空間，以及更容易接觸自然（反正就目前來說）。根據雷德芬的分析，風暴[23]（包括冬季風暴）是人類唯一會避開的氣候風險，這類風險比例最小的郡，人口成長得比較快，超過比例最高的郡。所以當你檢視美國的人口遷移情形，我們可以公平地說，民眾會遷離風暴，卻遷往高溫。

根據雷德芬的分析，美國炎熱的地方中，最具吸引力[24]的是德州的威廉森郡（Williamson County），這裡屬於奧斯丁都會區的一部分。威廉森郡的每一間房屋都有高溫風險，從二〇一六年到二〇二〇年，由於淨遷移量是正值，人口成長了百分之十六。這是該公司分析的五十個郡當中，成長率最高的一郡。接下來的是亞利桑那州的皮納爾郡（Pinal County，緊鄰鳳凰城的南邊），淨遷移率是正的百分之十五。排在前五名的，還有佛羅里達州的三個郡：帕斯科郡（Pasco County）、奧西歐拉郡（Osceola County）、馬納提郡（Manatee County）。

威廉森郡近年來經歷爆炸性成長，蓋了許多購物中心、公寓、塔可吧，以及辦公大樓。戴爾、亞馬遜、蘋果都在這裡設立廣大的新園區，還有特斯拉的總部與工廠，他們僱用了一萬人，人數是只在幾英里外的五角大廈的三倍。

從氣候方面來說，德州是險要之地。「如果你住在堪薩斯州[25]，不太需要擔心颶風或野火，如果你住在奧勒岡州，就得擔心野火和乾旱，但不需要擔心颶風，」德州的氣候科學家凱瑟琳・海霍（Katharine Hayhoe）說，「如果你住在德州，必須擔心每一種災害。」

事實證明，對於為什麼這麼多人搬到炎熱的地方，我有一些見解，因為我自己就是這樣。我在紐約上州住了二十年，如果你認為氣候變遷是很嚴重的問題，那裡就是美國最適合居住的地方。夏天不會太熱，農田廣闊，水資源充沛，離上升的海平面很遠，有熱中政治的當地族群，很容易前往阿第倫達克山脈，藝術文化興盛，以及不錯的交通，包括沿著哈得孫河到紐約市這段堪稱美國最棒的火車行程。那麼，為什麼要離開呢？

因為我墜入愛河。有一天，我在沙拉托加斯普陵（Saratoga Springs）的賽馬場遇到一位穿著黃色洋裝的女子，她叫做席夢（Simone）。原來她住在奧斯丁，也在那裡工作，早就決定八月底離開德州幾天，因為實在是熱得要命。她知道紐約上州比較涼爽，於是搭飛機到那裡找朋友——我的人生就此改變。不到一年，我離開紐約上州的青翠丘陵，住到美國最熱的城市之一。換一種說法就是，因為席夢決定在週末逃離酷暑，最後卻是我跳入火熱的城市裡。

不說別的，光是我的搬家舉動顯示，從氣候決定我們要住在哪裡或如何生活，是很複雜的事情。我很清楚，從氣候觀點來看，我的搬家毫無道理可言，但誰在乎呢？我情願和席夢一起住在撒哈拉沙漠中的帳棚裡，也不要住在山區湖畔的太陽能房子卻沒有她在身邊。奧斯丁到處都是為了個人理由而搬來的人，無論理由是音樂活動或高科技工作。結果導致交通阻塞，以及房地產價格瘋狂膨脹，但這就是現況。

我在為前一本關於海平面上升的書[26]做研究的時候，遇到幾十個人正糾結於是否要賣掉位於海邊的房子。他們都很喜歡大海，喜歡朋友，喜歡他們的社區。對有些人來說，他們亟欲搬家的動力，來自於擔心要是海平面上升，房子的價格會下跌。對另一些人而言，動力是一直調漲的保險費用，或者擔心大型颶風帶來的人身傷害。這從來就不是簡單容易的計算。

對於美國中產階級來說，極端高溫的風險乍看之下似乎容易應付得多。德州這裡的夏天悶熱得令人窒息。但是，如果天氣太熱，你會待在有空調的室內。你在一大早外出辦事情。你把戶外活動排在秋天或春天。你戴上帽子，穿上讓你覺得涼快的衣服。你會喝很多水。你等待這種熱過去。

有時候，這裡的生活似乎不太穩固。這樣說像奧斯丁這樣繁榮的都市，聽起來可能有點奇怪，卻是千真萬確。自從我搬到德州，非常清楚我的生活有賴科技，不只是空調本身，還有提供動力的電網，以及讓電網運行的一長串複雜的政治與經濟邏輯。和其他數百萬德州人一樣，我在二〇二一年冬天學到一課，才知道這個系統有多麼脆弱，當時有一場怪異的冰暴[27]導致停電。突然之間，席夢與我在黑暗、寒冷之中縮成一團，無法開車到任何地方，因為街道變成冰層。這是一種提醒，現代生活的輕鬆舒適一點也不容易。這也適用於極端高溫。當溫度飆到三十八度以上，我會躲在有空調的自家房子裡，熱就像一把達摩克利斯劍，被電線懸在這座城市上方。

※　※　※

魔鬼公路（El Camino del Diablo）是亞利桑那州索諾拉沙漠（Sonoran Desert）中的古老道路，穿越風琴管仙人掌國家紀念區（Organ Pipe Cactus National Monument）、美國空軍的轟炸靶場，以及托赫諾奧哈姆族保留區（Tohono O'odham Nation reservation），或許還直接通過作家與狂野的沙漠隱士愛德華．艾比（Edward Abbey）的墳地。*魔鬼公路是不祥之地[28]。有人在沙漠的殘酷炎熱中掙扎，舌頭因為缺水而腫脹，走路跌跌撞撞，出現幻覺，脫掉自己的衣服，這樣的故事流傳了數百年。在巨人柱仙人掌和沙漠鐵木之間飽受高溫煎熬，是這裡古老又悲慘的儀式。在這裡，與其說熱是啟動遷徙的引擎，不如說是遷徙的障礙，就像一道熱牆，阻止或殺死嘗試通過的任何東西，如同太平洋西北地區河流裡的溫暖河水，是正值產卵的鮭魚的遷徙障礙。

約翰．歐羅斯基（John Orlowski）對這一切的了解不輸給任何人，他是「不再有死者」（No More Deaths）這個人道組織的一份子，他們在移民通過美墨邊界這段危險旅途時提供協助。歐羅斯基的年齡六十出頭，有一頭茂密的白髮，以及沙漠居民的深褐膚色，還有長年登山者的強壯瘦高身材（他曾三度爬上優勝美地的酋長岩），鼻子有點往右歪斜，就像以前打架弄斷的。當同年紀的男性在佛羅里達州或洛磯山脈過退休生活，歐羅斯基卻搬到接近墨西哥邊界的阿何（Ajo，人口約三千六百人），幫助移民安全穿越沙漠，這個小鎮以前是開採銅礦的地方，離土桑（Tucson）大約兩小時的車程。

有一天早上，我和歐羅斯基約在阿何的龍舌蘭烤肉餐廳（Agave Grill）一起吃早餐，這家餐廳裝飾著巨人柱仙人掌和響尾蛇的水彩畫。「阿何是有強大武裝力量的地方，」歐羅斯基告訴我。這個人口稀少的郡有十五位警長，鎮外新設了一個美國邊境巡邏站，有五百位邊境巡邏隊員駐守。儘管如此，這附近的沙漠很廣大，想通過的移民很多。喝咖啡的時候，歐羅斯基解釋邊境警察如何使用直昇機巡邏邊境最偏遠的地區。如果他們發現一群移民，會使用稱為拂塵（dusting）的戰技，也就是直升機在移民的上方把飛行高度降低三十至四十英尺，揚起大片沙塵暴，讓移民四散奔逃。「當他們落單，就變得更脆弱，」歐羅斯基說。這是很殘忍的手段。很多人因此與家人和旅伴失散，獨自在沙漠遊蕩，最後身亡。「不再有死者」估計，超過九千人[29]死於這一帶的魔鬼公路上，幾乎都是因為脫水與熱衰竭。

歐羅斯基指出，許多邊境巡邏隊員會出現在容易穿越的地方。難以通過的炎熱危險地方，邊境巡邏隊員就少很多。「他們的部分策略，就是把移民趕向邊境最炎熱、最危險的區域，」歐羅斯基說明。

「所以，基本上，美國邊境巡邏隊想出方法，把熱變成武器，」我說。

「是的，這是一種想法，」他回答。

我們吃完早餐後，坐上他那輛充滿塵土的皮卡車，往沙漠出發。他的後車廂載著瓶裝水、豆子罐頭，以及其他能在沙漠中放上幾週的食品。我們開車通過風琴管仙人掌國家紀念區，矗立的巨人柱仙人掌就像崇拜者朝著天高舉手臂。格勞勒山脈（Growler Mountains）的岩石山峰嚴峻且險惡，

＊不管怎麼說，這是一種謠傳。艾比的埋葬地點從未正式公開。

從遠方看著我們。我們最後轉向一條與邊界平行的泥土路。邊界上有好幾處只有用截面為四英寸乘四英寸的木條所做的圍欄，你可以很容易從上方爬過或從底下鑽過去。有些地方則是豎立起奇醜無比的高聳金屬屏障（川普牆）。我偶爾會看到白色十字架，標示出曾經發現人類遺骸的地點。

我們在泥土路上顛簸了四十五分鐘後，把車停在路邊。感覺離任何柔軟、涼爽或善良的事物有千里之遠。我們把瓶裝水裝進背包，前往附近山頭上的一個地點，歐羅斯基知道移民會經過那裡。我認為自己替這次的健行做了充分準備，我戴了寬邊帽、太陽眼鏡，以及穿著短褲和抗紫外線長袖襯衫。儘管如此，我還是立刻感受到熱氣，開始流汗。然後我看到更多白色十字架。我們走得很吃力，我擔心會踩到曝晒在高熱下快要化成塵土的人類遺骸。幾天前，有人就在我們行走之處的幾百碼外，發現了來自印度的六歲小女孩格普里特．考爾（Gurupreet Kaur）[30]的遺體，她和媽媽及家人正要跨過邊境。我們發現最近有人通過這裡的很多證據：一隻破舊的耐吉跑步鞋、一個塑膠袋、一條手機充電線，幾個容量一加侖的黑色塑膠水瓶（黑色不容易反射光線，讓邊境巡邏隊不會從很遠的地方就看到水瓶）。隨著我們朝著山嶺走去，我忍不住欣賞沙漠的單純美景：刺梨仙人掌綻放紅色的花朵，還有長滿刺的福桂樹，這種樹有很多細長枝幹，從底部張開來如同章魚的腕足。

我們徒步走了一個小時左右，抵達山頂。歐羅斯基一週前和「不再有死者」的志工同伴來放過水和豆子。現在物資都不見了，這是移民曾經到過這裡的明確跡象。我們從背包提出六加侖的瓶裝水，歐羅斯基用奇異筆在瓶外寫下「Agua Pura」（西班牙文的「純水」）。他從背包拿出一組八罐的太陽景色（Sun Vista）斑豆，也留在那裡。我看到遠方有幾座美國邊境巡邏隊的警報信標塔。一架直升機飛過。我們向南可以看見墨西哥，向北可以看到土桑和鳳凰城。我覺得又累又熱。我坐在歐羅斯基旁的石頭上，嘗試想像我有多麼渴望來到美國，願意走上五到六天，穿過這片可怕的炙熱墳地。天氣愈炎熱，這段通道愈危險。遷移本身就是一場致命的賭博。

歐羅斯基指著遠方的格勞勒山脈。「從這裡到那裡，我確信有數十個人正要通過，只是你看不到他們，」他說，「就像熱一樣，他們不露蹤跡。」

Chapter 5

剖析犯罪現場

Anatomy of a Crime Scene

二〇二二年七月十九日是英國有紀錄以來最炎熱的一天，那天下午早些時候，三十九歲的氣候科學家弗麗德里克・奧托（Friederike Otto）從沙瑟克區（Southwark borough）的公寓，騎腳踏車跨過倫敦橋到市中心參加會議。她很苗條，有著綠色眼睛，帶著靦腆笑容。穿了洞的耳朵上掛著小小的銀短劍，手腕上戴著五顏六色的彩珠手鏈。她是那種不管到哪裡都穿著匡威（Converse）綠色高筒休閒鞋的人，而且對現代舞相當認真，幾乎和她面對現代氣候的態度一樣認真（曾經有記者請奧托用四種說法來形容自己，她說：「物理學家、夢想成為舞者、媒體必找的科學家、劇院。」[1]）她的十二歲兒子去學校了，讓她鬆一口氣的是，她知道學校行政團隊已經採取避熱的預防措施，確保學生待在室內並有足夠的水可喝。

熱浪來襲的前一天，奧托已經有所準備。她住的地方是一八四二年蓋的維多利亞時期的房子，房子沒有空調，這座城市的房子幾乎都沒有空調，因為倫敦自古以來就是氣候溫和的地方，不過這間房子可以隔熱。她家還有涼爽的地下室，在溫度升高時可以讓她的狗避暑，這隻瘦瘦高高的狗兒叫做斯凱勒，是拉布拉多和可利牧羊犬的混種。奧托醒著的時候，大多在思考極端天氣事件的原因與後果，對她來說，經歷一場熱浪，很像困在自己的想像世界，感覺既熟悉又超現實。

她踩著踏板騎過泰晤士河時，熱風吹過河面，她的肺覺得受到燒灼。這讓她驚訝。然後，這種驚訝更讓她驚訝。畢竟，她已經研究熱浪超過十年的時間，也是一門革命性的氣候科學的帶領者，這門新科學叫做極端事件歸因（extreme event attribution），開創出新方法來確定大氣中二氧化碳的增加程度，如何改變極端天氣事件的頻率與強度。奧托和她的同事證明了，我們現在經歷到的極端熱浪幾乎都不是大自然的標準效應，也不是氣候懷疑論者喜歡說的「就是天氣現象罷了」。導致極端熱浪的原因，是人類的活動和人類做的選擇。

奧托被熱風嚇壞了。過了倫敦橋之後，她騎經倫敦大火紀念碑，那場大火在一六六六年燒毀這座城市的大部分區域。紀念碑是兩百零二英尺高的多利克石柱，頂端有火焰造型的鍍金紀念骨灰罈，對於奧托來說，它是一種有嘲弄意味的提醒，警告我們真正的危險是什麼。「你可以感覺到熱空氣與熱風裡的乾燥，」奧托後來告訴我，「只要有一點火花，我可以想像倫敦再次著火的景象。」*

她繼續騎車穿越城市。奧托很驚訝看到這麼多人開著窗戶，她知道這種舉動似乎合乎邏輯，但要是你沒有空調，這麼做完全不對（在城市中，特別是如果沒有涼風吹拂，最好在那天清晨就關上窗戶並拉上窗簾，以阻隔陽光與熱氣）。奧托一邊騎車時，她知道就在那個當下，有人正因高溫而瀕臨死亡。那些是受困在炎熱公寓中的人、心臟有問題的人，以及在戶外工作的人，因為他們住在完全不熟悉炎熱為何物的地方，不知道當溫度突然升高時該做什麼事。對於奧托而言，她不只是在大熱天騎腳踏車穿越倫敦的科學家，她是騎腳踏車經過犯罪現場的偵探。

想了解熱浪為什麼如此危險，多了解熱的本質會有幫助。畢竟熱與溫度並非完全相同。溫度是針對熱的**度量**。但是，熱是什麼？是一種化學反應嗎？是一種基本的力，就像重力那樣？是如同電一樣的脈動電磁波？當你摸孩子的額頭，覺得溫溫熱熱的，或者當你握到平底鍋很燙的把手時，你真正的感覺是什麼？

幾千年來，我們很了解熱做為工具的用途。在人類馴化之下，火不僅變成烹調與保存食物的方法，也讓喜歡冒險的人可以前往氣候較冷的地方並保持溫暖。埃及人[2]利用熱把銅與錫熔煉成青

＊事實上，倫敦在這次熱浪中有部分地區的確發生火災。草地火災延燒到住家、商店與車輛，市府官員形容當天是第二次世界大戰以來消防隊最忙碌的一天。

銅，宣告技藝和戰爭的新時代到來。在印度教[3]，熱是通往覺悟的途徑。阿茲特克人用紅色赭石來畫天神，有一位學者說這象徵「祂們與熱有特殊的關係」。對許多美洲原住民[4]來說，汗屋（sweat lodge）與精神儀式密不可分，例如拉科塔蘇族（Lakota Sioux）的太陽舞，參與者想要在儀式中與自然和超自然事物重新產生連結。

古希臘人相信，世界由四種元素——火、水、土、風組成。改變四元素的相對比例，某種物質就能夠轉變成另一種物質。例如把黏土放進烤爐加熱，可以想成是去除水與增加火，因而讓黏土轉變成鍋子。包括柏拉圖在內，有幾位希臘哲學家提出正確的猜測，認為熱與運動有關，「熱與火[5]……本身是由撞擊和摩擦產生的：這就是運動。難道這些不是火的起源嗎？」但是他們沒有進行更深入的探究。

一千五百年之後，到了十世紀與十一世紀的伊斯蘭黃金時代，有兩位思想家提出熱與光有關的主張，在正確的方向上跨出一大步。比魯尼（Al-Bīrūnī）是數學家兼學者，曾經為加茲尼王國（Ghazna Kingdom，現在的阿富汗）的馬哈茂德（Mahmūd）蘇丹工作，他是最早把「小時」劃分成「分」和「秒」的人。他也是提出「熱是如何從太陽傳到地球」這個問題的第一人。他的回答是「這裡的熱[6]來自於光的反射」。比魯尼最終認為熱只是「太陽的分散光線」[7]，但也注意到「摩擦」導致熱的產生。伊本·海什木（Ibn al-Haytham）同樣對光與熱著迷，他是阿拉伯天文學家與數學家，也是光學研究的開創者之一。他用鏡子進行引導與聚集光的實驗，得出的結論是光與熱互有關聯，也就是光愈集中，物體愈快變熱。

人類第一次嘗試用科學定量方法來測量熱，始於溫度計的發明。大約在一六〇二年，伽利略[8]根據空氣受熱會膨脹的現象，製造出一種測量溫度的儀器。這種儀器基本上是一根裝了液體（有時候是酒）的玻璃管，還有幾個空心小玻璃球漂浮在液體中。當溫度上升，玻璃球裡的空氣膨脹，於是會在管子裡往上漂到更高的位置。

現代溫度計誕生於一百年後，德國物理學家華倫海特（G. D. Fahrenheit）[9]打造的溫度計，則是一種均勻的細管，一端的小球裡裝著酒精，再從另一端抽出一些空氣，然後把開口封起來。當溫度變化，管子裡的酒精（後來改用水銀）會上上下下。一七四二年，瑞典天文學家安德斯·攝爾修斯（Anders Celsius）製作出類似的溫度計。他們的溫度計刻上不同的尺標，日後稱為華氏溫標或百分（攝氏）溫標。*

溫度計很有用，但不能幫助我們進一步了解熱究竟是什麼。真正明白熱的宇宙本質的第一人，是一個來自麻薩諸塞殖民地，高高瘦瘦的小伙子，他成年後大部分的時間都是以倫福伯爵（Count Rumford）[10]的身分為人所知。倫福一七五三年出生於鄉村，卻過著多采多姿的傳奇人生，在美國

* 在海平面高度的地方，水的凝固點在華氏溫標上是三十二度，沸點是二百一十二度。攝爾修斯則是先測量出水的凝固點與沸點，然後把兩點之間分成一百度。他起初設計的溫標和現在用的溫標是反向的——水的沸點是攝氏零度，凝固點是一百度，但是後來其他科學家把這個溫標顛倒過來。

獨立戰爭期間擔任英軍的間諜，然後前往正在衰落的神聖羅馬帝國，在巴伐利亞選帝侯卡爾・特奧多爾（Karl Theodor）的宮廷任職。根據一位傳記作者寫得天花亂墜[11]的內容，倫福住在有鍍金牆壁的宮殿中，與莫札特及伏爾泰一起參加派對，睡過歐洲大陸上大半的伯爵夫人和公爵夫人。他也恰巧是聰明傑出、直覺敏銳的思想家。他對於熱的科學方面的貢獻，導致了觀念上的突破，產生熱力學第一定律和第二定律，這兩條物理學基本定律奠定我們對於宇宙的理解，而且不意外地，還是今天致命熱浪的關鍵驅動力。

在倫福的時代，對於熱有兩種競爭理論。一種是運動論（kinetic theory）。基本的概念是，一個物體的熱，與組成該物體的粒子不停運動有關。產生摩擦的搓揉或敲擊會促進這種運動，例如輪子繞著軸旋轉，所以物體會變得更熱。如同艾薩克・牛頓（Isaac Newton）在十八世紀初期，也就是倫福實驗的幾十年前說的：「熱存在於物體最小部分以各種方式輕微攪動[12]；所有物體的各部分總是處於某種攪動中。」

但是，熱質說（caloric theory of heat）[13]在數十年後的十八世紀後期嶄露頭角，就把熱的運動論推到一旁。這個理論的流行很大部分要歸功於法國化學家安托萬・拉瓦節（Antoine Lavoisier），他是十八世紀後期科學界的搖滾巨星，我們今天常稱他為現代化學之父。

熱質說認為，熱是一種無形的物質或流體，當物體受熱，熱會以某種方式流進來，當物體冷卻，熱會流出去。物體愈熱，含有愈多熱質，這可以解釋為什麼物體的體積會變大（想想天氣炎熱時，你的手指會腫脹）。拉瓦節把熱質當成真正的物質，甚至把它和光一起放入他在一七八九年想出的三十三種化學元素表裡。

倫福認為熱質說是無稽之談。他也知道，如果自己可以證明這一點，他將聲名大噪。

拉瓦節建立元素表的大約十年後，到了一七九七年，倫福已經是位於巴伐利亞的神聖羅馬帝國宮廷的少將暨司令官，他決定是升級巴伐利亞的火砲來保衛慕尼黑的時候了。出於這個目的，他下令製造重型黃銅加農砲。

這不是一個井井有條的計畫。事實上，倫福的工廠相當有法蘭肯斯坦的風格，昏暗的燈光、蒙上煙灰的窗戶、金屬互相咬合的刺耳聲音，以及黃銅剛切削好的刺鼻味道。正如一位科學史學家所說的，「製造加農砲的直接目的，並非為了滿足科學好奇心，而是為了殺死法國人。」14

製造方法如下：每一個砲管先鑄造成實心圓柱體的形式，然後水平放在車床上。一根巨大的螺桿以數噸的力，推動固定式鑽頭（由硬化鋼製成的鑽孔刀）從砲管前端鑽入。同時，有一個旋轉軸接在砲管後端，以每分鐘三十二轉的速率讓整個鑄件旋轉。轉動砲管的動力，是由兩匹役用馬拉動絞盤所提供的。當馬匹繞著圈子走，絞盤的運動會透過一系列齒輪往上傳到車床的軸。

在某個時刻（倫福的日記沒有清楚說明究竟是何時），他發現加農砲鑽孔設備可以改造成熱實驗。他打造一個水槽，讓正在鑽孔的加農砲可以浸在水中。倫福知道，這一槽的水儲熱的效果比空氣好，而且他可以精確測量。你不需要是科學家也能理解的結果是：沸水是最明顯，也是最日常的熱應用。

倫福推論，如果熱是一種無形的流體，也就是黃銅加農砲所含的一種物質，如同熱質說的主張，那麼這種物質當然不會是無限多的。它的確可能導致水的溫度升高，但是，這能持續多久？有了加農砲鑽孔設備，只要馬匹不停下來，倫福可以讓實驗一直持續下去。雖然他在那時沒有想到這麼做，但他是在把馬匹的能量轉變成旋轉鑽頭的機械能，再轉變成讓水變熱的熱能。這是熱力學第一定律的完美實例，這個定律說，能量可以從一種形式轉換到另一種形式，但不會憑空創造出來，也不會消滅，這件事還要約莫五十年後才會有人明白。

一七九七年十月的某個陰天，倫福的實驗就緒。他下令讓馬匹開始行走。齒輪轉動，鑽頭鑽入加農砲的毛胚。倫福盯著水槽的溫度計：六十分鐘後，水溫從十六度升到四十二度；九十分鐘後，到達六十六度；一百二十分鐘後，上升到八十一度；一百五十分鐘後，水居然沸騰了。

倫福後來寫下：「很難形容[15]旁觀者臉上驚奇詫異的神情，他們看到不需要燒火，就能讓如此大量的水變熱，最後竟然沸騰。」

這是科學史上的革命性時刻。接下來的數十年，德國物理學家魯道夫·克勞修斯（Rudolf Clausius）和英國數學家克耳文勳爵（Lord Kelvin）從倫福的研究開始，建立起熱的動力論（dynamic theory），成為現代物理與化學的基石。但是，倫福利用單一個實驗，證明熱不是一種無形的流體，而是物質無窮無盡的表現，是構成我們的世界的某種事物，方式有點類似語言構成我們的生活那樣。你可以說的話無止盡，就像可以被產生的熱也無止盡。他那時並不知曉，但其實他已經發現了太陽、馬、個人生活，以及周遭一切的關聯。這些都是能量的展現，也就是運動與熱的展現。

多虧了倫福，以及追隨他腳步的人，我們現在可以很容易說出熱是什麼：熱是分子的振動。或者換種方式說，溫度是一群分子的平均速率。當某個物體的分子的平均速率很慢，這個物體是冷的；當平均速率很快，這個物體就是熱的。

儘管如此，熱的確會流動，卻不是像河水那樣流動。你在炎熱的夏天握住車門把手時，感覺到一股熱傳入你的手裡。然而，實際發生的情形並非如此。當你握住車門把手，把手上快速運動的分子撞到你手上慢速運動的分子，導致你手上分子的速率加快，而且把手上的分子變慢。你的腦感受到手上分子的速率增加，理解成溫熱的感覺，也就是你的手的溫度增加了。但其實並沒有某種「熱流」流入你的手。「熱的流動，比較不像河川流經峽谷那樣，而更像是笑聲穿越人群[16]的情形，」物理學家布萊恩·葛林（Brian Greene）寫道。

不同分子有不同的振動速率，與結構有關。有一個原因可以解釋為什麼水比空氣保有更多熱，鐵比木頭保有更多熱，還有為什麼有些氣體會吸收熱，而有些氣體不會。例如，氬氣不是溫室氣體，但二氧化碳是溫室氣體。它們有什麼不同？地球從太陽吸收熱之後，再把部分的熱反射回大氣，於是產生了熱輻射（thermal radiation）；而二氧化碳擁有的分子結構，使它對於反射回大氣的熱很敏感，其他溫室氣體也一樣。二氧化碳分子對這種輻射有所反應，分子會振動、彎曲、顫動。隨著更多溫室氣體累積在大氣裡，我們頭頂的天空中，分子的顫動速率也會增加。當我們燃燒化石燃料並且把二氧化碳分子排放到大氣，世界為何會增溫的原因就在於此。天空振動的速率加快了。

我們現在所說的氣候科學有幾位先驅，例如尤妮絲・牛頓・富特（Eunice Newton Foote），她在一八五六年發表論文〈論太陽光中的熱〉（On the Heat in the Sun's Rays），這是第一篇科學文章提到，如果二氧化碳的濃度升高，地球會變得更溫暖，雖然文章裡對於振動的分子毫無所悉。她和其他研究者（那時他們還不會自稱是科學家）就只是了解，二氧化碳等特定氣體很善於吸收熱。然而，富特與其他研究者當然不擔心熱浪的問題。那些真正思考過對地球的效應的人認為，小幅度暖化是好事。斯萬特・阿瑞尼斯（Svante Arrhenius）在一八九六年發表了第一個溫室效應的計算，聲稱全世界「可能有望生活在氣候更溫和、更美好的時代」[17]。大多數人認為「大自然的平衡」使得災難性後果不可能發生，如果人類工業方面的「進步」的確帶來任何改變，這些都是有好處的。「沒有人擔心氣候變遷的衝擊[18]，科學家預期這種變化只會影響遙遠的後代，如果真的會發生，也是好幾個世紀後的事，」科學史學家史賓塞・沃特（Spencer Weart）寫道。

我們把時間快轉五十年。一九五〇年代，有幾位科學家知道大氣的二氧化碳含量可能正在增加，這代表全球平均溫度在二十一世紀末或許會上升幾度。著名的科學家羅傑·雷維爾（Roger Revelle）推測，到了二十一世紀，溫室效應實際上可能對「地球氣候產生劇烈影響」[19]。一九五七年，雷維爾告訴國會的一個委員會，溫室效應總有一天可能把南加州與德州變成「真正的沙漠」[20]。

在科學家之中，關於全球暖化的最多憂慮，某種程度上集中在冰的融化。這很容易理解：天氣變熱，冰會融化。

到了一九八四年，科學家琳達·梅恩斯（Linda Mearns）與史蒂芬·史耐德（Stephen Schneider）發表一篇具有里程碑意義的熱浪論文，這是最早探討極端高溫事件，以及這些事件與我們在意的事物之間有何關聯的論文之一。他們指出，不只是世界正變得愈來愈溫暖。「甚至〔平均〕溫度的微小變化，有時導致事件機率的巨大變化，」他們寫道。他們舉一個例子來說明，在全球平均溫度上升兩度的情形下，愛荷華州發生一場三十五度以上持續五天的熱浪的可能性會變成三倍，而這種熱浪對於玉米田可能造成毀滅性的破壞。

有一個更大的轉折點，是美國航空暨太空總署（NASA）科學家詹姆士·漢森（James Hansen）一九八八年在國會的證詞[21]，他被視為現代氣候科學的教父。「我想要做出三大結論，」漢森對著擠滿人的參議院議場說，「第一，一九八八年的地球比起儀器測量史上的任何時候都要溫暖。第二，全球暖化的程度現在大到我們有高度自信可以把因果關係歸因於溫室效應。以及第三，我們的電腦氣候模擬顯示，溫室效應已經大到足以開始影響夏季熱浪等極端事件的發生機率。」

漢森展示過去一百年來的全球溫度圖，指出過去二十五年的暖化速率是紀錄中最高的。他發現，到一九八八年時，氣溫暖化了攝氏〇．四度。這種程度的暖化出於偶然的機率大約是百分之一。「在我看來，」漢森說出了名言，「我們已經察覺到溫室效應，而這種效應正在改變我們現在的氣候。」

不出所料，漢森把重點放在熱浪，認為那是溫度上升的最明顯表現。他比較華盛頓哥倫比亞特區與內布拉斯加州奧馬哈（Omaha）發生炎熱夏季的頻率。漢森表示，在一九五〇到一九八〇年間，出現炎熱夏季的機率是百分之三十三。但是到了一九九〇年代，因為溫室效應，機率增加到百分之五十五至七十之間。

談到如何形成熱浪的機制時，除了溫室氣體的吸熱效應，漢森說得有些籠統。他展示一些說明美國當時與二〇二九年溫度差的模式圖時，預測在二〇二九年之前，幾乎所有地方都將暖化。他指出，他注意到自己的模式有「一種明顯的趨勢」，東南部與中西部的暖化程度高於平均。「在我們的模式中出現這樣的結果，似乎是因為美國沿岸的大西洋暖化得比陸地慢，」漢森說，「這導致東部沿岸形成高氣壓，使暖空氣環流往北進入中西部或東南部。」

但是，漢森接著提出警告：「這個現象只是一種趨勢，當然不會每次都發生，而且氣候模式當然是不完美的工具。然而，我們的結論是，有證據支持溫室效應會增加美國東南部與中西部發生熱浪乾旱狀況的可能性，儘管我們不能把特定一場熱浪或乾旱歸咎於溫室效應。」

這是關鍵的一點，在當時的科學來說是正確的，但長期以來被氣候變遷否定者和其他人利用。他們爭辯，氣候變遷可能改變出現熱浪的機率，可是你不能指著任何一場熱浪說：「這是氣候變遷造成的。」漢森當時說的話是對的，有很長一段時間，你的確不能。

但是，多虧了奧托和一些人的研究，現在你能這樣做。

漢森在國會作證時，奧托才六歲。奧托在一九八二年出生於德國基爾（Kiel），成長於離丹麥邊界不遠的鄉間小屋，她說那裡是「極度無聊」的地方。她的父親在大學擔任行政人員，母親教英語和德語。奧托是個書呆子，也是害羞的孩子。「我不是優秀的學生，」她告訴我。她不知道這輩子想做什麼。她進入波茨坦大學（University of Potsdam）讀物理，因為這是她能選擇的最好科系。二〇〇三年的歐洲熱浪殺死七萬人[22]，比越戰期間死亡的士兵還多，那時正值奧托的大學第一年。「那時氣候變遷絕對不是關注的話題，至少在我的世界不是，」奧托回憶，「我以前夏天會在冰淇淋店打工。我記得那年覺得很後悔，因為那個夏天非常忙碌。這份工作通常有很多空閒時間，我可以利用時間看書，但是二〇〇三年夏天的壓力超級大，因為有很多人想要買冰淇淋。」

奧托在二〇〇七年畢業時，開始聽到或讀到氣候變遷的事情。她對此感興趣。「我那時和爸爸談過，或許我會進入氣候科學領域，他認為這個主意很糟糕，」她告訴我，「他認為這只是流行一時的話題，幾年後就沒人感興趣了。」

在大學期間，她發現自己喜歡閱讀科學，幾乎就和她喜歡科學本身一樣。所以她搬到柏林，進入柏林自由大學（Free University of Berlin）攻讀科學哲學的博士學位。「我對模式感興趣，包括社會模式、經濟模式、氣候模式。我對於能夠知道什麼與不能知道什麼感興趣。」她最後把注意力放在氣候模式上，不是因為她關心拯救世界，而是因為你要如何為一個無限複雜的系統建立模式，這個系統就和她感興趣的地球一樣複雜。她的二〇一一年博士學位論文名稱是：〈建立地球氣候的模式——知識論的觀點〉。這是一篇一百二十四頁厚的論文，論述如何降低不確定性，並提高透明度，讓模式更可靠並值得信賴。奧托主張，建立正確的模式很重要，因為科學家不能在地球大氣中進行實驗。「我們只有一個地球，」她寫道。

完成學位論文後，奧托不知道下一步要做什麼。誰想僱用一位科學哲學博士？「我完全找不到工作，」她說。但後來，她申請了牛津大學地球物理學家麥爾斯．艾倫（Myles Allen）的短期職位。艾倫對於如何建立更好的氣候模式也有興趣。奧托得到這份工作，搬到牛津。這是個幸運的機會。

有一場重大的氣候科學革命始於二〇〇三年，當時艾倫眼看泰晤士河氾濫，水位高漲，大水愈來愈逼近他位於南牛津的家的圍牆。他想，**我是氣候科學家，為什麼不能找出誰該為此負責**？

艾倫監測上升的大水時，碰巧在家裡的收音機上聽到英國氣象局（Met Office，英國的國家氣象機構）的人說，想找出應該負責的罪魁禍首是不可能的事。當然，這場洪水可以歸為**那類**可能因全球暖化而變得更頻繁的事件，收音機上的聲音說。不過，要說出更確切的因果關係是不可能的。這與漢森二十年前提出的觀點相同。但是這種觀點還真的可以繼續成立嗎？

艾倫以身為特立獨行的思想家聞名，他把這個問題當作挑戰，想找出答案。

他在一篇文章中寫到，當洪水寸寸逼近他們家廚房的門，他認為，把極端天氣事件歸因於氣候變遷，或許並非總是不可能的——而只是「由於我們目前對於氣候系統的理解，現在就是做不到。」他思索，如果研究者真的能夠有這方面的突破，科學就可能發揮潛在影響力，讓大眾有能力把氣候相關事件造成的損害歸咎於溫室氣體排放者。艾倫的這篇評論[23]二〇〇三年二月刊登在極具聲望的《自然》（*Nature*）期刊，取了很直接但嚇人（對於化石燃料公司而言）的標題：〈氣候變遷的責任〉。

艾倫在幾個月後有機會試驗他的想法，當時有一場熱浪烘烤歐洲，溫度打破一項從十五世紀維持至今的紀錄。艾倫與英國氣象局的氣候科學家彼得·史托特（Peter Stott）合作，一起探討熱浪是否與氣候變遷有關。細節很複雜，但他們的基本方法是，利用大氣中二氧化碳濃度較低的氣候模式，看看是否會產生類似的熱浪。他們的結論寫在隔年發表的一篇論文：「我們估計，人類的影響很可能使超過這個臨界值大小的熱浪的風險至少增加為兩倍。」[24]

隨著這句話，極端事件歸因科學誕生了。

很多人抱持懷疑態度，包括質疑他們的方法或想法的科學家。有些人認為，這些模式不能正確地代表真實世界。但是，艾倫與史托特是備受尊敬的科學家，他們的發現不容易被抹滅。

艾倫與史托特的第一項歸因研究，針對的是熱浪，而非好比說颶風，這並不奇怪。「氣候變遷反映在熱浪中的程度，比在其他現象更強烈，」奥托說。一場熱浪的強度與持續時間有許多變數參與其中，包括陸地濕度以及大氣環流型。但是，比起一場颶風的複雜動力學，熱浪相當容易定義與建模。

奥托在二〇一一年抵達牛津與艾倫工作時，從未聽說過歸因研究。但是，她很好奇。而且這類研究提出的問題，與她在博士論文思考並寫下來的東西十分吻合。

她立刻開始研究。二〇一〇年，一場大熱浪燒灼俄國，溫度高達四十度。超過五萬五千人[25]死亡。她想知道，這次的極端事件能夠直接歸因於氣候變遷嗎？起初，答案並不明確。事件後不久，科羅拉多州波爾德（Boulder）的科學家就發表了一篇論文，結論認為熱浪「主要是由自然的內在大氣變異[26]所造成的」。然而，另一項研究中，德國波茨坦的科學家計算出，如果沒有氣候變遷，這些創紀錄的溫度就不會發生的機率是百分之八十[27]。奥托與她的同事，包括荷蘭氣候學家吉爾特·揚·范·奥爾登堡（Geert Jan van Oldenborgh）在內，花了幾個星期的時間分析這些研究是否真的彼此矛盾，如果是的話，哪一項才是正確的。「對所有相關的人來說，結果是個驚喜，」奥托後來在她的書《憤怒的天氣》（*Angry Weather*）裡寫道。「兩項研究都是正確的，他們只是問了不同的問題。一項研究聚焦於高溫紀錄本身，也就是熱浪的規模，而另一項研究則著眼於高溫紀錄被打破的機率。那麼，氣候變遷是否讓熱浪更容易發生？答案是響亮的『是』。」

奧托和同事對這兩項研究的回顧，是她發表的第一篇期刊論文，有助於鞏固極端天氣歸因成為氣候科學的一個正規分支的地位。她的研究甚至在聯合國政府間氣候變化專門委員會的第五次評估報告中提及，該報告是氣候科學的黃金標準。

奧托很快意識到，對於人們如何看待人為氣候變遷的衝擊，以及他們認為誰應該負責，極端天氣歸因科學可能產生深遠的影響。「對我來說，科學是——或說可以是——伸張正義的工具，」她告訴我，「極端事件歸因是有史以來第一門考慮到法庭而發展出來的科學。」接下來幾年，奧托改善了把極端天氣和氣候變遷一點一滴連在一起的方法。奧托和同事發現，有一些事件與氣候變遷無關，例如歐洲連續四天降雨導致多瑙河與易北河（Elbe River）氾濫的事件。對奧托來說，說某些事件與人為氣候變遷無關，和說某些事件有關同樣重要。但無論是哪一種，她的研究沒有產生很大的影響力，部分原因是她的論文在事件發生之後很久才發表，以致於沒有人關注。

二〇一四年，奧托與艾倫剛好到舊金山參加一場科學會議。兩人在市中心的星巴克遇到海蒂．卡林（Heidi Cullen），她是氣候中心（Climate Central）的首席科學家，這個組織的使命是讓科學變得更親民。卡林了解極端事件歸因的力量，但是認為如果這門科學真的要影響人們看待氣候的方式，那麼極端天氣和氣候變遷之間的關聯必須出現得更快，最好是即時，當事件在人們腦海仍然記憶猶新之時。「你們可以做得更快嗎？」她問。奧托與艾倫認為可行。但是，加快進行代表要冒著分析出錯的風險，可能使氣候科學倒退好幾年。儘管如此，奧托願意嘗試（艾倫專注於其他研究）。

幾個月過去，她與范．奧爾登堡啟動了世界天氣歸因（World Weather Attribution），這個計畫把致力於快速分析極端天氣事件的科學家聚集在一起，以確定事件如何（及是否）因氣候變遷而產生。「就像燈泡最早發明出來的兩年後，我們宣布將在每一條街道安裝電燈[28]，但還不知道大量製造是否可能，」奧托後來寫道。

氣候科學領域有不少人認定，即時歸因不是「真正的」科學，部分原因是並非每一篇論文在發表前都經過長達一年的同儕審查過程，如同其他論文那樣（奧托澄清，她使用的模式是經過同儕審查的，只是結果沒有）。「我想如果我不是年輕女生的話，反彈力道會大得多，」奧托解釋，「我認為，科學界有許多老白男只是把我當作不去做正事的瘋女人，而沒注意到我。」

並非奧托團隊研究的每一個事件都會因氣候變遷而放大。他們分析二〇一七年重創德州的哈維颶風，確定了氣候變遷使得這場風暴發生的可能性變成三到四倍[29]。然而，他們發現同一年孟加拉[30]的洪水與氣候變遷無關。二〇二一年熱浪襲擊太平洋西北地區時，他們已經分析過將近十多個極端事件，技術磨練得非常好。奧托和團隊成員整整花了九天的時間，才能說如果沒有氣候變遷，這場帶走一千多人與十億海洋生物的生命的熱浪是「幾乎不可能發生的」[31]。

這麼大膽的說法，剛好也是在其他研究人員嚴格審視下站得住腳的正確陳述，這讓奧托成為科學界的搖滾明星。她和范．奧爾登堡名列二〇二一年《時代》百大人物，這是該雜誌每年選出一百位最具影響力人物的年度榜單。權威的《自然》期刊把奧托選為二〇二一年對科學有重大貢獻的十人之一。

「在理解人類對氣候變遷的衝擊方面，歸因研究極其重要，」瑞典隆德大學（Lund University）的社會科學家艾蜜莉．波伊德（Emily Boyd）說，她的研究專長是氣候適應與治理。「這門科學正在改變我們的心態，使我們能以全新的方式思考氣候與脆弱之間的關係。」更明確的說，極端事件歸因是一種工具，可以讓公眾在氣候危機方面的對話有深刻的轉變。有別於把這種危機塑造成一種未來的事件，如同往常一般，說成這是將會影響我們的孩子、孫子及未來世代的事情，而奧托的研究證明了，這種危機是現在進行式，是即時發生的事情。先不說其他的，即時歸因將很可能成為法庭上的重要工具，可以打開法律救濟的大門，來改正艾倫最初提出的法律責任問題：**誰該為破壞氣候負責**？**他們如何承擔責任**？

儘管這一切都充滿革命意義，回顧熱浪比向前看容易。或者換另一種說法，就因為現在可以肯定地說，人為氣候變遷使熱浪變得更頻繁、更強烈、更致命，但是無助於回答下列問題：天氣將會有多熱？下一次熱浪將會襲擊何處？

沒有人預料到，二〇二一年南極在熱浪期間的溫度會躍升三十九度。然而，事情發生了。沒有人預料到，英屬哥倫比亞的溫度會超過四十九度。然而，事情發生了。沒有人預料到，倫敦會出現四十度的溫度。然而，事情發生了。截至二〇二二年，鳳凰城目前最高紀錄是五十度。溫度將會衝到五十七度嗎？六十度會怎樣呢？如果不是在鳳凰城，出現在巴基斯坦如何？極限在哪裡？我與一些科學家討論過，他們都指出，熱浪會因當地條件而放大，這些條件包括土壤有多乾燥、空氣中有多少汙染（矛盾的是，組成煙霧的微粒就像許多小鏡子，可以反射陽光，讓當地保持涼爽），還有海洋中的熱點。但是，和我談過話的每一位科學家都同意一件事：我們燃燒愈多化石燃料，極端值就愈高。

但或許更迫切的問題是：**現在**能有多熱？或者，換個方式說，在今天的暖化水準下，大氣系統有任何煞車，可以阻止一場超出我們的經驗或想像的熱浪嗎？

為了回答這個問題，我必須帶你到大氣動力學（atmospheric dynamics）的世界快速地繞一下，那是熱浪科學的下一個新領域。大氣動力學是一種華麗的方式，討論我們頭頂的空氣如何環繞地球移動，因而創造出天氣。有一種方式是把大氣環流想成巨大的熱傳輸系統，不斷讓暖空氣從熱帶循環到南北極，並且把冷空氣從南北極送回熱帶。這種熱傳輸系統的主要引擎稱為噴流（jet stream），這是在大氣的高層由西向東吹的氣流。電視上的氣象播報員喜歡大談噴流，通常在影像中會用環繞地球的紅色箭頭（暖）與藍色箭頭（冷）來說明。

熱浪經常發生於噴流改變的時候。引導噴流的壓力波稱為羅士比波（Rossby wave），羅士比波的形成是由於南北極與熱帶的溫差。我們可以把羅士比波想成噴流的護欄，也就是讓噴流維持在軌道上的邊界。然而，北極的暖化速度是地球其他地方的四倍，部分原因是融冰會使得海洋與開闊的土地吸收到更多熱。（冰是很好的反射體，可以把陽光反射回去，讓自己保持冷卻。但是到了最後，暖化使得夠多的冰融化，露出會吸熱的土地或水域，這樣又反過來加速冰雪進一步融化。）隨著北極變暖，南北極與熱帶之間的溫度梯度發生改變，轉而使得羅士比波變弱，噴流隨之變得迂迴曲折。有時候，這種彎曲會把熱空氣困在一個區而逃不出來。受困的空氣愈來愈熱，結果下方的溫暖陸地與不斷增加的高壓，把雲趕走並放大陽光的效應。我們可以簡化地說，這就是你得到熱浪的方式。

科學家正在努力解決的重大問題之一：隨著世界繼續暖化，噴流會變得多奇怪與搖擺不定呢？

有一個例子是：二〇二二年熱浪襲擊倫敦之前，研究人員發表了一項研究，對於歐洲的熱浪[32]風險提出警告。作者發現，歐洲是熱浪的熱點，那裡的熱浪變暖速率是中緯度地區平均值的三到四倍。為什麼會這樣？噴流在歐洲上空會分開，導致更多高壓區的形成。這種分開的噴流稱為雙噴流（double jet streams），或氣象學家喜歡叫做分流（split flow），這是自然發生的現象。但是作者發現，這種現象正在增加，而且可能是解釋歐洲上空熱強度加速變快的一大部分原因。有一段彎曲的噴流也和我在〈序幕〉中提到的二〇二一年太平洋西北地區的熱浪有關。

「每一個人都很擔憂[33]近期極端事件的影響，」范．奧爾登堡在二〇二一年說道，就在他因癌症過世前不久，「這是沒有人預見的事情，沒有人認為可能發生。我們感覺到，我們不像過去自以為的那麼了解熱浪。」

所以，關於現在到底能夠有多熱這個問題，與我談過話的科學家能提供的最好答案是……呃，他們不知道。但這是仍在積極研究中的主題。「我認為沒有人相信紐約的溫度會突然上升三十九度，」奧托說明，「但是比最高溫度多三度？多六度？這肯定似乎在可能範圍內。」

熱浪愈極端，對於沒有準備與脆弱的人來說愈致命。熱浪愈極端，艾倫在二十年前問自己的問題愈能引發共鳴：誰該為此負責？在不那麼遙遠的未來的某一刻，是誰燃燒化石燃料引發熱浪而殺死某個人的問題，將成為是誰扣下扳機殺死某個人的氣候版問題。當科學和法律進步到某個程度，奧托與同事能說服法官相信他們可以回答這個問題，那麼一個新的當責時代將會開始。如果這聽起來沒什麼大不了，請思考以下情形：這代表一家像埃克森美孚（ExxonMobil）[34]這樣的公司，根據某種衡量標準，對全球歷史二氧化碳排放量負有大約百分之三的責任，那麼這家公司可能被起訴要為過去、現在、未來，每一場氣候造成的洪水與熱浪所導致的人員死亡或財產與經濟損失付百分之三的責任。說是有數千億美元處於危險狀態，恐怕都還不足以形容。這就是其中一個原因，說明為什麼在國際氣候談判中，關於「損失和損害」的討論總是氣氛緊張，全球北方工業化富裕國家的領袖極力把這個主題排除在協商之外，而全球南方飽受氣候災害蹂躪的國家的政治人物與行動份子直言不諱：「我們是受苦的人。我們是垂死的人。你們虧欠我們，你們需要付出代價。」

我問奧托，她是否可以想像，不久將來的某一天，類似埃克森美孚的公司在法庭上需要對一場極端熱浪中的死者負責。

「是的，我可以，」她毫不遲疑地回答，「我不只可以想像，我還相信這將比你想像得更早發生。」

Chapter 6

神奇谷

Magic Valley

二〇二二年七月，德州蘭帕沙斯郡（Lampasas County）一座牧場的主人米奇・愛德華（Mickey Edwards）覺得已經受夠了。他說，他大部分土地上的草變得「又脆又乾，還布滿塵土」[1]。這樣的草無法幫助他的牛隻成長，這些牛變得骨瘦如柴。他拿去年收割的乾草餵了一陣子，後來蓄水池乾涸，牛隻無水可喝。他最後只好賣掉四十頭牲口，超過他飼養的牛群的百分之十五。

位於達拉斯附近的艾力斯郡（Ellis County），約翰・保羅・狄寧（John Paul Dineen）說，他占地七百英畝的玉米田看起來「一片悽慘，而且亂七八糟」。他走到田裡，撥開一個玉米穗，玉米穗又乾又硬，只結了一半的玉米粒。他知道今年的收成一定很糟。他在七月中旬開始採收玉米，比平常提早幾個星期收割，與該州許多玉米種植者一樣，因為極端高溫導致作物早熟。不管情形有多麼慘、多麼亂，反正狄寧沒有多少玉米好採收。這些玉米莖最多只長到五英尺高，而正常時可以有六至七英尺。「收穫只有一般年產量的一半，」他說，「我們每英畝地可能採收到五十蒲式耳（bushel），」遠低於平常的一百至一百一十蒲式耳。

狄寧不是唯一受害的玉米種植者。根據美國農業部的資料，到仲夏之前，德州玉米種植面積有百分之四十二[2]處於不佳（poor）或極差（very poor）的狀況，只有百分之三屬於狀況極佳。德州玉米生產者（Texas Corn Producers）是他們的行業組織，執行長大衛・吉布森（David Gibson）說，即使玉米的市場價格很高，但對許多農夫來說，高溫與乾旱的破壞力太強。「當你沒有玉米可賣[3]，好價格也無法維持你的生意，」吉布森表示。

這種情形不只發生在德州。二〇二二年，極端高溫重挫全世界的農作物收成。法國的玉米收穫量來到三十年[4]的最低。由於極端高溫，整個歐盟的黃豆與向日葵籽的產量預計會減少百分之十。在印度，小麥的收成遠低於預期，於是政府禁止小麥出口，令穀物交易者和糧食安全分析師擔憂。印度的重量級農業專家戴文德・夏馬（Devinder Sharma）為政府的出口禁令辯護，認為國家在把小麥賣到國外之前，必須先確保十四億國民有充足的糧食。「看看這次熱浪對我們的作物造成的影響[5]，」夏馬告訴哥倫比亞廣播公司新聞網（CBS News），「如果季風雨也造成嚴重破壞，或者如果明年其他氣候因素重挫我們的產量，誰來負責？」

糧食不足，剩下的只會是飢餓、混亂與暴力。歷史上殘酷的統治者和獨裁者都很清楚，並且利用這一點來達到自己的目的。俄國總統弗拉迪米爾・普丁（Vladimir Putin）不只了解糧食的政治力量，還把它變成武器。隨著俄國在二〇二二年入侵烏克蘭，他故意破壞烏克蘭的小麥供應，引發全球糧食危機。烏克蘭在遭到入侵之前，是世界小麥主要輸出國之一。透過封鎖烏克蘭的港口、炸毀鐵路、竊取穀物、殺害農夫等手段，普丁實際上奪走市場上兩千萬噸[6]的小麥。這幾乎不足以造成世界性饑荒，因為全球小麥產量大約是八億五千萬噸，但是足夠造成小麥價格暴漲超過百分之六十[7]。在美國，一般人的收入花在飲食上的比例不到百分之十，食物價格上漲造成許多勞工家庭的壓力，並成為二〇二二年期中選舉的政治議題。但是對於開發中世界的人來說，許多人把百分之四十或更多的收入花在食物上，小麥價格暴漲代表有得吃與挨餓之間的差別。二〇二二年，糧食價格過高引發斯里蘭卡的動亂[8]，並且迫使撒哈拉以南的非洲地區多了二千三百萬人[9]挨餓。「普丁攻擊做為世界糧倉的烏克蘭[10]，相當於攻擊全世界的窮人，在人們已經處於饑荒邊緣時，大幅提升全球的飢餓程度，」美國國際開發署署長薩曼莎・鮑爾（Samantha Power）告訴記者。

然而，這種戰爭助長的糧食危機在某種意義上是人為的，並非世界糧食實際發生任何短缺而造成的。即使烏克蘭的小麥退出市場，仍然有大量穀物可以流通。問題在於需要花費多少成本，以及如何配送。普丁不是唯一利用這種情形的人。大宗商品交易商從價格劇烈波動中獲利，運輸業者從渴望拿到穀物的人身上獲利，肥料製造商從迫切想要盡量提高產量的農民身上賺到錢，原始法西斯政治人物樂於把食物價格上漲這件事，說是民主政治失敗的證據。

在當前這股戰時糧食恐慌的背後，更令人擔憂的更大危機隱約浮現。自從二〇一九年，面臨糧食不安全問題的人數攀升，從一億三千五百萬增加到三億四千五百萬人[11]。二〇二二年，分散於四十五個國家的五千萬人正瀕臨饑荒。無論現代糧食系統具有什麼優點，消除全球飢餓顯然不在其中。我們種植的糧食有超過百分之三十給浪費掉了[12]，任其放在倉庫裡腐爛，或者被挑剔的消費者丟棄，因為他們就是不喜歡加在義大利麵裡的醬汁。在美國，有三千萬英畝[13]的良田用來種植玉米和黃豆，為耗油的汽車與卡車製造燃料（主要是酒精）。在只有少許或甚至沒有地表水的地方，地下含水層的水被抽乾，那些水通常用於灌溉很耗水的作物，像是水稻、扁桃樹與苜蓿草。一個位於印度北部的主要糧食產區，地下水抽取得太凶，導致地下水位一年下降大約三英尺[14]。

在未來幾年，餵飽全世界的挑戰只會變得更加棘手。首先，世界人口從現在的八十億人，預計到二〇五〇年會成長到接近一百億人。光是想要達到本世紀中期的糧食預期需求，全球農業產量將必須增長超過百分之五十。這要如何做到？世界資源研究所（World Resources Institute）[15]估計，為了達到那樣的農業產量，需要清除至少十五億英畝的森林、稀樹草原、濕地，相當於把兩個印度大的土地開墾成新的農田。這種事情顯然不會發生，但的確可以幫助你了解問題有多大。

同時，由於人為造成氣候變遷，糧食生產力已經在下降。康乃爾大學最近一項研究發現，現在的全球作物產量比沒有氣候變遷時少了百分之二十一[16]。非洲、拉丁美洲與加勒比海地區等溫暖地區的損失更大，超過北美洲與歐洲等較涼爽地區。但是，只要愈來愈熱，糧食生產力很可能整體都會持續衰退。全球平均溫度每上升攝氏一度[17]，玉米的收穫量會少了百分之七，小麥少百分之六，稻米少百分之三。

只要人類繼續把種子播到土地上，農夫就得應對不受控的天氣。但是，這次不一樣。這裡不是指怪異的雹暴，或者突如其來的寒流。正如伊利諾大學厄巴納－香檳分校的植物學教授唐納德・歐特（Donald Ort）向我說明的那樣：「對糧食安全造成最大威脅的全球變遷項目，就是高溫。」

極端高溫對糧食安全構成的威脅，可以從基礎物理學和生物學看起。和人類一樣，植物生活在自己的適居區。植物對溫度有所反應，如同人類。除了如果天氣太熱，植物不能開冷氣，也不能乘船沿著海灘航行兜風。植物只能待在原地。植物的確可以在一段時間後遷移到更合適的氣候區，尤其是從種子長出來的植物，由於種子可以透過風傳播，或者靠鳥類或四處闖蕩的人類散布。如果時間夠長，整座森林可以移到氣候較涼爽的地方。但是，個別的植物一旦把根往下扎到土地上，就只能困在那裡了。如果天氣太熱，植物就慘了。極端熱浪特別危險，因為它們會突如而至，植物幾乎沒有時間適應。

高溫使植物的代謝率提高，如同對人類的影響一樣。高溫相當於提高植物的心率，進而讓所有事情加速，包括對水的需求。植物大約有百分之九十七是水組成的（相對之下，人體有百分之六十是水組成的）。水是植物執行所有基本功能的關鍵，包括光合作用。有些植物在處理水資源受限的效率更好，勝過其他植物。刺梨仙人掌可以在墨西哥北部和美國西南部沙漠茂盛生長，它們把水儲存在莖部，並且用像針一樣的長刺來保護自己，避免被口渴的掠食者吃掉。加州中央谷（Central Valley）的開心果樹可以在水資源更少的情形下，生長得比扁桃樹更好。但是，無論植物適應得有多好，它們遵守絕對的水與熱關係：植物在愈熱的情形下，需要的水愈多。有一位生物學家告訴我：「植物就是抽水機。」

當天氣變熱，植物的反應和人類差不多——它們會流汗（在植物身上稱為蒸散作用）。植物沒有汗腺，而是在葉片下表皮有能夠釋放水氣的小孔，就像汗孔一樣。大多數植物每一天會把自己的重量以水分的形式蒸散掉（如果人類也流那麼多汗水，我們一天必須喝二十加侖的水才行）。對植物來說，溫度發生微小的變化，代表汗水量的巨大變化。「想要了解溫度有多麼重要[18]，如果溫度從攝氏二十五度到三十五度，要維持一定的生長水準，需要兩倍以上的水量，」史丹福大學農業生態學家大衛．羅貝爾（David Lobell）說。玉米特別會流汗。在夏季，愛荷華州一英畝種植面積的玉米，一天可以流失四千加侖的水[19]，不到一星期的水量便足以裝滿一座平常的社區游泳池。植物如此渴求水分，這就是為什麼對於玉米與黃豆等作物來說，乾熱的破壞力比濕熱更大[20]，乾熱不只吸走植物的水分，通常還伴隨著降雨量的減少，這種情形導致原本可以使作物蓬勃生長的土壤乾涸。熱還以其他的方式影響植物。熱會改變開花期，造成植物與授粉者不同步。溫度不斷升高，也讓植物更容易發生病害，好比說遭到黃麴菌的感染，這種真菌可以在玉米上生長，而且會產生黃麴毒素，你只要吃下一口受汙染的食物就可能性命不保。水稻是全世界數億人的重要營養來源，世界變得更溫暖，它們會從土壤中吸收更多的砷[21]，最後變成含砷米（雖然吸收了砷的水稻不會讓人立即死亡，但是長期食用含砷米，與得到乳癌、膀胱癌[22]以及幼童的神經問題有相關性）。高溫也使得植物害蟲的生命週期加快。原本二十八天才能成熟的毛蟲，可能只需要比如說二十一天就長為成蟲。害蟲更快成熟，代表在一季當中有更多代害蟲，導致的損害也更大。

多年來，化石燃料產業一直倡導，燃燒煤炭、石油和天然氣有利於植物。畢竟化石燃料燃燒後釋放出二氧化碳；每個人都知道，植物為了進行光合作用，會吸入二氧化碳。在溫室裡加入少量二氧化碳，可以加速植物的生長。大氣的二氧化碳濃度增加，地球的確會變得更翠綠。

但是，事情沒那麼簡單。和人類一樣，植物也會變得適應水土，於是前述效應會隨著時間減少。更多二氧化碳，代表會累積更多熱，熱帶來的效應很快壓過更多二氧化碳的好處。而且，更多二氧化碳也讓植物的營養價值變少。高二氧化碳條件下[23]種植出來的稻米，蛋白質、鐵、鋅與維生素B的含量都較低。

如同人類，不同植物因為溫度上升而遭受傷害的程度也不同。小麥可以遷往更高的海拔。珍珠粟（pearl millet）是印度與非洲乾燥炎熱地區的重要穀物，或許能在其他乾燥炎熱地區長得很好，包括美國西南部。灌溉系統能夠加以改良，減少用水量。培育新的品種，讓它們更耐熱、耐乾旱。

但是，我們的世界正在以快速的步伐變化，而我們如何與從何處取得糧食並沒有快速應變。

十九世紀時，早期白人移民者認為，格蘭德谷（Rio Grande Valley）是充滿荊棘與仙人掌的森林地帶，在那裡，會有捕鳥蛛爬進你的靴子裡，美洲豹貓從篝火旁悄悄溜過，這裡有一條曾經波濤滾滾的格蘭德河（Rio Grande River），現在是美國與墨西哥的邊界。美洲原住民的游牧部落在這處谷區繁榮發展了數百年，西班牙和墨西哥士兵在此區行軍好長一段時間。但是，從東岸和中西部來尋找農田的一波波移民者浪潮中，很少人會認為除了養牛與打仗之外，這個區域還適合進行其他事情。

然後剛進入二十世紀的時候，有人決定在格蘭德河岸挖渠，引水灌溉土地。因為那裡很熱，他們決定種甘蔗，甘蔗適合在熱帶地區生長，而且可以長得欣欣向榮。谷區的地主知道，只要有一些水，這裡就是農業天堂。天氣溫暖，代表沒有嚴寒期，而且生長季很長，加上陽光充沛，河底土壤肥沃，這些都助長農夫產生最光明的農業想像。他們發現，有了水資源，熱是可以被馴服的。

很快地，到處都是運河，遍地種了葡萄柚樹、番茄、玉米、棉花與萵苣。不管你種什麼植物，它們都長得很好。這一帶宛如伊甸園，某位熱心公共事務的人取了一個好聽的稱號：神奇谷（Magic Valley）[24]。

過去一百年來，神奇谷一直很神奇。格蘭德谷不太像河谷，其實是一片平坦開闊的河床地，由數百年來幾經變動的格蘭德河形塑而成，這裡是美國農業生產力最高的地區之一，可以種植各種作物，從七月四日野餐必吃的西瓜、做為動物飼料的高粱，到製作沙拉與果昔的木瓜。

神奇谷最初的動力來自於希達哥（Hidalgo）的舊式灌溉用抽水機，這座小鎮就位於邊界上。我去參觀時，抽水房沒有開放，但我在附近逛逛，看見一個世紀前挖的灌溉渠道。有一面古蹟告示牌說明，這間抽水房建於一九〇九年，利用蒸汽推動。抽水機從格蘭德河抽取河水注入渠道裡，然後分流到更小的溝渠，就像血管一樣遍布谷區，最終灌溉了大約四萬英畝的土地。舊的抽水機運作到一九八三年，才被下游一座全電動的新抽水機取代。

我希望可以從這間舊抽水房觀賞格蘭德河，但是眼前並沒有格蘭德河。只看到鐵絲網圍欄，還有一位邊境警衛在巡邏車裡睡覺，他後方幾碼處，矗立著一道鋼條牆。我後來才知道，經過多年，格蘭德河已經偏離原來的河道，向西移了一英里，現在從舊抽水房看不到河。

無論是否看得到河，這個地區的命運與格蘭德河密不可分，這條河是西部傳說中的著名大河。格蘭德河發源自科羅拉多州的山脈，一路穿過新墨西哥州，然後流到帕索（El Paso）。從這裡，這條河成為美墨邊界，直到布朗斯維（Brownsville），在此注入墨西哥灣。在某些河段，特別是在帕索下游，幾乎看不到河流，直到得到康秋斯河（Rio Conchos River）的河水溢注，這條河來自墨西哥北部的山脈。格蘭德河來到格蘭德谷時，河道大約有三十英尺寬，流經漫長旅程後，河水幾乎乾涸。

我在二〇二二年拜訪格蘭德谷時，西南部遭逢一千兩百年來[25]最嚴重的乾旱。根據美國乾旱監測網（US Drought Monitor），該地區有百分之九十九點八的面積屬於「極端乾旱」（extreme drought）[26]的狀態。由於洛磯山脈的積雪減少，源頭水跟著減少。河岸旁的高爾夫球場與公寓，以及種植長山核桃樹等耗水作物的農夫，也攔截了一些河水。剩下的河水鹽分愈來愈高，並且因為氮逕流與其他汙染物讓水質變得很糟糕。隨著溫度上升，對於品質優良的水的需求比以前更高，但優質水就是不夠，無法滿足各項需求。「當你阻斷水流，一切都變了。不只是自然，你還改變了人們的生活方式、經濟、生物多樣性，」伊斯緹拉・帕蒂拉（Estela Padilla）說，她是六十七歲的退休州公務員，在河邊住了一輩子，「這種變動如此巨大，就像犯罪現場一樣[27]。」

艾列克西斯・雷塞利斯（Alexis Racelis）的家是一幢一九六〇年代郊區風格的房子，前院有一棵很大的牧豆樹，以及一片參差不齊的菜園。我早上七點抵達，他已經起床，正把工具裝進他那輛黑色的日產Pathfinder車子裡。他四十六歲，穿著卡其襯衫和一雙老舊的工作靴，如果你不知道他是誰，應該會猜想他是個農夫。他留著黑白相間的鬍子，肩膀寬闊，散發出一位認真科學家的謙和與實際的態度。他的父母都出生於菲律賓，一九七六年移民到美國。雷塞利斯在聖地牙哥長大，與祖父很親，他的祖父二次大戰期間在菲律賓擔任護士。「我經常跟著祖父在花園裡轉來轉去，」雷塞利斯說。他對生活與生存都有深刻的洞察，似乎來自於他所做的每一件事。雷塞利斯從加州大學聖克魯茲分校獲得博士學位之後到美國農業部工作，專注於入侵種的問題。他現在是德州大學格蘭德谷分校（University of Texas Rio Grande Valley）的農業生態學副教授。他仍然持續在追蹤入侵種，但多數時間與農夫一起工作，想找出種植糧食的新方法，能夠用更少的水，而且更少依賴大型農業公司的種子和肥料。他也帶領當地正蓬勃發展的糧食運動，並且在愛丁堡市建立一座五英畝大的農場與社區花圃，稱為豐盛中心（Hub of Prosperity）。

「這裡的生長季很長，這一直是很大的優勢，」他開著Pathfinder車出城去的時候告訴我。「但是，夏季太熱了，基本上是我們的休耕季。」當氣溫超過三十五度，五月到九月就是這樣，植物很難結果實。而且，高溫的天數愈來愈多。雷塞利斯談到，春季還沒有太熱的時候，在田地種植與收穫作物所面臨的挑戰，「青花菜與花椰菜正要開始抽穗，這是個大問題。」

雷塞利斯開了四十五分鐘的車，穿過洋蔥田和西瓜田，以及好幾片等著種植高粱與玉米的巨大方形土地，然後我們抵達一座占地七百英畝的蘆薈農場。這個地方很美，主要的道路旁種了一排棕櫚樹，還有一幢大農舍座落在小山丘上的幾棵樹之間。溫度是暖和的三十三度，感覺還不錯，除了那時是二月。

我們在田裡見到安迪．克魯茲（Andy Cruz），他四十多歲，穿著沾滿泥土的粗獷靴子，負責在這片七百英畝的土地上種植東西。他告訴我，自己這輩子都在谷區當農夫，種過玉米到小黃瓜等各類作物。現在他照顧七百英畝的蘆薈。蘆薈主要不是做為糧食作物（雖然民眾確實會拿來做菜，也會加在優格或甜點裡增添風味），大多是為了蘆薈凝膠而種的，凝膠產自葉片，用於護膚與其他健康目的已經有好幾千年的歷史。或許你用來洗手的肥皂，以及你在海灘上擦的防晒乳裡頭就有蘆薈凝膠。

從各方面來看，蘆薈應該是適合這個谷區的完美作物。首先，蘆薈是多肉植物，有適合儲存水分的肥厚組織。這類植物是從炎熱非洲演化出來的，和許多生長於炎熱地方的多肉植物一樣，蘆薈發展出一種獨特的能力，它們在炙熱的白天屏住呼吸[28]，只在涼爽的夜晚才呼吸。蘆薈的莖和葉的下表皮有很像嘴巴的微小構造，叫做氣孔；蘆薈的氣孔在白天會緊閉，盡可能避免它在吸入二氧化碳時散失水分。然後到了晚上，溫度降下來了，氣孔才會打開，讓植物呼吸。

蘆薈還有另一項適應熱的能力更了不起：如果天氣太熱、太乾且持續太久，蘆薈會暫時進入休眠狀態[29]，代謝減緩，水分與二氧化碳的需求降到最低。當下雨或溫度夠涼爽時，植物會再度醒來並恢復生氣。

儘管有這些神奇的能力，七百英畝的蘆薈對於克魯茲來說是麻煩的世界。一方面來說，很適應熱的植物，不一定適應**不熱**的環境。二〇二〇年，谷區有一場寒流來襲，導致七百英畝的植物有一半死亡。「情況很糟，」克魯茲告訴我，「我們在這裡開了兩天兩夜的暖爐，努力為植物保暖。這種氣候變化讓天氣像乒乓球一樣，你永遠不知道會在哪裡反彈。」

他告訴我這些時，我們正走在一排排蘆薈之間。我開始說明一些科學家對於二〇二一年嚴寒襲擊德州[30]，也就是讓我全身凍僵的事件的看法，他們提出的假說認為，那是北極地區暖化的後果。我說：「北極地區暖化的速率是地球上其他地方的四倍，結果把噴流推向更南方，使得寒冷的北極空氣往下移到德州。」我原本還想補充說，就在此時此刻，北極地區的溫度又比平常高了二十八度，這代表德州可能再度遭到冰凍。但是，我沒有說出口。克魯茲正低頭盯著他那沾了泥巴的老舊靴子，我突然覺得自己說話的口氣就像自以為聰明的都市人。克魯茲顯然更清楚植物、熱與生命的關係，勝過我一百萬倍。

「直到五年前，事情都還可以預測，」克魯茲告訴我，「但是現在，你永遠不知道接下來會發生什麼事。情形已經不同。有些事情改變了。」

在所有商品糧食作物中，玉米可能是最容易受到高溫傷害的。然而，玉米的確有一些優勢。多數植物利用所謂的三碳光合作用（C3 photosynthesis）將陽光轉變為養分（這樣命名是因為產生的碳化合物含有三個碳原子）。但是，三碳光合作用會有一些問題，因為過程中有百分之二十的時間，這些植物犯了一項錯誤，它們抓住一個氧分子，而非一個二氧化碳分子，對它們而言，效率就變得比較差。

玉米是一種四碳植物（C4 plant，其他四碳植物包括高粱和甘蔗），它們利用另一種過程，可以避免把氧分子與二氧化碳分子搞混的錯誤，使植物的代謝更有效率。類似蘆薈與其他多肉植物，玉米也在炎熱的白天關閉氣孔，這樣使它能保留水分並更耐熱（玉米會根據溫度來調節呼吸，而蘆薈不管溫度如何都只在晚上呼吸）。

玉米是在溫暖的地方演化出來的，如同蘆薈和其他多肉植物一樣。玉米的野生祖先是先芻草（teosinte），這種草在墨西哥中南部的巴沙斯河谷（Balsas River Valley）[31]繁衍了一萬年，那裡的溫度穩定維持在二十七度左右。這代表玉米比其他植物擁有更多應付高溫的工具，就在祖先基因庫的深處。

但是，二十七度與三十九度有很大的不同。隨著世界變暖，玉米正在接近它的適應（或「容許」）溫度範圍的上限。換個方式說，玉米已經生長在很熱的地方，而這些地方愈來愈熱。那些已經很熱的地方，加上中等熱浪，玉米很難應對。加上極端熱浪，玉米可能根本無法恢復正常。如果熱浪在繁殖週期來襲，玉米就遇上特別大的麻煩。「熱阻礙了花粉管的萌發，花粉管原本會從花粉伸出來，把精細胞送到雌花的胚珠裡，」植物科學家歐特告訴我。「所以植株根本沒有授粉，也不會結玉米穗。」

玉米也很脆弱，至少在美國是如此，起因在於像孟山都（Monsanto）和巴斯夫（BASF）這類大型種苗公司對於玉米基因體的多年研究。種植玉米需要大量的氮肥，肥料最後汙染河川與湖泊，導致藻類大量繁殖的「藻華」現象。在合適的條件下，商業育種的玉米（例如不需要那麼多肥料的品種）成了超級明星。但是，如果溫度飆升，而且下雨的時間不對，這些玉米就變得很脆弱。多數農夫種植的玉米是經過大幅改造過的品種，原本豐富的基因多樣性在育種過程中遭到汰除，剩下的是一大群高產量的自交系雌雄同株，極度適合生長在玉米帶（Corn Belt）的狹窄條件範圍。或者，應該說是氣候變遷還沒攪亂天氣前的條件範圍。

那麼，為什麼不直接在較涼爽的地方種植玉米？事情沒那麼單純。「如果你在加州中央谷種玉米，而且提供不受限制的水量，它們會長得極好，」傑弗瑞・羅斯－伊巴拉（Jeffrey Ross-Ibarra）告訴我，他是加州大學戴維斯分校的玉米遺傳學家。「這在經濟上就是不可行。如果你在用水方面會花很多錢，從利潤率來看，你寧願在加州種葡萄、扁桃樹或其他東西。所以我不認為有那麼簡單，只要說溫度將把所有東西都趕到北方就沒事了，因為這結合了土壤、水、政府法規、農藝實務，甚至約定的偏好。舉例來說，墨西哥有一個問題是，特定的食物要使用特定的玉米品種。即使你給農夫一種適應力特別好的耐熱玉米品種，但是這種玉米做出來的墨西哥傳統玉米湯（pozole）卻很難吃，結果他們還是不會種它，如果他們想要的是煮玉米湯的玉米。」

玉米的脆弱性是很重要的問題，因為它是美國生活必需的產業糧食原料。從早餐穀片到冰淇淋這些加工食物，充滿了玉米糖漿。玉米也是動物飼料的主要原料，這些動物本身就是培育來攝取與消化大量的玉米，再轉化成動物蛋白質。在這種意義上來說，我們更應該把麥當勞漢堡視為麥當勞玉米堡。玉米還提供你前往麥當勞的車程的燃料。事實上，愛荷華州種植的玉米有一大半[32]最後變成酒精，這些酒精會與汽油混合，成為燃料裡的重要成分。

如果玉米的生產力下降，將會帶來更大的壓力，我們必須清出土地來種植更多玉米，對於亞馬遜雨林這些地方來說是個壞消息。而且也會造成許多主要食物，尤其是肉類的價格上漲。這究竟會如何發揮影響力，在不同時間、不同地方，會以不同方式展現。但是，如同俄羅斯入侵烏克蘭所顯示的，食物價格上漲，與政治不穩定、混亂及戰爭密不可分。物價急速上漲是引發法國大革命[33]的主要動力。人民抗議糧食短缺，不只啟動了一九一七年俄國革命[34]，建立蘇聯，諷刺的是，這種抗議也促使蘇聯的滅亡。二〇一〇年開始的阿拉伯之春[35]，造成中東地區政局動盪，這波革命的部分起因就是抗議食物價格高漲。

雷塞利斯和我繼續開車，前往希達哥郡西緣一座一萬兩千英畝大的牧場。他想要檢查自己正在進行的一項實驗，評估覆蓋作物（cover crop）維持土地濕度的效果。溫度一夜之間下降了二十二度，還下著毛毛細雨，由於當地正面臨嚴重乾旱，這是個好兆頭。雷塞利斯提到，農夫正在期盼一場大雨，才要把棉花與高粱種到土地上。「種植者得到通知說，今年的水源足夠他們獲得一回充沛的灌溉水，」雷塞利斯解釋，「通常他們會有兩到三回灌溉水。因此如果可以的話，他們想等到一場不小的降雨再來栽種，這樣就可以把灌溉水保留到春季，那時他們真的很需要用水。」

當我們開車穿過霧濛濛的田野，我問他和谷區種植者討論氣候變遷的情形。他告訴我，這不是他們特別想談的事情，「通常只有在幾杯龍舌蘭酒下肚之後才會提到。」

「這麼說吧，這裡的種植者頭腦都非常靈活，」雷塞利斯說。他說到農夫如何採取相當及時的適應策略，當條件改變，他們會改在不同的播種時間，種植不同的作物。我問，但是到了某個時刻，溫度上升，水源耗盡，谷區的農業會變成什麼模樣？「只要河水還在流動，像秋葵這樣的作物總是可以在河邊生長，」他回答，「但世界需要多少秋葵呢？」

大約一個小時之後，我們轉進一條狹窄的農田道路。我遠遠看見有三、四個人在田裡，幾輛卡車停在路旁。我們把車子停在卡車旁邊，然後走進田間。雷塞利斯把我介紹給他的幾位學生，還有合作的農夫。其中一位是阿凡．貴拉（Avan Guerra），他看起來飽經風霜，穿著牛仔褲，並將褲管塞進靴子裡。他以前是個假釋官，後來開始務農，現在有三百英畝的地。貴拉擁有自己的曳引機與其他設備。他在這裡長大，還記得孩時的炎熱，但那時似乎沒那麼糟。「從前住在這一帶的人，都不需要空調，」他說。如今變化莫測的天氣不只讓他的作物更難生存，也讓他更難決定每一年要在田裡種什麼。「我希望再過十年就不做了，然後我要去拉斯維加斯，」貴拉笑著告訴我。

科學家現在擁有能夠剪下與貼上ＤＮＡ的工具，而且幾乎就和我剪下與貼上這一頁的文字一樣容易。這種科技稱為CRISPR（Clustered Regularly Interspaced Short Palindromic Repeat，意思是「群聚且有規律間隔的短回文重複序列」），正在掀起一場農業革命，並且協助創造未來的作物。聽起來大有可為，對吧？只要把仙人掌的基因放入玉米的基因體中，瞧，你就有了超級玉米，它能夠忍受一千個太陽帶來的炙熱。

但是，這樣是行不通的。熱不是一種單純的表徵，不像藍眼珠那樣。「從基因層面了解植物如何應對熱，就像嘗試了解癌症，」陳濛（Meng Chen）告訴我，他是加州大學河濱分校的研究者，正在探討植物的耐熱性，「你搞混了一件事，就會搞混所有事情。」

玉米對光的反應，就是一個好例子。「玉米從墨西哥往北遷移後，有一件事需要很長的時間去適應，那就是陽光的變化。」羅斯－伊巴拉解釋給我聽，「這種植物習慣了十二小時的白天與十二小時的夜晚。如果你嘗試種在加州的中央谷，植物會嚇壞，因為白天的長度不適合它們。而且在應該開花的時候，它們卻一直生長，結果可以長成二十五英尺高的玉米植株。」

有一些研究人員對於CRISPR處理過的植物有所疑慮，基於不同的理由：即便這些植物可以發揮用處，而且能夠應付高溫環境，但是這些改造作物的種子將被大型種苗公司把持，公司可以進一步掌控農夫與糧食供應。導致這項技術將來無法幫助正在挨餓的馬達加斯加人民，也幫不上只想在社區花園種一些菜的科羅拉多州民眾。

有一些研究人員正在探究玉米從數百萬年演化過程得到的基因多樣性。由於玉米是在炎熱地方演化的，研究人員猜測，必定有一系列基因使得某些玉米品種比其他品種更能耐熱——但是你要如何發現這些基因?「我們可以找到簡單表徵的基因，但是那些複雜的表徵，例如產量或耐熱性，是不太可能做到的，」德州農工大學（Texas A&M University）的植物遺傳學家賽斯・莫瑞（Seth Murray）告訴我。「基因體裡頭沒有這麼多種不一樣的基因，基因會有交互作用。我計算過，我們必須種植比天上恆星數量還多的玉米植株，然後一株一株測量，才能弄清楚基因體裡所有基因的功能。」莫瑞採取另一種方法來尋找像是耐熱性這類表徵，他栽種數千個品種的玉米，再利用無人機來觀測哪些品種長得最好。這種方法可以搜尋到深藏於玉米或其他作物不同品種裡的基因多樣性，而不需要在DNA上定位。

有一些研究人員正在想辦法用截然不同的作物來取代玉米，例如肯麥（Kernza）。玉米必須每年重新種植，而肯麥是多年生麥草，一旦種植之後，可以一直收穫麥粒長達一、二十年。目前肯麥除了類似大麥或糙米那樣以全穀的方式使用，還經常取代小麥，用來做麵包或釀啤酒。由於根系結構的關係，肯麥和豆科植物與油籽植物等其他多年生作物，都更耐旱且更耐熱。玉米和小麥的根系很淺，而肯麥有發達的根系，可以伸入地底十英尺深，即使在嚴酷條件下也能吸到水。肯麥絕非特例。「外頭還有許多具有潛力的作物新種[36]，它們可能比我們目前正在研究的物種更耐旱或更耐熱，」土地研究所（The Land Institute）的首席科學家提姆．克魯斯（Tim Crews）說，這家研究所是位於堪薩斯州沙利納（Salina）的非營利農業研究機構，也就是從野生麥草培育出肯麥（並且把Kernza拿去註冊商標）的地方。

還有另一種方法可以在炎熱的地球上種植糧食作物，那就是把植物搬到室內。幾年前，我在愛達荷州的一場科技會議認識一個名叫強納森．韋伯（Jonathan Webb）的人。他有一個夢想，計畫在肯塔基州建造一間巨大的溫室，既可創造工作機會，也能以更有效率的方式種植糧食作物，而且比起傳統把植物種在土地上、僱用工人採收，然後把糧食裝到十八輪大卡車上運送到全國，抵達你附近的超市，溫室栽種所產生的碳足跡會少得多。我認為這是崇高但瘋狂的夢想，因為韋伯有太陽能的背景，但對農業不熟。對於用商業規模來栽種番茄，他了解的程度和我差不了多少。

時間快轉到五年後，韋伯和我走在肯塔基州摩赫德（Morehead）附近一座占地六英畝的溫室。他的夢想實現了：我們談過話後不久，他創立應用收穫（AppHarvest）公司，公司後來上市，市值達五億美元[37]。「舊的方式已經崩壞，」韋伯對我說，「這是糧食的未來。」溫室裡面感覺像座叢林，但是井然有序。成千上萬棵番茄種在架子上，根浸在水箱裡。電腦監看每一棵番茄，精確監測個別植株的需求。溫室完全使用回收的雨水。不使用化學品，不使用殺蟲劑，不會造成農業逕流。頭頂的LED燈在陰天提供光線。溫度受到精準調控。這整套系統是可複製的，而且效率只會愈來愈好。我去參觀時，韋伯正在監督肯塔基州其他兩間溫室的建造，一間預計種莓果，另一間要種綠色蔬菜。這一切看起來前景大好，但你必須是相當堅定的科技未來學家，才能夠想像，在玻璃底下種植足夠的玉米和小麥，來餵飽數百萬飢餓的人。

再來是關於蛋白質。牛、雞與豬，除了本身是溫室氣體的主要來源，牠們都非常容易受到熱傷害。二〇二二年的夏季期間，堪薩斯州的圈養場有數千頭牛[38]死於熱壓力，業者不得不把牠們葬在垃圾掩埋場或緊急挖掘的土坑裡。在德州，天氣愈來愈熱，導致牛焦蟲病（Texas cattle fever）[39]再度出現，這是以壁蝨為媒介的致命疾病，可能消滅整個牛群，因此牧場主人花了數十年的時間想要根除這種疾病。隨著溫度上升，保持牲畜涼爽變成困難且昂貴的任務。你看過吹空調的牛嗎？在炎熱天氣運輸動物，也變成致命的危險事情。二〇一九年，有一艘載著二千四百頭山羊的遠洋運輸船，在科威特附近快要三十八度的氣溫下發生延誤，造成羊隻活活熱死[40]。還有其他的蛋白質替代品，正如雨後春筍般出現：在實驗室從細胞培養出來的肉；用植物蛋白質仿製的肉，例如不可能漢堡（Impossible Burger）；用微生物製造的真菌蛋白質[41]，這種微生物是在黃石國家公園的酸性溫泉裡發現的；每年能夠生產一萬四千噸蟋蟀的蟋蟀農場[42]，這些蟋蟀可以研磨成蛋白粉，或者調味油炸成類似炸蝦的菜餚（就是我在墨西哥吃過幾次的chapulines，這是他們流傳數百年的傳統食物，真的很美味）。以蟋蟀農場與實驗室培養的蛋白質來取代圈養場，也有許多同樣的好處。這些不只能減少動物在屠宰場受苦，還能為野生動物與森林留下大片土地。

但是，我們不會用蟋蟀農場與實驗室培養的蛋白質來餵養有一百億人的炎熱行星，至少暫時不會。我們需要讓這顆行星維持在對作物友善的狀態。然而，隨著溫度上升，破壞全球糧食系統的風險也在上升。「人們會改種不同的作物，嘗試新的品種，」有一天，我們開車在谷區繞來繞去時，雷塞利斯告訴我，「但最終，我們躲不掉物理學與生物學的定律。當天氣變得太熱，生命會死亡。就是這麼一回事。」

Chapter

7 暖水塊

The Blob

起初，沒有人注意到暖水塊（the Blob）[1]。二〇一三年的夏天，高壓脊[2]籠罩在北太平洋上，範圍有德州那麼大，如同一隻隱形的手，把天空壓向海洋。風停了，海水異常平靜。沒有波浪或風打破海面來幫助散熱，來自太陽的熱在海水中累積，最後溫度上升將近三度，這對海洋來說是很高的數值。

科學家從衛星資料注意到這種溫度異常時，他們從來沒有見過類似的情形。每個人都知道陸地上的熱浪，但海洋中的熱浪是怎麼一回事？「隨著地球變暖，海洋正在以非常劇烈的方式改變，」珍．盧布成科（Jane Lubchenco）告訴我，她是海洋生態學家，並曾擔任國家海洋暨大氣總署的署長，「海洋變得更難預測，我們正在見識到更多令人驚訝的事情。熱浪就是其中之一。」

尼克・龐德（Nick Bond）是華盛頓大學的氣候學家，把太平洋熱浪暱稱為the Blob，這個名稱來自於一九五八年一部荒謬的科幻電影的片名，劇情是有一種黏膠似的怪物藉流星降臨地球，然後吃光小鎮的所有人。但是，這個Blob暖水塊卻比好萊塢的想像怪物更加致命。

溫暖的海水殺死浮游生物，那是一群生活在海洋上層（從海面到數百英尺深）的微小藻類。於是把它們當食物的小型生物開始挨餓，包括磷蝦，這是一種外型類似蝦子、會數十億成群在海裡優游的小動物，磷蝦是鯨、鮭魚、海鳥和許多其他動物喜歡的食物。鯡魚與沙丁魚的族群也會變小，牠們是許多大型魚類和海洋哺乳類的重要食物來源。暖水塊殺死浮游生物，連帶破壞了太平洋的整串食物鏈。

接下來的兩年期間，暖水塊從阿拉斯加沿岸一直往下漂移到加州沿岸，最終造成數千隻鯨與海獅擱淺[3]在海灘上；阿拉斯加的鱈魚漁業[4]崩潰；漁夫破產，漁業加工廠的員工遭解僱；太平洋海岸的巨藻森林[5]消失；一百萬隻海鳥[6]陷入飢餓並死亡，這是有記錄以來海鳥最大量死亡的一次。死去的海鴉散落在海灘上，就像塑膠瓶被沖到岸邊的情景一樣。

這種破壞力不限於海洋：暖水塊改變了太平洋海岸的天氣，把熱推往內陸，並且讓雨型出現變化，導致加州的乾旱。「它讓英屬哥倫比亞一路到南加州的海岸溫度都升高，」我打電話給加州大學洛杉磯分校的氣候科學家丹尼爾・史文（Daniel Swain）請教暖水塊的軌跡時，他這麼說。

有一個還沒有解答的問題是，暖水塊促使野火變得更嚴重的程度有多大。二〇一八年標示出一系列歷史上著名大火的起點，這些火災燒毀了數百萬英畝的土地，包括在北加州造成八十五人喪命及五萬多人撤離家園的坎普大火（Camp Fire）[7]。史文說，暖水塊使得該州西邊三分之一區域的夜間溫度上升，許多野火都是突然發生在那裡。「消防員會告訴你，這一點真的很重要，因為野火通常晚上會變小，延燒速率變慢，而且燃燒行為沒那麼不確定，對於救火人員來說，接近火場變得稍微不那麼危險。當那團暖水塊接近海岸時，這些事情都不發生。」

總而言之，那團暖水塊是一場緩慢湧動的氣候災難。這也是有力的證據，說明地球上的所有生命與海洋是多麼緊密相關。因為我們住在陸地上，我們通常認為熱是陸地事件。但是，隨著溫度上升，海洋發生的事情，可能對我們的未來有最大的影響力。

六歲孩子都知道，當水被加熱，最後會沸騰。但是，早在沸騰之前，就會有其他效應出現。熱導致水膨脹（分子振動得愈快，需要的空間愈大）。熱還影響水如何移動：冷水往下沉，溫水往上升。如果你想到浴缸裡的水，這好像沒什麼大不了。但如果你考慮的是行星尺度的水，這就非同小可。

地球上的水來自於太空的冰冷深處，在地球形成的最初幾百萬年期間，遭受結冰的小行星[8]與彗星的轟炸，為地球帶來了水。從此，這個世界蘊含豐富的水。今天，地球上百分之九十七的水存在於海洋，而海洋覆蓋了超過百分之七十的地表。海洋是培養皿，讓生命在其中演化，那些早期的演化史就保留在我們身上。我們血漿中的鹽含量與海水的鹽含量類似。「我們耳朵裡用來聆聽的骨頭，曾經是鯊魚的鰓骨，」芝加哥大學的解剖學教授尼爾·蘇賓（Neil Shubin）[9]解釋，他也是《我們的身體裡有一條魚》（*Your Inner Fish: A Journey into the 3.5 Billion- Year History of the Human Body*）的作者。「我們的手是改造過的魚鰭，我們負責建造身體基本架構的基因，是與蠕蟲和魚類共用的。」

儘管我們與海洋緊密相關，但在人類歷史的多數時候，海洋對於我們有如一顆遙遠行星般陌生，那是充滿怪物與混亂的領域。在過去，人類的活動大多局限於海岸附近，因此我們對於海洋所知甚少。現在依然如此。洋流是如何驅動的、海洋溫度如何影響雲的形成，或者大海深處有什麼生物蓬勃生長，科學家對於這些問題只有模糊的理解。曾經飛到二十四萬英里外的月球的人，比曾經潛入七英里深的海洋最深處的人還要多。海洋有百分之八十[10]的範圍，從來沒有人測繪、觀察、探索過。海洋生物學家仍然不知道鯊魚如何睡覺，或者章魚如何學會打開罐子。

但是，科學家了解得夠多，足以知道海洋正在經歷深刻的改變。大部分是因為過度捕撈，一九五〇年代存在於海洋的大型魚[11]，到現在有百分之九十已經消失。每四秒鐘有一公噸的塑膠進入海洋（照這樣的速率，到了二〇五〇年，海裡的塑膠將會比魚還多[12]）。不過，最大的問題是，海洋正在迅速升溫。自從一九六〇年代，海洋最上層大約一英里厚的海水[13]，溫度上升的速率已經翻倍。二〇二二年，海洋溫度連續第四年打破最高溫紀錄[14]。根據一項測量，海洋增加的熱，相當於地球上的每一個人都使用一百臺微波爐[15]，讓它們運轉一整天加一整夜。

直到目前為止，海洋一直是減少氣候危機的英雄——我們從燃燒化石燃料額外產生的熱，大約有百分之九十被大海吸收了。「沒有海洋，大氣會比現在熱得多，」肯．克德拉（Ken Caldeira）告訴我，他是加州的突破能源（Breakthrough Energy）公司的資深氣候科學家。但是，海洋吸收的熱並沒有神奇地消失，這些熱只是儲存在海底深處，之後會再輻射出來。海洋吸收熱再緩慢釋出，藉此減低了氣候的波動，使日夜與寒暑的溫度高低變化有所緩衝。這也代表在未來幾個世紀，熱會持續滲出，抵消人類試圖讓地球降溫的努力。

「海洋是我們的氣候系統的主要驅動力，」德國氣候學家漢斯－奧托．波特納（Hans-Otto Pörtner）告訴我。波特納表示，海洋有一項主要的功能，是透過灣流系（Gulf Stream system）等深海洋流，把熱帶的熱重新分配到南北極；灣流系從南極附近的南冰洋開始，往上穿過赤道流到北極，然後再回來。「即便是這個系統中的小變動，都可能成為很大的衝擊，影響風暴的大小與強度、雨型、海平面上升，」波特納說，「當然，還有住在海裡的所有生物的棲地。」有一個好例子可以展現海洋暖化如何影響天氣，那就是二〇二三年初有一系列密集的風暴襲擊加州，造成全州大範圍淹水與土石流。這些風暴由科學家所說的大氣長河（atmospheric river）[16]驅動，大氣長河可以把熱帶的水氣輸送到北方。暖化的海洋，特別是暖化的上層海洋，只會加強這些天空中的大氣長河。位於科羅拉多州的國家大氣研究中心（National Center for Atmospheric Research）的氣候科學家凱文．川柏斯（Kevin Trenberth）認為，加州的這些風暴是「上層海洋熱含量異常的直接後果[17]」。

海洋也是許多區域經濟的主要驅動力之一。在阿拉斯加，水產業僱用了超過六萬二千人[18]，每年總收入可達二十億美元。全美有一百八十萬人[19]從事商業漁業與休閒漁業，每年為國內生產毛額（GDP）貢獻二千五百五十億美元[20]。大家都認為這種藍色經濟不會明天就消失，但是隨著魚類和其他生物遷往更冷的水域，或者因為溫度變化而相繼死去，可能對於當地漁業造成巨大衝擊——只要去問問阿拉斯加的鱈魚漁夫或緬因灣的捕蝦人就知道了，他們都因為大西洋海水迅速暖化而受到打擊。

波特納是聯合國政府間氣候變化專門委員會的二〇一九年海洋與冰凍圈報告的作者之一。這是政府間氣候變化專門委員會第一份特別關注世界的海洋與冰的報告——這是龐大的計畫，動員一百零五位科學家，耗時三年完成。報告裡充滿了細微的比較，但是基本的訊息很清晰：接下來的數十年內，海洋將變得更熱、更酸、氧氣更少、生物多樣性更少。海平面將會上升，淹沒沿海城市。海洋環流型將改變，導致天氣出現不可預測的重大改變，對全球糧食供應會有可怕的影響。這份報告的摘要[21]很直截了當：「在二十一世紀，海洋預計將會轉變成前所未有的狀況。」

蒙特里灣（Monterey Bay）是北加州海岸向內凹成月牙形的海灣，約翰．史坦貝克（John Steinbeck）筆下《製罐街》（*Cannery Row*）的幽靈盤據了這個地方。舊日的沙丁魚罐頭廠現在變成T恤店與觀光客餐廳。你可以從突堤看到海獺在浪花中嬉戲，如果運氣好，還可以目睹鯨魚在離岸很近的地方冒出水面。一座深邃的峽谷將充滿養分的清涼河水送入海灣，創造出太平洋多樣性最豐富的生態系之一，包括沿著海岸一直生長到阿拉斯加的巨藻床。時機好的時候，這些巨藻床充斥著生命，有海獺、海豹、鯊魚、平鮋魚、長蛇齒單線魚。「巨藻床是太平洋中的雨林，」蒙特里灣水族館的前首席科學家凱爾．范．胡登（Kyle Van Houtan）告訴我。*

但是，如同海洋裡的所有一切，巨藻床也在快速改變。有一個星期六早晨，我和十七歲女兒葛麗絲穿上水肺裝備，跳入蒙特里灣的涼爽海水中去瞧瞧。我要她一起來，是因為我想讓她盡可能多欣賞這世界的奇景，趁它們還在的時候。她也是膽子很大的好潛水同伴。（「當我們潛水時，我總是知道鯊魚什麼時候在附近，」我跟朋友開玩笑說，「因為葛麗絲會開始游得很快，朝著鯊魚而去。」）

這次的潛水確實很奇妙。一瞬間，我們就像到達另一顆行星。巨藻在潮水的推拉下搖擺。陽光穿過葉片，讓所有東西都染上綠色調。藍色平鮋與斑鰭光鰓雀鯛在我們旁邊群游。葛麗絲指著一隻海獺，牠衝過來看我們為什麼闖入周遭，然後一溜煙就不見了。「這真是不可思議，」我們後來把潛水氣瓶拖上海灘時她說。

我第二次潛水是在海灣的另一處，只有我一人跟著潛水嚮導，這次的情景截然不同。迎接我的

---

* 然而，生長在雨林裡的是植物，蒙特里灣中的巨藻並非植物。它們是一類褐藻，藻類是地球上最古老且最簡單的生命形式之一。

只有岩石與海水，以及數百顆紫海膽，外殼布滿棘刺讓牠們看起來像中世紀的盔甲。一大群貪婪的紫海膽入侵曾經壯觀的海藻森林，摧毀一切（「紫海膽是海中的蟑螂，」一位科學家告訴過我），只留下一些空的鮑魚殼、一隻四處啄探的平鮋，以及幾條悽慘的巨藻葉柄。此處只是一幅更大圖像的一小片。由於暖水塊的緣故，加州到奧勒岡州沿岸的許多巨藻森林消失了，毀於海水暖化與紫海膽大軍，而這些紫海膽在更溫暖的環境中生長得更加旺盛。

「如果加州綿延兩百英里長的森林突然死亡，人們會覺得震驚且憤怒，」加州魚類和野生生物局的海洋科學家蘿拉．羅傑斯－班奈特（Laura Rogers-Bennett）表示，在潛水的幾天後，我到波迪加海洋實驗室（Bodega Marine Lab）拜訪，她對我說，「我們正在討論的是整個生態系的崩壞。但是因為發生在海洋，所以沒有人注意到。」

像暖水塊這樣的海洋熱浪會帶來什麼樣的衝擊，羅傑斯－班奈特是最早知道的科學家之一。二〇一三年，她正在北加州潛水，看到有一隻海星好像在溶解。「我觸摸牠，牠的皮膚剝落在我的手上，」她回憶說。她發現，不是只有一隻海星這樣。這是太平洋二十種海星大量死亡的開端，原因是海星消耗病（sea star wasting disease），與海水暖化有關。海星是紫海膽的主要掠食者，海星消失後，紫海膽的數量大爆發，於是把巨藻森林啃光。「太可怕了，」羅傑斯－班奈特說，「暖水塊向你展示了臨界點可以多快出現。」

過去十多年，科學家在世界各處偵測到海洋熱浪：地中海在二〇一二年、二〇一五年、二〇一七年、二〇二二年遭到侵襲。有一位西班牙海洋學家說這些是地中海[22]的熱浪，海水溫度比平常高了六度之多，「這相當於水底的野火[23]，動植物死亡，就像是被燒死的。」而二〇一八年，紐西蘭沿岸出現一場海洋熱浪，推動陸地溫度到達破紀錄的高溫。沿著塔斯馬尼亞島[24]海岸，巨藻曾經分布超過九百萬平方公尺。由於海水變暖，隨後有海膽入侵，現在巨藻的面積不到五十萬平方公尺。二〇二一年，烏拉圭海岸[25]附近冒出一團溫暖海水，範圍達十三萬平方英里，大約是烏拉圭的兩倍面積。結果導致蛤蜊和貽貝死亡，而這些動物是沿海數萬居民的重要食物來源。

海洋熱浪正在推動水中生命的大幅重組，許多生物遷徙到更涼爽的水域。「現在，你到蒙特里突堤附近潛水，可以看到龍蝦，」范．胡登說，「牠們是亞熱帶物種，通常要南下到下加利福尼亞（Baja）才看得到。在北邊這裡看見牠們，實在太扯了。」（還有一件沒那麼扯，但細想起來很危險的事情，就是暖化的海水也促使年幼的食人鯊在這個區域逗留。）波迪加海洋實驗室的科學家記錄到三十七個從來沒有在這麼北邊發現過的物種。低鰭真鯊已經在北加州沿岸出沒，這裡比牠們在佛羅里達州的棲地還要往北五百英里。美洲螯龍蝦幾乎快要從長島灣（Long Island Sound）消失。長鰭近海魷和條紋鋸鮨等生活在暖水的物種，正出現在海水曾經清涼的緬因灣。這些遷徙正在徹底改變水中的生態系，以及依賴健康漁業討生活的人民。魚類遷移可能將使熱帶國家[26]遭受最嚴重打擊。到了二一〇〇年，因為魚類遷移到涼爽水域，非洲西北部的一些國家可能失去一半魚群。「如果你知道快要失去某種魚群[27]，短期內會刺激大家去過度捕撈，」加州大學聖塔芭芭拉分校的環境法教授詹姆斯・薩爾茲曼（James Salzman）說，「你有什麼好損失的？這群魚反正都要走了。」

海洋熱浪也造成珊瑚礁的巨大傷害（這通常稱為珊瑚白化事件）。珊瑚礁是地球上生物多樣性最豐富的生態系——它們只占海底不到百分之一的面積，但卻是超過百分之二十五的海洋生命的家園。珊瑚礁由數百萬珊瑚群體形成，這些群體會建構碳酸鈣骨架。大約一億年以來，珊瑚與存在其組織內的微小蟲黃藻共同過著幸福的婚姻生活。珊瑚的食物有百分之八十五至九十五來自於蟲黃藻行光合作用的產物。珊瑚則提供蟲黃藻保護、養分及二氧化碳作為回報，二氧化碳是光合作用的原料之一。然而，這種婚姻對於海洋溫度的變動極為敏感。上升一度左右的暖化，蟲黃藻就變得對珊瑚有毒。於是珊瑚把蟲黃藻吐出去，最後自己餓死，只留下白化的骨骼。

澳洲的大堡礁是聯合國教科文組織的世界遺產地點，也是自然世界皇冠上的珠寶，但如今受到暖化的重擊。珊瑚礁在澳洲東海岸外綿延一萬四千英里長，是地球上由生物建造的最大結構，巨大到從太空都可見。大堡礁還支撐起一項活躍的觀光產業，每年的產值是四十億美元，僱用六萬五千人。

我去過大堡礁兩次，一次在二〇一一年，另一次在二〇一八年，即時見證到它的衰落。我在第一趟旅程探訪過珊瑚花園和珊瑚群（bommie），有好幾座在記憶中就如同色彩繽紛、生氣盎然的水底嘉年華，但在第二趟旅程中已經變成鬼城，只有幾隻孤單的鸚哥魚和鰩魚在此徘徊。自一九九八年起，大堡礁經歷六次白化事件[28]，包含二〇一六年與二〇一七年接踵而來的毀滅性熱浪。二〇二〇年和二〇二二年的進一步白化，讓科學家擔憂這快要變成每年都會發生的事件。位於澳洲昆士蘭的詹姆士庫克大學（James Cook University）的海洋科學家泰瑞．休斯（Terry Hughes）認為，大堡礁的珊瑚有百分之九十三[29]都遭到某種程度的白化。「我們現在已經加了夠多的溫室氣體到大氣中，導致珊瑚每年夏季都有面臨大規模白化的風險，」休斯說，「就好像俄羅斯輪盤。」二〇一五年，澳洲政府宣布一項「大堡礁二〇五〇年計畫」（Reef 2050 Plan）[30]，透過減少附近農業區的農藥與氮逕流，改善珊瑚礁的狀況。然而，這項計畫飽受批評，因為忽略了澳洲導致氣候變遷的所作所為。如同休斯二〇二一年在一篇社論中[31]寫下：「澳洲尚未承認，它為未來世代管理大堡礁的責任，與它持續推廣化石燃料之間有明顯關聯。」事實上，在我探訪大堡礁時，從大陸的一個碼頭下船，不遠處就是一座巨大的煤炭運輸裝卸站，平底駁船從這裡滿載澳洲的煤炭運到印尼和中國。看著煤炭船航行經過大堡礁上方，對於那些關心珊瑚礁或地球生命的未來的人來說，這是一幅超現實的景象。

科學家正在研究讓個別珊瑚礁更耐熱的各種方式，包括培育超出更能適應暖化世界的超級品種。沙烏地阿拉伯的阿布杜拉國王科技大學（King Abdullah University of Science and Technology）微生物學家瑞卡．佩修涂（Raquel Peixoto）帶領一項實驗，展示給珊瑚塗上[32]益生菌，可以讓珊瑚在熱浪下的存活率增加百分之四十。佩修涂正在進行機器人潛水艇的實驗，這種潛水艇可以投放緩釋型益生菌藥丸到珊瑚上，讓細菌在幾週之內緩慢釋出。

有一些珊瑚證明比其他珊瑚更能適應高溫。東亞海域有一片珊瑚大三角（Coral Triangle）就可以看到例子。這一區擁有全世界將近三分之一的珊瑚礁，雖然海水溫度上升，目前這裡的珊瑚礁可說是比一九八〇年代初更健康。有人認為這要歸功於該區六百種珊瑚所具有的基因多樣性，使得珊瑚可以適應變暖的海水。紅海的珊瑚在溫暖的超鹹海水中演化，這給研究人員帶來希望，至少某些紅海珊瑚的品種可能在更溫暖的世界過得很好。

儘管如此，即使最健康的珊瑚，適應的速率也只能這麼快。「到本世紀中期，全世界的珊瑚幾乎都會毀滅，」克德拉告訴我。這太令人震驚了。珊瑚礁已經存在了大約二億五千萬年，演化成地球上最複雜、多樣且美麗的生命結構。然而，如果不做任何改變，在四十或五十年之內，珊瑚礁將變成崩塌中的廢墟。「我認為，如果我們明天就停止排放二氧化碳，有一些珊瑚或許能活下來，」克德拉說，「但如果我們繼續排放幾十年，我認為珊瑚就完蛋了。在地質時間的尺度上，珊瑚終將會回來，取決於海洋的化學組成需要多久才能復原。但是，很可能至少要經過一萬年，人類才會再度見到珊瑚。」

Chapter

8 血汗經濟

The Sweat Economy

太平洋西北地區熱浪來臨的第一天，塞巴斯蒂安．佩雷斯（Sebastian Perez）獨自一人在恩斯特苗圃與農場（Ernst Nursery & Farms）的園區裡工作[1]，這座苗圃位於奧勒岡州的威拉米特谷（Willamette Valley），在波特蘭南方三十五英里處。佩雷斯才剛滿三十八歲，有深色眼珠，體格結實強壯。他穿著牛仔褲、工作靴、長袖棉襯衫，以及瑞士科技（Swiss Tech）的卡其色狩獵風寬緣帽，你可以在沃爾瑪（Walmart）花十二美元買到一頂。他歷經艱險的旅程，從瓜地馬拉的家中出發，穿過墨西哥，越過美國邊界，然後在二〇二一年四月，也就是兩個月前抵達奧勒岡州。「他想要賺錢，給我們在瓜地馬拉蓋一間小房子，」他的妻子瑪麗亞告訴我，「那是我們的夢想。」

六月二十六日，星期六，佩雷斯早上六點

開始工作，只有午餐時可以短暫休息，他拉著三十磅重的灌溉水管在一排排樹苗之間來回，讓植物有足夠的水能夠安然度過眾人皆知即將來臨的熱浪。到了中午，太陽變成一顆閃耀的火球。佩雷斯知道今天將是炎熱的一天，但不清楚真正的情形。畢竟，這裡是奧勒岡，不是死亡谷。

這一天愈來愈熱，氣溫從三十八度來到四十度。佩雷斯的心臟怦怦地跳。手臂與手掌的血管擴張。他覺得頭昏，有點恍惚。或許，他拿起半滿的塑膠水壺大喝幾口，水壺在太陽下放了幾個鐘頭，裡面的水應該可以熱到讓他覺得燙口。或許，他環顧整個農場，看到遠處成群花旗松的樹蔭，心想是否可以大膽休息一下。他周遭是成排常綠的側柏與黃楊樹苗，苗圃栽培的這兩種觀賞用樹木很受家得寶消費者的喜愛。這些樹是郊區雜生的植物，很適合當作停車場的綠色圍籬，或者填補星巴克免下車窗口附近的死角，但是沒有高大到能遮太陽。東方的地平線上，胡德峰（Mount Hood）隱約可見，這是一座活火山，佩雷斯成長並盼望回去的地方也有類似的火山。他每天都會跟瑪麗亞互傳訊息或通話好幾次，瑪麗亞留在瓜地馬拉，他們分開得愈久，他對她的思念愈來愈深。

到了某個時刻，隨著佩雷斯的心臟把溫熱血液推送到全身，帽子被汗水浸濕，他一定知道自己遇到麻煩了。但他還是繼續工作。這是他來到美國想做的事，從不期待會很輕鬆容易。

到了下午三點左右，溫度已經到達四十一度，還在繼續往上升，在苗圃其他區域工作的人都下工了。他們在樹下集合，預期佩雷斯很快就過來。他們一邊喝水，一邊流汗，一邊等著。他們撥打佩雷斯的手機，沒有人接，情形不太對勁，因為他總是手機不離手。最後，他們決定去找他。

他們花一陣子才找到人。他躺在地上，在斑葉黃楊之間，幾乎沒有氣息。他們給他喝水，但沒有用。他們把他拖到園區邊緣的花旗松稀薄樹蔭下。他那時已經失去意識。

下午三點三十七分，有一位工人打給九一一。電話接到約莫五英里外的聖保羅消防隊（St. Paul's fire department）。這位工人在把地點說清楚時很吃力，他的英語說得不是很好，也不熟悉附近的路名，所以救護車花了更久的時間才抵達現場。在那之前，佩雷斯已經停止呼吸。

我的祖父和父親都是舊金山灣區的景觀承包商。他們建造公園，還有景觀公路、學校與商業大樓。我還是青少年時，暑假會去幫他們打工，都是戶外的工作。我開傾卸卡車、種樹、與其他工人一起澆鑄混凝土，他們有許多人是從墨西哥或亞洲來的移民。我們流了很多汗，但是沒有人死掉。事實上，室外溫度可能致命這件事，從未進入我的腦海（我猜，這也沒有進入跟我一起工作的人的腦海裡）。我喜歡在外頭工作，有新鮮空氣、陽光、海岸櫟的深色陰影。

但是，現在不一樣了。首先，現在的外面比過去更熱。此外，我們的經濟活動也發生變化。愈來愈多人在室內工作，那裡的空氣經過濾淨，陽光受到調節。但不是每個人都有這種待遇。仍有人必須蓋房子、栽種糧食、修路、幫你遞送包裹。在美國，有一千五百萬人[2]的工作至少有部分時間需要在戶外進行。對他們，以及那些在設計不良的建築裡勞動的倉庫與工廠工人來說，熱是他們每天會都遇到的工作場所危害。而且這是有代價的。二〇二一年太平洋西北地區的熱浪期間，五十一歲的肯頓．史考特．克拉普（Kenton Scott Krupp）[3]被人發現死於奧勒岡州的沃爾瑪倉庫中。他去世的那天，氣溫三十六度，同事發現他說話變得結結巴巴。在奧勒岡州的希爾斯波洛（Hillsboro），有一名屋頂工人[4]在工作時，因為熱壓力而倒下身亡。

郵差與送貨司機的風險特別高，有一部分是因為他們的送貨車通常沒有冷氣，車廂變熱後就像旋風烤箱。二〇二一年，優比速公司（UPS）的二十三歲司機小荷西．克魯茲．羅德里奎斯（Jose Cruz Rodriguez Jr.）被發現死於德州威科（Waco）的停車場，就在他開始做這份工作的幾天後。二〇二二年，二十四歲的優比速司機小艾斯特班．大衛．查維斯（Esteban David Chavez Jr.）在加州運送包裹時賠上性命。有影像拍到亞利桑那州的一間住宅外，另一位優比速司機跌跌撞撞後倒地不起。「人就像外頭的蒼蠅那樣倒斃[5]，」一位優比速司機告訴《紐約時報》，「非常殘酷。」優比速員工在社群媒體上分享照片[6]，顯示他們卡車後車廂的溫度將近六十六度。

如果亞利桑那州的情況很殘酷，想像卡達[7]數萬名移工的處境會是如何，他們來自尼泊爾、印度、孟加拉和其他國家，努力建造新的體育場與飯店，為了即將在這個波斯灣國家舉行的二〇二二年世界盃足球賽。由於夏季溫度可以飆高到四十五度，上午十一點半到下午三點禁止勞工在無遮蔭的地方工作。雖然如此，還是有數百名工人，或更可能多達數千名工人死於熱暴露（卡達官員並沒有馬上展開移工死亡的調查）。

「富裕國家把許多經濟活動帶入室內，這些地方可以安裝空調，但是多數開發中國家的經濟依賴勞力密集的戶外工作，」氣候科學家克德拉[8]說，「貧窮加上極端溫度，是可能致命的。」

高溫對於農場工人來說尤其危險。二〇一五年的一項研究發現，他們因為高溫相關因素而死亡的可能性是其他職業的三十五倍[9]。聯合農場工人（United Farm Workers）組織對華盛頓州二千一百七十六位農場工人所做的調查[10]發現，百分之四十的人曾在工作時，至少經歷過一種與熱病相關的症狀；而華盛頓州並非以酷熱夏天聞名。四分之一的人說，他們沒有足夠的冷水可以飲用，百分之九十七的人表示，該州的勞動熱防護措施有待改善。

熱暴露除了有直接導致中暑等風險，後續還可能造成嚴重的長期健康問題。在薩爾瓦多和哥斯大黎加，炎熱甘蔗田的農場工人普遍罹患慢性腎臟病[11]，自二〇〇二年以來已經有兩萬人死亡，還有成千上萬人必須靠洗腎活下來。全世界氣候炎熱地區的工人得到這種疾病有上升的趨勢，包括佛羅里達州與加州。《新英格蘭醫學期刊》（*New England Journal of Medicine*）有一篇社論[12]預測，慢性腎臟病「可能只是眾多對熱很敏感的疾病之一，氣候變遷將會使這些疾病現形，並且加速發生。」

當天氣炎熱，工人更容易出錯且更常受傷。加州大學洛杉磯分校的研究人員發現，即使溫度只是略微上升，就會導致該州一年多兩萬起傷害案例[13]，社會成本增加十億美元。當天氣炎熱，工人需要更長的休息時間，他們的認知能力下降，設備也會故障。另一項研究發現，二〇二〇年極端高溫造成美國工人生產力下降，損失總計達到一千億美元[14]，到了二〇五〇年可能增長到五千億美元。

放眼全世界，全球南方將會感受到最強烈的經濟衝擊。例如，孟加拉的達卡[15]，那裡有勞力密集型的經濟，但是工人很少有空調可吹，高熱與濕氣導致每年損失相當於六十億美元左右的生產力。一如既往，受到打擊的人，是那些最承受不起的人：人行道上的小販、成衣產業的工人，以及製磚工人，他們看顧這座城市裡冒出陣陣煤煙的成千上萬座高熱磚窯。

在美國，沒有聯邦法規訂定室內或室外的勞工熱暴露規範。農場工人被排除在可以要求加班費以及集體談判權的國家法律之外，因此特別弱勢。美國勞動部的職業安全衛生署（Occupational Safety and Health Administration）是負責維護工作場所安全與勞工權利的機關，農場工人團體與工運人士數十年來一直在遊說立法，讓職業安全衛生署可以制訂熱暴露的規則。二〇二一年，《亞松森・瓦爾迪維亞熱病與熱死預防法案》（Asunción Valdivia Heat Illness and Fatality Prevention Act）的草案在美國眾議院提出。這項立法的主要目的，在於最終能要求職業安全衛生署訂定高溫指引；法案的名稱是為了紀念加州的一位農場工人，二〇〇四年，他在超過四十度的大熱天，連續十小時採收葡萄，最後死於中暑。我在二〇二三年寫到這裡時，這項草案可以很快送交參議院表決的機率幾乎等於零。

各州的立法也沒有好到哪裡去。二〇二一年佩雷斯過世的時候，只有加州與華盛頓州為戶外工作者制訂了適當的法規。加州是在中央谷發生幾位農場工人死於熱暴露之後通過相關法規，要求雇主必須在附近供應乾淨的冷水，足夠工人每小時喝一夸脫，並且鼓勵工人每小時休息五分鐘，以及最重要的，一旦溫度超過攝氏二十七度左右（華氏八十度），就得提供遮陽措施。

但是，在奧勒岡州，農場工人的支持者爭取高溫法規將近十年，只讓奧勒岡州的職業安全衛生局頒布一些軟弱的指引。「每當我們試圖讓種植業者注意工人面臨的高溫風險時，他們總是說自己如何負擔不起，」奧勒岡的一位組織動員者告訴我，「他們說價格由零售買家決定，人工成本的變動會讓他們沒有競爭力，這些當然是胡說八道。」

塞巴斯蒂安．佩雷斯成長於瓜地馬拉北部伊斯坎市（Ixcán）的一座小農場，和爸爸媽媽一起生活。一九八〇年代早期，瓜地馬拉爆發血腥的內戰，佩雷斯的父母逃到墨西哥的嘉帕斯（Chiapas），佩雷斯就在那裡出生。但是全家在他小時候又回到伊斯坎，開始在一小塊地上務農。這個地區經歷漫長內戰，仍在復原當中，生活很艱困。佩雷斯二十出頭時，開始想辦法前往美國，去找一份收入不錯的工作，好幫忙養家，並為生病的爸爸支付醫藥費。二十九歲時，表姊介紹一位溫柔的女生給他，她叫做瑪麗亞，有著羞澀的笑容。他們墜入愛河，很快就結婚。

「我有時候會和他一起到田裡，」瑪麗亞從瓜地馬拉跟我通電話說，「我們一起工作，他就能早點做完。之後，我要洗澡時，他會把水倒到浴缸，通常需要來回水井兩三趟才能取到足夠的水。我在廚房煮飯時，他會幫忙剝玉米。這就是我們的生活，我們在一起時很快樂。」

儘管如此，佩雷斯知道，留在伊斯坎的農場工作，他們很難打造兩人的未來。他們和家人擠在同一間房子，房子面積很小，沒有自來水。佩雷斯想要有自己的房子，建立自己的家庭。

佩德羅．盧卡斯（Pedro Lucas）是佩雷斯的外甥，十年前就來到美國。那是一趟很艱辛的穿越過程——在契瓦瓦沙漠（Chihuahuan desert）度過十六天，他在那裡跌倒，摔壞膝蓋，還要啃植物的根才能活下來——但是他做到了。盧卡斯在奧勒岡州的一座苗圃找到不錯的工作，時薪十四美元。盧卡斯的父親、兄弟與姪子都跟著來了，也在威拉米特谷找到工作。生活並不輕鬆，但比在瓜地馬拉的農場每天賺六美元好。

佩雷斯不想搬到美國，但想要賺錢蓋房子。他也想要有小孩，瑪麗亞如果想要有懷孕的機會，需要動手術拿掉卵巢裡的一顆囊腫。所以，佩雷斯四月決定動身。如果沒有人帶路，這趟行程不可能成功，他們稱這種人為「郊狼」（coyote）。費用不便宜：一萬兩千美元，只能付現金。佩雷斯沒有錢，因此盧卡斯的父親答應把自己的房子抵押給第三方，才能獲得貸款。這是一大筆錢，但是佩雷斯有信心，自己在美國努力工作，可以把錢還完。佩雷斯趁夜晚從德州大彎牧場州立公園（Big Bend Ranch State Park）西邊渡過格蘭德河，那裡的河道狹窄，比較容易游過去，然後踏上艱險的小路，穿過炎熱沙漠。他在馬法（Marfa）鎮外被卡車接走，該地是藝術家與文青怪咖群集的德州南部小鎮，他最後一路來到奧勒岡州，這裡的工資不錯，而且天氣很好。

當佩雷斯抵達奧勒岡，身上除了手機、牙刷和衣服，幾乎沒有什麼個人物品。盧卡斯把佩雷斯安頓在自家的樓上房間，位於威拉米特谷中心的賈維斯（Gervais）小社區。房間很簡單，只有一張單人木床架，鋪著髒兮兮的床墊，還有用紅色床單做的窗簾。幾天內，佩雷斯就和盧卡斯一起在恩斯特苗圃工作。

如同每一個沒有合法身分的移工，佩雷斯一直活在可能遭驅逐的恐懼中。他才砸下一萬兩千美元的賭注，好來到美國為自己的前途奮鬥。這是一場豪賭。按照他的工資水準，需要在農場工作五個月才可以還清債務。如果他在移民突擊行動中被逮捕，遭到遣返，那一萬兩千美元的貸款仍然得償還。

細數佩雷斯的人生財務，可以看到殘酷無情的事實：他一天工作十小時，時薪十四美元（雖然很低，但是比德州的農場工人拿八美元時薪好多了）。沒有加班費、沒有帶薪假，更沒有健康保險。扣稅後，佩雷斯每個月可以拿到的收入大約是兩千到兩千四百美元（沒有合法身分的工人幾乎都有繳稅，雖然日後很少有人申請社會安全福利或聯邦醫療保險的給付）。他每個月付五百美元租盧卡斯家的房間。無論剩下多少錢，他全部寄回瓜地馬拉給媽媽或瑪麗亞，或者償還積欠郊狼的貸款。據盧卡斯說，佩雷斯已經還了大約三千美元的貸款，仍然剩下九千美元左右的債務。「他的目標是在十二月之前還清所有欠款，」盧卡斯說。

除了工作之外，佩雷斯的生活極度簡單。據瑪麗亞說，他很健康，沒有在服用任何藥物。他下班後會與盧卡斯在客廳下西洋棋和跳棋，牆上釘了一面瓜地馬拉國旗，旁邊是一幅跳蚤市場風格的胡德峰風景畫。佩雷斯會聊到他想蓋什麼樣的房子，聊到他有多思念瑪麗亞，聊到他深愛並且每天都會通話的媽媽（他的爸爸已經在八年前過世）。

「塞巴斯蒂安是個嚴肅的人，」盧卡斯告訴我，「他不太開玩笑，不喝酒，不參加派對。他會上教堂。他最常說到的是未來，說到他回瓜地馬拉後將和瑪麗亞一起過什麼樣的生活。」

佩雷斯在農場倒下的前一晚，和在瓜地馬拉的妻子與媽媽通過電話。媽媽不放心。「天氣要變熱了，」媽媽告訴他，「你一定要小心。」瑪麗亞也知道熱浪即將到來，但對我說她那時並不擔心。「天氣炎熱的時候，塞巴斯蒂安知道要休息一下，」她說，「他在瓜地馬拉的農場工作要是遇到大熱天，他一定會放下工作，回家納涼。他為什麼不在美國也這樣做呢？」

我在奧斯丁的家中寫這一章時，有一個叫做荷西的人在我家後院工作。那是一個溫和的春日早晨，他正挖起一株鼠尾草，移到日照較多的地點。荷西成長於墨西哥的格瑞羅（Guerrero），年紀比佩雷斯過世時大一些，而且和佩雷斯一樣，他跨越邊界，為自己和家人尋求更美好的未來。荷西有一張圓圓的臉、溫柔的深色眼睛，以及飽受日晒雨淋的身體，那是一輩子都在戶外工作的男人才會有的。有時候，他會把十二歲的繼子帶來一起工作，他顯然很疼愛這個孩子。我的妻子席夢已經認識荷西十五年了。她那時正在找人幫忙整理花園，透過朋友介紹，遇到荷西。從此，他一個月會有一兩個週末過來和她一起工作。

據荷西說，在我們院子的橡樹陰影下修剪植物，和他擔任公路隊員的真正工作相去甚遠。在德州這裡，這代表他必須踩在黑色柏油上工作，即使在涼爽的秋天也覺得很暖和，到了炎熱夏天就像煎鍋。當我問荷西做這項工作有何感想時，他說這很辛苦，但他知道怎麼照顧自己。他會休息喝個水，會在卡車陰影下吃午餐。天氣愈熱，他做得愈慢。當溫度熱到很極端，他們那一天就會停工。這個人很擅長應付高溫，讓情形完全不同。荷西說，會捲入麻煩的，是那些新來的人。那些忽視熱的人，或那些以前從來沒有經歷過的人，或那些認為自己比熱更強悍的人。

如果你住在德州，會注意到一件事：辛苦、炎熱的工作，也就是在農田、公路、建築工地的那些工作，大多是墨西哥人在做。當然，一方面與德州位在邊界旁有關。有很多人從墨西哥和中美洲來這裡找工作，其中一些人沒有身分或資格可以找到吹冷氣的辦公室工作。另一方面是他們願意做其他人不做的工作，像是在熱得要命的夏天裝設新屋頂。但是，我們也很難不在當中看到種族主義的遺跡。這通常不會公然展現，而是以某種措辭表現，像是：墨西哥人來自炎熱的地方，所以他們在高溫下工作不會有太多問題。他們已經習慣了。

從好幾個層面來看，這種說法是錯的。首先，墨西哥是面積遼闊、多樣紛呈的國家，擁有高山到微風習習的海灘等各種生態系。並非所有墨西哥人都比加州人更「習慣」炎熱天氣。

更重要的是，認為住在炎熱地方的人基本上更適應高溫，勝過住在寒冷地方的人，這種想法並不正確，或至少不能用這麼簡單直接的方式來思考。有些人的汗腺比其他人更活躍，是因為複雜的生理過程與遺傳變異，和你目前住在哪裡或者是什麼種族無關。這也不會因為你的膚色，而有所不同。「太陽照射所產生的熱，主要是以紅外輻射的形式累積，而深色皮膚與淺色皮膚[16]吸收來自太陽的紅外輻射的程度幾乎相同，」人類學家尼娜．賈布隆斯基（Nina Jablonski）在《皮膚的自然史》

（*Skin: A Natural History*）裡寫道，「目前使人類熱負載增加的最重要因子是：外部溫度、濕度，以及人類運動產生的熱。」

在十八和十九世紀，熱與種族主義緊密糾纏，難分難捨。那時普遍存在一種看法，認為某些種族（不是白人）比其他種族（白人）更能適應熱，尤其是在南北戰爭前的南方。這給奴隸制度提供了道德上的正當理由，並允許奴隸主忽視奴隸在棉花田遇到的可怕工作條件。

這些條件真的非常可怕。一八七五年，一位主張廢奴的人士[17]回憶，當奴隸「刮」棉花時，他們「被迫走遍一片三十、四十或五十英畝的田，卻連站直身體一分鐘都不能，炙熱的太陽直接晒在他們的頭與背上，土壤中的熱向上反射到他們的臉上。」走到一排棉花的盡頭，奴隸或許可以短暫地站直身體，可能喝一些水，這樣的工作花了一小時到一個半小時。這位廢奴人士說，有些奴隸「不能站直，以避免經常彎腰而喪命，」他們彎下身子，被迫向棉花致敬。

山繆爾．卡特萊特（Samuel Cartwright）[18]是路易斯安納州的奴隸醫生與種族理論家，他認為非裔美國人在這些條件下不會覺得難受，因為他們與白人不一樣。一八五〇年代，卡特萊特成為一派科學種族主義最重要的南方支持者，這個派別把耐熱性當作區分農場主人與其人類動產的決定性差異。「讓黑人自願把沒有遮蔽的頭和背曝晒於足以晒傷白人的陽光下，這種舉動[19]可以證明控制他們的生理學定律與白人不同，」卡特萊特在一八五一年給美國國務卿丹尼爾．韋伯斯特（Daniel Webster）的信中寫道。在他的觀點，非裔美國人在高溫下做苦工，合乎萬物的自然秩序，也是南方整體經濟所依賴的秩序，「由於白人天性的定律，這種需要曝晒於夏季正午陽光下的勞動[20]，不可能讓白人在棉花與蔗糖產區執行，而不使他生病和死亡；然而同樣的勞動體驗，對黑人只是一種有益健康的運動。」

抱持這種觀點的遠遠不止卡特萊特一個人。一八二六年，南卡羅來納州的醫生兼莊園主人菲利普．泰迪曼（Philip Tidyman）認為，非裔美國人受到「體質特性[21]的保護，不會因為炎熱氣候而生病，但這種氣候對白人有害，特別是那些可能需要在沼澤低窪環境勞動的人。」在這樣艱困的條件下，泰迪曼看見奴隸「歡欣鼓舞地工作，白人勞工卻因為烈日而倦怠消沉。」

南方的威廉．霍爾庫姆（William Holcombe）醫生提到，奴隸的耐熱性來自於解剖學上的一項差異：「黑人的頭骨[22]非常厚、緻密且強壯，抵禦傷害與高溫影響的程度很好。」霍爾庫姆的結論是，種族特色「證明黑人的生物體質適合擔任熱帶氣候下的農業勞動者，他們是強大的動物機器。」紐約醫生約翰．范．艾夫里（John Van Evrie）同意說：「（黑人的）頭部[23]受到一團濃密毛髮的保護，不受太陽的直射光線照射，可以完全避免酷熱的傷害，而他的體表布滿無數的皮脂腺，形成一套完整的排泄系統，減輕氣候對他造成的所有影響，而在同樣環境下，這些影響對於敏感、整潔有條理的白人是致命的。他不會尋求庇蔭，來躲避熱帶的灼熱太陽，而是追求它，享受它，沉浸於酷熱的愉悅。」對於范．艾夫里來說，可以用神聖設計來解釋奴隸的體質：「上帝已經使他能夠適應[24]熱帶地區，在身體與精神結構兩方面皆是。」

即使在廢除奴隸制度，以及揭穿科學種族主義是白人特權和愚蠢之後，認為有些種族比其他種族更適應炎熱的想法依然存在。一九〇八年，一項聯邦研究指出，墨西哥人湧入西南部各地，從事技術含量較低的工作，尤其是營造業與農業工作。有一位調查員觀察到[25]，「墨西哥人在沙漠工作得很好，也很知足，但是歐洲人與東方人在那裡要麼覺得不滿，要麼證明他們無法忍受這種氣候。」

第一次世界大戰期間勞工短缺，吸引了大量的墨西哥人與中美洲人進入北方的工業重鎮。在那些地方，管理高層引導他們從事炎熱的工作，因為他們被認為是天生適合的人選。在底特律，墨西哥人在汽車廠的鑄造部門工作。在芝加哥，他們在煉焦爐與鼓風爐的爐口揮汗。一九二五年，匹茲堡有一家管道製造商根據三十六個族群的刻板印象[26]，編成一張「種族對各類工作的適應力」（Racial Adaptability to Various Types of Work）表格。墨西哥人只有在「炎熱乾燥條件」與「骯髒」的工作得到正面評價。一九二〇年代末期，經濟學家保羅・泰勒（Paul Taylor）到賓州參觀，在伯利恆鋼鐵廠（Bethlehem Steel）最炎熱的製程看到許多移民，感到很震驚。「這些墨西哥人[27]，」泰勒在報告裡提到，「據說非常善於忍耐高溫。」

一九二〇年代，美國國會在討論移民政策時，試圖處理這些問題。眾議院移民和歸化委員會的公聽會上，科羅拉多州的眾議員威廉・韋爾（William Vaile）從農場與工廠的富裕白人業主的觀點來總結問題：「南方不適合[28]白人從事體力勞動。這裡是炎熱地區，白人不擅長南方的體力活。」父親曾在聯邦軍擔任將軍的德州眾議員卡洛斯・畢（Carlos Bee）向同事保證，即使他們可能聽說在炎熱的農田與工廠工作很辛苦且危險，但墨西哥人「就是一種熱帶植物[29]……他們不想搬到氣候寒冷的地方；他們生活在熱帶氣候下，很樂意夏季時住在德州。」

※　※　※

佩雷斯工作的恩斯特苗圃與農場，僱用了四、五十位工人，人數依季節而有不同，根據我採訪的幾位工人說，他們幾乎都是沒有正式身分的移民。恩斯特在二〇〇七年與二〇一〇年，因為多次沒有公告工作場所使用的殺蟲劑的資訊，也沒有公告當地緊急醫療設施的資訊，而遭到奧勒岡州職業安全衛生局警告[30]。二〇一四年，苗圃由於沒有為工人提供飲水而遭到傳喚[31]。恩斯特不願就苗圃的勞工政策發表意見，但是與我交談的工人說，這家苗圃並不比該地區的其他農場好，也沒有比較糟：每隔幾個小時可以休息十分鐘，午餐時間半個鐘頭，園區外頭有一個行動馬桶。但是，苗圃沒有特別提供水，也沒有遮陽的棚子或其他設施。事實上，在我到威拉米特谷進行報導的旅程中，氣溫都在三十多度，但我參訪的苗圃或農場的園區都沒有見到任何給工人用的遮陽設施。

除了仔細檢查給工人的支票上的數字外，沒有人清楚苗圃業主還會付出多少關心。和許多苗圃與農場一樣，恩斯特把招募與僱用工人的任務，交給一家獨立的人力外包商。事實上，苗圃業主透過人力外包商幫忙減輕責任，不用管誰在他們的農場工作，或者工人的待遇如何。

這也讓工人更難在面對不安全的工作條件時站出來說話，因為他們通常不知道負責的人是誰，究竟是苗圃主人還是外包商。有時候，工人由於經常被帶到不同地方，變得搞不清楚狀況，「我們曾經遇過連自己在什麼地方、在哪個農場工作都不知道的工人，」西北植樹工人與農場工人工會（Pineros Y Campesinos Unidos del Noroeste）的執行長雷娜・羅培茲（Reyna Lopez）說，該工會是奧勒岡州的農場工人權益組織。當我聯絡恩斯特農場，請問關於農場工作環境與佩雷斯死亡的事情時，與我對話的女士（她要求匿名）拒絕對任何細節發表意見，她只說：「我們對於發生的事情感到心碎。」

佩雷斯過世的幾個星期後，華盛頓州與奧勒岡州的官員終於頒布戶外勞工的高溫緊急應變規則。奧勒岡州的規則現在要求，一旦溫度超過攝氏二十七度左右（華氏八十度），就要提供遮陽設施與飲用水，當溫度到達攝氏三十二度以上（華氏九十度），每工作兩小時給予十分鐘的時間降低體溫。這可能是一項進步，但仍只是維持生存的最低限度。如果這些規則早已到位，可以救佩雷斯一命嗎？這很難說。有規則是一回事，落實執行是另一回事。但簡單的事實是，在二十一世紀的美國，當溫度到達四十二度時，沒有人應該在開闊場地上進行體力勞動。

「想到熱死是完全可以預防的，這令人憤怒，雖然來得緩慢卻很強烈，」伊莉莎白・史崔特（Elizabeth Strater）說，她是聯合農場工人組織的策略宣傳主任。「這不需要用到尖端科技或昂貴的機器，只需要遮陽設備、冷水和休息，僅此而已。這個產業不尊重工人，並拒絕提供這些措施，根本就是犯罪行為。」

佩雷斯身亡的一個星期後，我走上樓到他度過最後一晚的房間，此時他的遺體仍停放在殯儀館，等待運送回瓜地馬拉。除了一張床、一盞燈和一瓶花以外，房裡什麼都沒有，那瓶花在炎熱中枯萎。盧卡斯把佩雷斯為數不多的個人物品放入棺材裡，和他一起。

「有時候，我覺得他還在這裡，」床已經空蕩蕩，盧卡斯站在床邊告訴我，「晚上，我會聽到他的腳步聲。」盧卡斯認為佩雷斯還住在這間房子裡，因為他想要償還債務，因為他想要照顧瑪麗亞和媽媽。盧卡斯，一個壯漢，有鷹爪般的雙手，轉過身哭泣。

第二天，我開車去恩斯特苗圃。我看了一下溫度：三十六度。我把車停在路邊，打開苗圃的一扇門，走到黃楊與側柏的區域，佩雷斯死時工作的地方。這不是意外，不是未預料到的事情所導致的悲劇。畢竟，科學家知道燃燒化石燃料會讓大氣增溫，已經有幾十年的時間了，他們已經知道這顆過熱的行星上，生命最明顯的表現之一，就是導致更強的熱浪。我們已經知道像佩雷斯這樣的人——貧窮、脆弱、住在中產階級與上層階級專有的空調泡泡外——將會最先受害，而且受害最慘重。然而，氣候危機的數學難題是，像佩雷斯這樣的人經常被認為是可有可無的。他們是媒體上只出現一天的報導，是政府報告中的統計數字。

佩雷斯倒下的園圃，樹苗看起來健康、翠綠，受到良好的照顧。我拿出手機想要拍照，但是螢幕出現警告畫面：「**iPhone 冷卻後才能再度使用。**」幾百英尺外，園區邊緣的一棵花旗松樹下，佩雷斯的寬緣帽與水壺還在地上。

我走過去，撿起他的帽子，上面都是汗漬。

「他出門到園區時，經常會跟我通話，」瑪麗亞幾天後告訴我，「他會說：『瑪麗亞，我在這裡努力工作。我很快就回去，給我們蓋一間房子。』他總是這麼說。我答應說我會等他。現在，他裝在箱子裡要回家了。」

Chapter 9

世界盡頭的冰

Ice at the End of the World

二〇一九年一月三十日

今天，我們的船應該駛向南極洲。然而，我早上寫到這一篇時，載著我的納撒尼爾・B・帕爾默號（Nathaniel B. Palmer），一艘三百零八英尺長的破冰船兼研究船，仍然拴在智利的旁塔阿雷納斯（Punta Arenas）碼頭上。同在船上的還有二十六位科學家、三十一位船員與支援人員，以及許多價值數百萬美元的科學儀器。我們在兩晚前啟航，但因為方向舵發生問題，船必須返回港口。潛水夫已經下水，大概很快會修好故障，我們就可以出航了。

我即將進行的旅程，是美國國家科學基金會與英國南極勘測（British Antarctic Survey）的聯合研究計畫[1]的第一次探險，目的是調查史威茲冰河（Thwaites Glacier）突然崩塌的風險，那是南極洲西部最大的冰河之一。在這趟行程，科學家將從各個方向戳探史威茲冰河，也就是末日冰河*2，他們將測繪冰河下的土地，測量把溫暖海水帶到冰河底部的洋流，並且挖掘冰河前端附近的泥土，想要更加了解在過去的溫暖期間冰河後退得有多快。如同首席科學家羅伯·拉特（Rob Larter）前一晚在船上舉行的科學會議上對我們說的，「我們想要回答的問題是，南極洲西部的冰層是否瀕臨無法阻擋的崩塌的邊緣？」

南極洲西部離崩塌有多近，是我們這個時代最急迫且最重要的問題之一。南極洲西部冰層如果穩定，代表世界各地的沿海城市很可能還有時間去應對正在上升的海平面。南極洲西部冰層若是不穩定，代表我們就要告別邁阿密，以及幾乎全世界所有位於低窪地區的沿海城市。

為了回答這個問題，我們必須到南極洲。現在，我們正在等方向舵修好，每個人都在整理自己的裝備，認識同艙室友（兩人住一個艙房，睡在可以裝上欄杆的雙層小床，你才不會在遇到狂浪時被拋下床）。這艘船有五層甲板，透過綠色鋼門和梯道相連，形成一座迷宮。因為這趟行程有部分經費由美國政府贊助，我們所有人必須觀看性騷擾與南極洲環境守則的影片（包括清除冬季夾克魔鬼氈上的種莢的訣竅，這樣才不會把入侵物種帶進這片大陸）。我們也演練了登上救生艇和穿上橘色救生衣的流程，如果我們必須在南冰洋的冰冷海水中棄船，理論上，這些可以幫助我們維持幾個小時的溫暖。我們學到每樣東西都要用繩子固定好，我們測試了暈船藥，而且被告知當穿越德雷克海峽（Drake Passage）遇到大浪來襲時要吐在哪裡（最好是廁所或垃圾桶，如果可以的話），那裡是南美洲與南極洲之間以險惡出名的開闊水域。

今天早上在飯廳吃早餐時的聊天話題，是關於德雷克海峽西方有一團風暴即將來臨。但是，正如拉特這位多次橫渡南極洲的老手帶著苦笑說：「前往南極洲的航程上，總會遇到風暴。」

極端高溫的定義，很大部分取決於背景，如同色情的定義一樣。我住在德州時，溫度升高個一、兩度難以察覺。然而在南極洲，一、兩度的變動，就是冰和水之別，也是穩定與崩潰的差別。對於世界各地沿海城市的數百萬人來說，這一、兩度能夠導致海灘美好風景與客廳水淹三英尺的差別。發生在南極洲的熱浪，對於人類未來的影響之大，是地球上任何地方都比不上的。

南極洲的大小相當於美國與墨西哥面積的總和，永久居住人口為零。這裡不是任何國家的領土，沒有傳統意義上的政府。一九一一年，羅伯特・法爾肯・史考特（Robert Falcon Scott）與羅阿爾・阿蒙森（Roald Amundsen）進行搶攻南極競賽，吸引全世界的目光，從此南極洲就成了科學家與探險家（以及大眾想像中的企鵝）的遊樂場。地球上的淡水有百分之七十凍在這裡，形成將近三英里[3]厚的冰層。這片大陸大致被橫貫南極山脈（Transantarctic Mountains）分成兩部分：南極洲東部

＊我在二〇一七年撰寫的南極洲文章中，為史威茲冰河取了這個綽號，這種說法隨後在媒體上廣泛流傳。然而，科學家並沒有完全接受，其中一些人認為這個綽號是危言聳聽。就我自己來說，我發現在不久的將來，有一個冰河可能崩塌，而且會導致海平面上升十英尺，這件事非常令人擔憂。

較大且較寒冷，而南極洲西部更容易融化，部分原因是南極洲西部大部分冰河底下的陸地低於海平面，這裡更容易因為海洋溫度的小幅變動而融化。

直到最近，氣候科學家還不太擔心南極洲。畢竟，這裡是地球上最冷的地方，除了往北突出的南極半島（Antarctic Peninsula）的一小部分，在過去溫度沒有上升得太多。以前也認為，環繞南極大陸的洋流讓這裡與暖化中的海洋阻隔開來，這道洋流就像牆壁，把大西洋與太平洋隔在外面。聯合國政府間氣候變化專門委員會在二〇二一年發表第六次評估報告，這份報告是氣候變遷科學的黃金標準，預計到二一〇〇年，海平面會上升一．二至三．二英尺[4]，其中來自南極洲冰層融化的貢獻不多（雖然政府間氣候變化專門委員會的確警告[5]說可能還會有變化）。

長期以來，政府間氣候變化專門委員會的預測都有爭議，部分是因為格陵蘭與南極洲的冰層融化情形很難估計。幾年前，NASA氣候科學家漢森告訴我，他相信政府間氣候變化專門委員會的估計太過保守，到了二一〇〇年，海水可能會上升十英尺之多[6]。對於漢森來說，過去就是序曲。三百萬年前的上新世時代（Pliocene era），大氣中的二氧化碳濃度與今天差不多，溫度只稍微高一些，海平面比現在高了二十英尺[7]。以上情形顯示，目前的冰層還要融化很多，才會到達適當的平衡狀態。以前的海平面上升，山岳冰河可能有一些貢獻，海洋暖化後的體積膨脹也有，但是要升高到二十英尺，格陵蘭與南極洲很可能有巨大的貢獻（早已消失的其他冰河也得記上一筆）。

對於氣候科學家來說，原本明顯需要關注的問題是格陵蘭。首先，北極一直是這顆行星溫度升得最快的地方。另一方面，那裡的融冰情形是任何願意關心的人都可以看得到的：每個夏季，隨著冰層表面的溫度上升，融冰化成的水從壯觀的藍色河流傾洩而出，有些水則從稱為冰川甌穴（moulin）的洞流走。對於科學家來說，這沒什麼好多想的。而且比起南極洲，格陵蘭很容易到達，只要從歐洲搭一趟短程飛機，就能前往海岸的一個古老漁村。你可以在那裡觀賞全世界流動速率最快的冰河——雅科布港冰河（Jakobshavn Glacier），然後回到飯店，在晚餐前喝一杯威士忌。

但是，後來南極洲的情況變得不對勁，於是有些科學家努力察看南方出了什麼事。第一個警訊是二〇〇二年拉森B冰棚（Larsen B ice shelf）[8]突然崩塌，這原來是南極半島上的一大塊冰。冰棚就像是冰河的指甲，從海水交接的邊緣伸出去。拉森冰棚後方的冰河都是消融於海中的冰河，有很大部分位於海平面之下。冰棚崩潰這件事本身並不會造成海平面上升，因為冰棚早就漂浮在水上（正如一杯飲料裡的冰塊融化後，不會使水面上升的情形一樣）。但是，冰棚在支撐（或者說是束縛）冰河方面有重要的作用。拉森B冰棚消失後，原來在後面的冰河開始流入海中，移動速率是以前的八倍。「這就像在說：『喔，這裡發生了什麼事？』」泰德・史坎波斯（Ted Scambos）在二〇一七年告訴我，他是科羅拉多州波爾的國家冰雪資料中心（National Snow and Ice Data Center）的冰河學家，「結果，冰河對於熱的反應非常靈敏，大幅超越任何人的想像。」

幸運的，拉森B冰棚後方的那些冰河規模不是非常大，所以我們不需要太擔心海平面上升的問題。但是，拉森B冰棚促使科學家仔細檢視南極洲其他地方的冰棚與冰河的移動。過去的衛星影像[9]顯示，整片大陸的冰棚都愈來愈薄，特別是南極洲西部。有一些冰棚變薄的程度很大。為什麼會這樣，原因尚不清楚，南極洲以前的氣溫即使有變暖，也沒有上升得太多，不像格陵蘭那樣。唯一的罪魁禍首就可能是海洋。科學家發現，由於風與海洋的改變，推動更多溫暖的深層海水流入冰棚之下，使得冰棚從底部融化。「溫度只改變一度，對冰河來說就很不得了。」史坎波斯告訴我。

果然，南極洲之前發生了很多事情。冰棚一直變薄，更溫暖的海水湧入冰河之下，冰河流動得更快。整個地方一直處於劇烈變動之中。這些變化會有多快？沒有人知道。是否有可能淹沒沿海城市的最大威脅，最後不是格陵蘭，而是南極洲？如果格陵蘭的冰全都融化，海平面會上升二十二英尺。當南極洲的冰消失，那就會上升兩百英尺。

「南極洲過去是一頭沉睡的大象，」國家冰雪資料中心的主任馬克・塞瑞茲（Mark Serreze）告訴我，「但現在，這頭大象正在醒來。」

二〇一九年二月二日

我們目前距離智利海岸大約兩百英里，即將進入德雷克海峽。這片海域以英國探險家法蘭西斯・德雷克（Francis Drake）爵士的姓氏命名，長期以來讓冒險進入所謂惡劣緯度（inhospitable latitudes）的水手害怕。風從西方呼嘯過德雷克海峽，在南極洲附近盤旋，無可阻擋，讓風有充足的時間與空間掀起滔天巨浪。此外，南極環流（Antarctic Circumpolar Current）沿著這片大陸循環，讓海浪加劇，阻礙航行，南極環流是全世界最強的洋流，威力是灣流的五倍。三十英尺高的海浪，加上七十節的風，並非罕見。二〇一七年，海峽西邊的浮標記錄到六十英尺高的浪，是南半球有紀錄以來最大的浪。對船舶來說，德雷克海峽公認是全世界最危險的航道。一代又一代的斷桅殘桿、廢棄船隻、失蹤水手的幽靈盤桓於這片海景。

現在，我感覺到湧浪愈來愈大。帕爾默號以一種可預測的節奏搖晃，到目前為止，情況還沒有可怕到令人擔憂。今天在飯廳吃午餐時，我和幾位航海技術人員坐在一起，其中多數人已經穿過德雷克海峽十多次以上。他們一致同意，如果必須乘船渡過德雷克海峽，一定要搭這艘船。帕爾默號配備四部大型柴油引擎，有很深的堅固船體，由十乘四十英尺的鋼板建造。這艘船屬於ABS-A2破冰船，能夠以三節的速度犁開三英尺厚的冰。

吃完午餐後，我爬了五段金屬梯道來到駕駛臺，眺望海上風光。帕爾默號的駕駛臺是相當寧靜的地方，空間寬敞，三面有窗。引擎的振動聲很柔和，很像搭飛機的感覺。我們的周遭都是波浪，有一道湧浪從西邊過來。駕駛臺的音響小聲播放著杜比兄弟樂團（Doobie Brothers）、死之華樂團（the Grateful Dead）、佩特．班尼特（Pat Benatar）的歌曲。翻滾的大海與經典的搖滾樂，怪異地並存著。

正在掌舵的是大副瑞克．溫肯（Rick Wiemken）。他成長於芝加哥附近的小鎮，十八歲時和哥哥駕船環遊世界，從此愛上大海。他現在有兩個孩子，住在檀香山，但大半人生都在海上度過，駕駛像帕爾默號這樣的船。

我問他穿過德雷克海峽多少次。

「喔，八或九次，」他告訴我。

「你經歷過很多次惡劣的穿越嗎？」

「我想第一次最糟，」他說，「我們遇上每小時七十節的風。天色很暗。我擔心我們要翻船了。」

我問他現在的湧浪有多高。很難說，外面沒有東西可以讓他參考比較。

「可能十英尺，」他說，「明天將變得更糟。」

「浪會有多大？」

「要看風暴而定。我們現在正嘗試弄清楚。這是一艘很棒的船，可以應付航程上的任何情況。麻煩在於，當大浪從正橫方向打到你的船，你有搖晃的風險。如果浪實在太大，你必須頂風緩航，也就是讓船轉向海浪，直接面對。你讓船乘風破浪，這樣會穩得多。」

「明天會怎麼樣？」我問。

他微笑說：「將會很有趣。」

※　　※　　※

在迅速暖化的世界，南極洲西部的冰棚突然崩塌會帶來風險，最早了解到這一點的人，就是俄亥俄州立大學一位奇特的冰河學家約翰．默瑟（John Mercer），他在英格蘭的一座小鎮長大，因為裸體進行科學田野調查而出名，在一九六〇年代中期首次訪查南極洲。在那時，科學家才剛開始嘗試理解二氧化碳排放與氣候暖化之間的關聯。他們知道冰層在過去曾經增長又消退，造成海平面大幅上升，但發現冰河期是由於地球軌道的微小變化而引發的，代表冰層對於溫度的微小變化會更敏感，超越以前的想像。冰芯與測繪地圖的進步也協助科學家了解，冰層不是一整塊的冰，而其實是由冰河組成的，每一條冰河以各自的方式與速率流動。一九六〇年代晚期[10]，默瑟可能屬於最早提出一個問題的那群科學家，這個問題如今依然很重要：消耗化石燃料而造成氣候快速暖化之下，南極洲還能維持在多穩定的狀態？

默瑟對於南極洲西部最感興趣。眾所周知，直到一九五七年的國際地球物理年，才有人踏上南極洲西部的冰河，這項活動是冷戰時期美國、蘇聯及其他國家，為了擴展科學探索的疆界而進行的合作計畫。有一組科學家徒步走過南極洲西部的冰河，包括史威茲冰河；他們鑽探取出冰芯，並且進行其他測量，發現這些冰下方的陸地位於一片逆向坡上，幾百萬年來一直受到冰河重量的壓迫。

「把它想成一個裝滿了冰的巨大湯碗，」有一位極地科學家這麼跟我說。

在湯碗的比喻中，這些冰河的邊緣——冰河離開陸地並開始浮在海水上的地點——就在碗緣的上方，而碗緣位於海平面下至少一千英尺的深度。科學家把冰河離開陸地並開始浮在海水上的分界線，稱為接地線（grounding line）。從碗緣而下，地形是一片向下的斜坡，綿延了數百英里，一路降到把南極洲分成東西部的橫貫南極山脈。這個盆地的最深處，積了大約兩英里厚的冰。這在一九五〇年代被視為南極洲結構的有趣見解，根本不是會帶來重大後果的發現，因為當時還沒有人思考全球暖化的問題。

後來到了一九七四年，西北大學的材料科學家漢斯．韋特曼（Hans Weertman）發現，南極洲西部的冰河更容易快速融化，而從來沒有人了解這種情形。他為此創造了一個術語：海洋冰層不穩定（marine ice-sheet instability）[11]。韋特曼指出，溫暖的海水可以從接地線滲入，使冰從底部融化。如果這種融化持續，而且速率比冰河增長還要快，這就是目前的情形，那麼冰河就會從接地線滑落，然後沿著斜坡往後退，「就像球從坡面往下滾的情形，」俄亥俄州立大學的冰河學家伊安．霍華特（Ian Howat）說明。隨著冰河著陸的地方位於愈來愈深的水裡，接觸到溫暖海水的冰愈來愈多，這又會讓融冰的速率加快。同時，冰河的某些部分想要往上浮，這給了冰額外的應力，導致斷裂。隨著冰河的河面塌陷或碎裂，就會有愈來愈多的冰掉入海中。冰河在斜坡上後退得愈遠，崩塌得愈快。無意間，韋特曼發現了海平面災難性上升的機制。

默瑟了解韋特曼的突破性研究具有重大的意義。默瑟在一九七八年一篇名為〈南極洲西部的冰層與二氧化碳的溫室效應：災難的威脅〉（West Antarctic Ice Sheet and the CO_2 Greenhouse Effect: A Threat of Disaster）的論文中[12]，把焦點放在支撐南極西部冰河的漂浮冰棚。因為這些冰棚比較薄，並且漂浮在海面上，當海水變暖，它們將最先消失。當冰棚消失，不只使得阻止冰河滑入海中的摩擦力變小，也會改變冰河的平衡狀態，促使冰河脫離接地線漂走。這又反過來加速冰河沿著斜坡後退。默瑟主張，這整個系統比任何人理解到的都更不穩定。「我認為，有一場大災難[13]——南極洲西部的冰河消退造成海平面迅速上升五公尺（十六英尺）——可能即將到來，」他寫道，並預測將導致「佛羅里達和荷蘭等低窪地區淹沒。」

默瑟不知道這可能會多快發生，但是他在一九七〇年代中期做過計算，預測如果人類持續消耗化石燃料，這場災難可能在五十年後開始。也就是說，大約是現在。

二〇一九年二月三日

這是個難埃的夜晚。湧浪有十五到二十英尺高，我後來才得知。隨著海浪翻滾而過，我們的船像個大鐘擺來回擺盪。我躺在床上，一記浪打過來，我的雙腳朝上，血液灌到我的腦袋。下一計浪打過來，雙腳變成朝下，感覺我幾乎就像站著。我艙房裡的所有物品早就收好。但是，我聽到走廊有東西在翻滾，遠處傳來堅硬重物的撞擊聲。

今天在飯廳吃早餐時，出現很多張慘白的臉孔。這是我們在德雷克海峽的第三天。從我同船夥伴的臉看起來，沒有人睡得好。不斷有水沖刷在舷窗上，讓人感覺我們好像是在水底。四十四歲的拉爾斯・波赫米（Lars Boehme）是蘇格蘭聖安德魯斯大學（University of St Andrews）的海洋學家與生態學家，和我們一起參加這趟行程。他開玩笑說：「當你看到企鵝從舷窗外飛過，你就知道麻煩大了。」

吃完早餐後，我爬上駕駛臺，船長布蘭登‧貝爾（Brandon Bell）與一位船副正在掌舵。我注意到海洋今天的情緒和昨天不同，有別於昨天的白浪滔天，今天是間隔很長的高聳湧浪出現寬闊的水平線上。每一波湧浪讓船上下俯仰到三十度，海水都淹到主甲板上。在我眺望時，駕駛臺的音響正在播放〈黑糖〉（Brown Sugar）這首歌，同時，湧浪使得船隻像浴缸裡的橡皮小鴨一樣來回搖晃。我讓自己固定在駕駛臺左舷的觀測員座位上。隨著我們搖晃，水平線變得劇烈傾斜，駕駛臺先是朝著大海往下傾。每一次搖晃，我都感覺自己伸出手就可以摸到海水。

雖然船在搖晃，但貝爾船長很冷靜。奇怪的是，他也是德州人。他成長於德州北部一八〇〇年代起就創立的家族牧場上。他現在飼養商業牛與牛仔競技用的公牛。他曾經多次穿越德雷克海峽。「這就是我們的公路路段，我們相當清楚這個海峽，」他說。我問他曾經在德雷克遇到最高的浪有多高，他回答：「六十英尺。」

我跟貝爾開玩笑說，駕駛這艘船通過像這樣的大浪，一定和騎牛仔競技公牛很相似，他笑了。「這只是不一樣的騎乘方式，」他說，接著解釋，海浪更加分散，所以你從一側上去，然後越過浪尖，從另一側下去。

今天，儘管航線已經做了修正，湧浪仍然從正橫方向打在船身，造成劇烈搖晃。駕駛臺的牆上有一個儀器，可以告訴你船的傾斜程度，我看著它轉到超過三十度。船長和我整個人變成斜的，好像我們就站在神奇屋裡一樣。我問他，要到什麼程度才讓他覺得擔心，他說三十五或四十度。「這並不代表船要翻覆了，」他解釋，「但可能造成很多破壞，周遭會有很多電腦飛出來。」

下午的稍早時候，我躲進位於這艘船主甲板層的一間實驗室。船搖晃得愈來愈厲害。有一下晃得比較大，船隻一直傾斜，我們整個人幾乎變成橫著的。我抓著桌子，用盡全身力氣緊抓不放。椅子全都翻倒。和我相隔幾個座位的一位記者同事拚命抓住東西，但她一下子沒抓好，坐在椅子裡翻了出去。沒有固定的東西，在房間裡飛散。走廊對面的另一間實驗室裡，冰箱門猛然打開，裡面的東西噴灑四濺。接著，船又往另一個方搖晃，根本無法保持直立。我第一次在人們的眼中看到真正的恐懼。

我大約晚上八點上去駕駛臺，又是溫肯在掌舵。「很了不得的旅程，嗯？」他微笑著說，「我想最糟的情況已經過去了，我們擠過這些風暴，現在回到航線上了。」我們快要到南緯六十度，接近南極輻合帶（Antarctic Convergence）的邊緣，這裡的海水變得不一樣，溫度下降，我們到達另一個世界。

二〇一九年二月十二日

今天，帕爾默號上進行了熱烈的討論，談到史威茲冰河之下的溫暖繞極深層洋流如何決定文明世界的命運。這股暖流在史威茲冰河底下流動，導致冰河從底部融化，因此暖流到達多裡面或流得多快，將大致決定這條冰河多快崩塌。

麻煩在於，測量南極洲的繞極深層水是極度困難的任務，尤其是在冰下的部分。高科技水下繫泊系統可以幫上忙，但只能涵蓋有限的區域，無法測量到海洋上層一千英尺的範圍。遙控潛水裝置可以收集百萬位元組的精確海洋資料，但是造價昂貴，最適合目標明確的研究計畫。

大自然有更好的方式。事實顯示，海豹是南極洲的絕佳研究助理。特別是威德爾海豹（Weddell Seal）與象鼻海豹（elephant seal），牠們平常就漫游於科學家想要探索的同一片水域，而且全年無休，甚至可以潛到厚冰之下。那麼，為何不發給海豹數位記事本，讓牠們記錄所見所聞呢？而且這幾乎就和動物標籤一樣。海豹標籤使用與衛星電話連線的溫度探測器，能夠記錄海豹游過的地點、潛水的深度，以及所經之處的海洋溫度與鹽度。當海豹浮出水面，標籤把結果傳送到衛星，然後再轉發到中央資料庫，提供科學家即時資料，讓他們用來計算海洋環流的變化，並且更加了解海豹本身的行為。

在帕爾默號上，波赫米負責海豹標記工作，他在德國一座沿海小鎮長大，是個風趣開朗的人，外表看起來好像他總是有比梳頭髮更重要的事情要做。他十八歲時第一次獨自架帆船橫越大西洋（到目前已經完成過兩次），還曾經考慮把製造帆船當工作，後來才把職業生涯投入科學這一行。波赫米在帕爾默號上得到「海豹耳語者」（the seal whisperer）這個綽號，因為他顯然可以和海豹溝通，也很欣賞海豹擁有的智慧與非凡能力。這一週的晚餐上，他為我們說明，海豹如何運用鬍鬚偵測魚類在水裡游動所造成的微小擾動，藉此掌握魚的行蹤，讓我們一群人大為讚歎。

二〇一九年二月十四日

我們搭乘充氣艇離開帕爾默號，在謝弗群島（Schaefer Islands）其中的一個小島上岸，有一隻威德爾海豹正躺在我們登陸點幾碼外的岩石上。謝弗群島距離南極大陸海岸不到一英里，是由風吹岩和風吹冰形成的一群島嶼。我們碰巧來到的島只是一小坨陸地，顯然是威德爾海豹和阿德利企鵝（Adélie penguin）喜歡的地方。威德爾海豹的體型比象鼻海豹小，潛水的深度也沒有象鼻海豹那麼深，但仍是令人印象深刻的大型動物。這一隻威德爾海豹是母的，體長超過五英尺，波赫米估計牠的體重大約六百磅。牠有淡棕色的毛皮，眼睛是閉起來的。牠一動也不動，我懷疑牠是不是死了。「牠只是在陽光下睡個久一點的香甜午覺，」波赫米解釋。同時，我們這些人類都穿了至少五層的高科技冬衣、防水防寒靴、數層手套，我們還是覺得快凍僵。「當你來到南極洲，」波赫米說，「你會覺得自己像個外星人，而所有動物都適應得很好，過得很舒適。」

幾碼外，有一隻公的象鼻海豹注視著我們。牠的體型大概是那隻母威德爾海豹的三倍大，波赫米推測牠將近一噸重。波赫米正要走過去確定這隻海豹是否可以當作標記的對象，這時牠抬起頭，張開粉紅色的嘴，露出犬齒般的長牙，像獅子一樣發出怒吼。波赫米似乎覺得很好笑，說：「牠脾氣很差。」他判斷這隻海豹還沒有蛻皮（也就是外皮剝落，長出新的毛皮），所以牠不適合帶上標籤。

接下來，他把注意力轉到那隻正在岩石上晒太陽的威德爾海豹。他已經檢查過牠的毛皮，確定牠蛻過皮。但是，這隻海豹離海水很近，波赫米擔心只用少量鎮靜劑，可能給牠機會逃到海裡。所以他們不使用吹箭讓海豹昏迷，由於吹箭把藥物注射到肌肉中，藥效很慢才會發作，他們決定使用頭套迅速控制牠，然後用針筒從靜脈注射鎮靜劑。這種方式難度高了一些，但是從波赫米看來，這對海豹更安全。

波赫米和幫忙他的巴斯蒂安．奎斯特（Bastien Queste）拿著兩邊都有繩子的厚實綠色帆布袋接近海豹，奎斯特是東安格里亞大學（University of East Anglia）的海洋學家。這隻海豹在他們靠近時醒過來，睜著像狗兒般的大眼好奇地看著兩人。波赫米與奎斯特嘗試把袋子套到海豹的頭上，但是牠扭動身體躲開。牠的內心八成想著：**這些奇怪的直立生物是誰**？**他們想要對我做什麼**？北極地區的海豹是北極熊的獵物，牠們一有任何動靜就會逃走，而南極洲的海豹就不同了，牠們在自然環境中沒有掠食者，因此根本不會害怕。但牠們還是很聰明。

波赫米和奎斯特跟著海豹移動，但是牠又搖搖擺擺地跳走，出奇地優雅敏捷。他們跟牠纏鬥，東扭西擺了好幾分鐘。然後，一個箭步，成功把海豹套住。一開始，這幅模樣很難不聯想到三K黨徒或劊子手那種令人不安的形象，但海豹顯然沒有受傷。事實上，牠安靜了下來。波赫米輕輕地把海豹的頭放到地上，團隊的其他成員迅速上前。吉．博爾托羅托（Gui Bortolotto）是東安格里亞大學的獸醫及海洋哺乳類生態學家，目前正與波赫米合作，他拿出注射器。波赫米在貫穿海豹背部的靜脈上找到一個點，注入鎮靜劑。這隻海豹立即癱軟。波赫米與他的團隊暫時撤退，給鎮靜劑一點時間生效。

波赫米迅速行動，檢查標籤的功能是否正常。然後，他、博爾托羅托和奎斯特蹲在海豹身旁，測量牠的體長（大約八英尺半），接著將牠翻過來測量牠的體圍（大約六十三英寸）。他們把頭套往前摺，讓海豹的頭露出來，但眼睛仍遮著。波赫米把環氧樹脂塗在標籤底部，再放到海豹頭上，他的動作很輕柔，如同為皇后加冕一般。他把標籤精確調整到想要的位置上，在標籤底部俐落地塗上一圈環氧樹脂，抹去多餘的樹脂。接著，波赫米與其他人悄然無聲地站起來，把仍罩住海豹眼睛的袋子移走，然後往後退。

海豹的呼吸有點不順，波赫米向我保證這是正常的情形。後來，牠慢慢張開雙眼，看看四周，就像從一場夢醒過來。牠不知道自己頭上黏了一個有天線的塑膠盒。這看起來有點荒謬，甚至可說是滑稽。很多人會說，看到一隻美麗的野生動物被胡搞成這副模樣，令人覺得不舒服，即使這隻動物沒有察覺到，也不會覺得痛。但是對我來說，海豹與科學家之間的這種羈絆讓人感動，甚至像是英雄般的行為。接下來的一個小時內，牠將滑入冰冷的南極海水中，展開自己的旅程，潛入深海，浮出水面，傳送資料給波赫米，牠盡一份力幫助科學家了解冰層崩塌的風險。實際上，這隻海豹參與了高溫研究，牠已經成為研究員。

二〇一九年三月二日

上午五點，南緯七四度五七．四分，西經一〇六度一二．八分，在南極大陸的荒涼海岸，末日冰河在霧中朦朧可見，然後自行對我們揭開面紗。

二十七歲的彼得．席恩（Peter Sheehan）是機智又認真的東安格里亞大學研究人員，也是船上最早看到這條巨大冰河的科學家之一。因為他整晚每個小時都要到破冰船的駕駛臺進行海冰評估，他從實驗室爬了五道樓梯，才剛來到破冰船的駕駛臺。看見冰河就在那裡：船的右舷出現一大片冰牆，隱隱約約籠罩在曙光之中。「那是一幅神祕奇異的景象——藍色的水、藍色的天空、藍色的冰。充滿了各種色調的藍。」

席恩從沒來過南極洲，他衝下去拿照相機，然後穿上外套，走出去到船艏獨自站著，成為首度正面直視這條巨大冰河的人類之一，而這條冰河的命運，與文明的未來緊密交織。

「通常我有個科學腦，老是在思考我們要如何收集資料，但那一刻，完全是人類的反應，」席恩說，「我只是被冰河的力量與美麗給震撼到。」

到了上午七點，帕爾默號上的整個科學與支援團隊幾乎都擠在駕駛臺裡，大概有二十五個人。所有人都拿出照相機與iPhone，在我們沿著史威茲冰棚百英尺高的崎嶇斷面巡航時喀嚓喀嚓拍照。天氣出人意料地溫暖宜人，風平浪靜。帕爾默號能夠靠近冰崩壁幾百英尺內的距離，不管是任何冰河都很罕見，更不用說像史威茲如此巨大的冰河，會有冰雪崩落的危險。冰塊裂縫裡發出藍色光芒。帝王企鵝從附近的浮冰跳進水裡，游在船的旁邊，矯捷又優雅，令人讚歎，牠們還在水面躍上躍下，似乎像見到久違的老友般歡迎這艘大船。

冰河令人敬畏的景象流露出靜謐之美，但也帶著詭異的氛圍，彷彿這巨大的冰牆是另一個時空維度的邊界。我和瑞典海洋學家安娜．沃林（Anna Wåhlin）一起站在駕駛臺，她之前曾經來過南極洲七次，自認看過各式各樣的冰。但是，顯然這次與史威茲的相遇，讓她非常感動。她雙眼注視著藍色冰牆，說：「從以前到現在，我們是第一批可以到達這裡目睹這種景象的人。」

首席科學家拉特走過來加入我們。他說：「情況比我預期得還亂。」接著解釋，南極洲的大部分冰棚都很平坦整齊，就像婚禮上切好的一片片蛋糕。相反的，史威茲冰棚有一點雜亂，出現較大冰隙與斜肩。對於拉特來說，冰棚的斜肩代表冰層底部正在大量融化，也就是說或許有大量溫暖的繞極深層水正在下方流動。

我們沿著冰河斷面巡航好幾個小時，完全給冰牆迷住了。「這就像盯著火堆看，」波赫米說，「你可以一直盯著冰看，直到永遠。」我們的船駛過時，船體的聲納系統發出英里胝寬的高頻聲波，再經由船上的電腦轉成彩色的即時地圖，顯示三千英尺深的洋底的海槽與波狀地形。

到了傍晚，開始起風，船隻駛離冰河斷面，繼續繪製這個區域更大範圍的海床地圖。有人回到艙房倒頭入睡，有人在實驗室閒晃、吃雪糕。

我自己則想到奧斯丁的生活。音樂與酒吧，公路和交通，市中心的新建築以及湖上的船舶——全是文明的喧囂，全是生活，無一不散發熱。我想像這座城市裡的分子振動得更快，這些分子再撞到其他分子，舞動的分子一路振動下去，最終傳到南極洲，一個如此遙遠的地方，而我是首次航行在這處水域的人類之一。我不知道這是怎麼一回事，但我知道大概就是這樣。我們在現代生活中產生的熱無法遏止。這些熱不會局限在某處，就像奔馳穿過城市的四輪驅動車所噴出來的濃煙一樣。在奧斯丁，或者曼谷、里約熱內盧、雪梨，每個地方的生活製造出來的熱，最終都成為全世界的熱，而且會觸及每一樣事物。

更晚的時候，我發現席恩坐在船上實驗室的桌子前，他回來繼續處理海洋化學資料。我請他展示早上在船艏拍的照片。他把照片放到Mac電腦上，然後一一瀏覽。每一張照片中，冰牆在一片藍色中隱約可見，美得驚人。我問席恩，他看著這些照片，現在有什麼想法。「對我來說，很難想像如此巨大、存在這麼久、如此遼闊的某樣東西，會像這冰河一樣脆弱，」席恩說，「我們以為大小與宏偉等同於永恆——就像你看著一座山，你會想，它將永遠矗立在那裡。但是，看著史威茲冰河，促使你意識到事情並非總是如此。這條冰河雖然巨大，卻不永恆。如果我們明年回來，它看起來會完全不同。」席恩停了下來，再看一眼冰河的照片。而就在他頭頂上方的舷窗外，真實的冰河正在暮色之中若隱若現。「看見這條冰河，讓你明白，你認為永遠存在的事情可能不是如此。這是一件值得你深思的事情。」

Chapter 10

蚊子是我的媒介

The Mosquito Is My Vector

二〇二〇年的夏天，珍妮佛．瓊斯（Jennifer Jones）大多待在家裡，許多人在Covid-19大流行的第一年都是這樣。四十五歲的瓊斯住在塔弗尼爾區（Tavernier），那裡是佛羅里達礁島群（Florida Keys）的一個社區，就位於拉哥礁區（Key Largo）的南邊，她花了很多時間在院子裡種花栽草。就在某一刻，有一隻蚊子停在她身上。這種情況在佛羅里達州並不稀奇，瓊斯沒有特別記得那次被蚊子叮的事情。但那不是普通的後院蚊子，而是埃及斑蚊（*Aedes aegypti*），堪稱是一種精心設計的殺人機器，人類歷史上最致命的動物之一。根據一項統計，自古至今的人類有一半[1]死於蚊子媒介的病原。埃及斑蚊能夠攜帶從黃熱病到茲卡病毒感染症等一大堆危險的疾病，在十七世紀搭乘販奴船[2]首度抵達北美洲。

這隻蚊子能夠從三十英尺以外，感覺到瓊斯身體散發出來的熱，聞到她呼吸中的二氧化碳。牠停在她露在外面的部位，很可能是手臂或小腿的皮膚上。這隻蚊子是母的——只有母蚊會吸血，牠們需要血液才能產卵。牠的動作很敏捷，因為知道自己停留得愈久，活下來的可能性愈小，這件事已經寫入這隻昆蟲腦袋的遺傳密碼中。首先，牠的口器先在皮膚上四處戳探，尋找可以插到血管的理想地方。然後，蚊子把口器刺入瓊斯的皮膚裡，其實這種口器是一個外鞘包著六根針。牠利用其中很像鋸齒狀切肉刀的兩根針，在瓊斯的皮膚鋸出一個洞，再用另外的兩根針把洞撐開。接著把類似小型皮下注射器的那根針插入血管吸血。這時好戲上場：蚊子在吸取血液時，也會把自己的唾液從另一根針注入瓊斯的血管裡。唾液裡含有抗凝血劑，避免血液在穿刺處凝固；唾液裡也含有讓皮膚麻醉的成分，所以瓊斯不會察覺到自己被叮。在這個例子，蚊子的唾液還含有導致一種熱帶疾病的病毒，這種病稱為登革熱（dengue fever）。等蚊子吸飽血，肚子變得圓鼓鼓的，牠就飛走了。

「登革」一詞很可能來自史瓦里西語的 Ka-dinga pepo[3]，意思是「由惡靈引起的痙攣性癲癇」。登革熱又稱為斷骨熱（breakbone fever），因為當你得到登革熱，會感覺到像骨頭斷掉一樣的疼痛。這種疾病已經出現好幾個世紀了，在亞洲與加勒比海最常見。根據世界衛生組織（ＷＨＯ）的資料，一九七〇年以前，只有九個國家[4]發生過嚴重的登革熱疫情。那一年之後，數字增加了十倍，登革熱在一百個國家[5]流行，也就是說，病毒已長存於當地的蚊子族群中。ＷＨＯ估計，每一年有三億九千萬人[6]感染登革病毒。隨著世界暖化，這顆行星上有更多地方變得適合埃及斑蚊居住，代表這種蚊子的適居區將會往北方與更高緯度擴張。到了二〇八〇年，五十億人[7]（全世界百分之六十的人口）可能面臨得到登革熱的風險。「事實是，氣候變遷將會使很多人生病或死亡，」柯林．卡爾森（Colin Carlson）說，他是喬治城大學全球衛生科學與安全中心（Center for Global Health Science and Security）的生物學家，「蚊媒疾病將會大爆發。」

病毒花了大約一週的時間發揮作用。病毒一到達瓊斯的血流中，就進入白血球，並開始複製。她在給植物澆水時覺得頭昏，然後開始發燒。「我知道情形不太對勁，」她告訴我。她的皮膚起疹子，眼球後方疼痛，關節出現斷骨痛，「我覺得自己好像被卡車撞倒的九十九歲老太太，」她說。在少數例子中，登革熱會惡化成腦水腫及出血等重症，可能導致死亡（每年大約有一萬人死於登革熱[8]）。瓊斯很幸運。四、五天後，疼痛與發燒消退，她幾乎快要痊癒，但這時她的兒子把媽媽叫到房裡，指給她看自己皮膚上出了斑點。她一看到這些斑點，就知道這是登革熱。

結果，佛羅里達礁島群不只受到新冠疫情打擊，還陷入登革熱爆發期。

熱使得自然世界重新排列，並將疾病演算法重新改寫。熱為微生物創造新機會，開啟新奇的生物景觀供它們探險，熱把病原菌變成縮小版的麥哲倫，讓它們拓展已知世界的邊界。熱浪，以及洪水與乾旱等高溫氣候事件，使得我們已知的人類傳染病，包括瘧疾、漢他病毒、霍亂、炭疽病，半數以上都變本加厲[9]。

「我們已經進入疫情全球大流行的時代，」[10]國家過敏與傳染病研究所的安東尼．佛奇（Anthony Fauci）醫生在一篇與研究所同事大衛．莫倫斯（David Morens）共同發表的論文中寫道。這篇論文提到人類免疫缺乏病毒（HIV）與後天免疫缺乏症候群（俗稱愛滋病），目前造成至少三千七百萬人死亡，以及過去十年「前所未有的全球大流行病爆發。」這是一份致命的清單，從二〇〇九年的H1N1豬流感開始、二〇一四年的屈公病（chikungunya），以及二〇一五年的茲卡病毒感染症。伊波拉出血熱（Ebola fever）已經在非洲廣大地區延燒六年。此外，還有可以感染人類的七種冠狀病毒。二〇〇二至二〇〇三年，嚴重急性呼吸道症候群冠狀病毒（SARS-CoV）從一種動物寄主，很可能是某隻果子狸外溢，幾乎造成全球大流行，然後消失。二〇一二年，中東呼吸症候群冠狀病毒（Middle East respiratory syndrome coronavirus）從駱駝傳到人類身上，但由於無法在人與人之間有效傳播，很快就銷聲匿跡。現在，我們遇到嚴重急性呼吸症候群冠狀病毒第二型（SARS-CoV-2），也就是造成Covid-19的病毒。

我寫到這裡時，Covid-19的起源仍不明確。最簡單的解釋是，病毒出現在中國南方附近的野外，偶然發現自己可以棲身於蹄鼻蝠（horseshoe bat）體內，後來再跳躍到人類身上。截至我下筆的時候，這種病毒已經在全球感染了超過七億七千五百萬人[11]，導致七百多萬人[12]死亡。這種渺小微生物造成的人類苦痛難以計量：失去所愛的人、失去工作、家庭破碎，以及揮之不去的後遺症，來自一種終會退卻但永不消失的病毒。

然而，我們很幸運。「情況可能會更糟，」加耳維斯敦國家實驗室（Galveston National Laboratory）的科學主任史考特．魏佛（Scott Weaver）告訴我，實驗室位於德州，是美國頂尖的病毒研究中心之一。與外頭其他的病原相比，SARS-CoV-2算是相當溫馴。雖然SARS-CoV-2是一種容易傳播的病毒，比流感病毒致命得多，而且會造成神祕的長期影響。但是，它不像立百病毒（Nipah virus）那樣會殺死四分之三的感染者，也不像伊波拉病毒那樣讓人的眼睛與直腸出血。「想像有一種致死率達百分之七十五的疾病，而且傳染力也一樣高，」史丹福大學的流行病學家史蒂芬．盧比（Stephen Luby）說，「這將威脅到人類文明的存續。」

Covid-19大流行經常被拿來與一九一八年的流感相提並論，那場流感疫情在全球至少害死五千萬人[13]。但是，把它視為即將發生的事情的預告，或許會更準確。

北極區永凍土的解凍，正在讓數萬年未曾見過天日的病原釋放出來。霍亂是一種腹瀉疾病，曾經在十九世紀肆虐倫敦與紐約等大城市，如今每年仍會奪走數萬人的性命，而霍亂弧菌（*Vibrio cholerae*）喜歡生長在溫暖的水中。創傷弧菌（*Vibrio vulnifcus*）[14]是另一種甚至更致命的弧菌，雖然較少見，但愈來愈常在東岸的海灣與河口檢測到，尤其是乞沙比克灣（Chesapeake Bay），以及二〇二二年伊恩颶風侵襲後[15]的佛羅里達。如果你不巧在沒有完全煮熟或根本就是生的海鮮吃到創傷弧菌，可能出現腹痛（少數病例導致死亡）。然而，如果細菌進入傷口，將會引發壞死性筋膜炎，造成五分之一的感染者死亡。

但是，對人類的健康與福祉造成最大影響的，可能是來自動物的新興病原。由於集約農業、棲地破壞、溫度上升，我們逼迫生物遵循氣候危機的基本規則：適應，或是滅亡。對於許多動物而言，這代表遷移到更適合居住的環境。有一項研究追蹤四千個物種[16]在過去數十年的遷移情形，發現多達百分之七十的物種發生過搬遷，幾乎都是移往更涼爽的陸地或水域。在阿拉斯加，獵人在野鳥的皮膚中發現來自一千英里外加拿大東南部的寄生蟲。「一場瘋狂的播遷[17]已經開始，」索妮雅．夏（Sonia Shah）在《下一場大遷徙》（*The Next Great Migration*）中寫道，「正發生在每一塊大陸與每一片海洋。」

在這種瘋狂的播遷中，正在遷徙的動物很可能遇到以前從未交會過的動物或人類。喬治城大學的生物學家卡爾森把這種事件稱為「美麗的邂逅」——也就是病毒跨越物種且通常由此產生新疾病的偶遇。最近幾十年來突現的新興傳染病，絕大多數來自於人畜共通病原體（zoonotic pathogen），正如這個名稱所顯示的，最有能力攜帶這些新病毒的是蝙蝠、蚊子與壁蝨（蜱）等動物。當病毒跳到人類身上，我們就會遭遇像 Covid-19 這樣的大流行病。那麼，下一場大流行病會是什麼？「這真的就像擲骰子，」蒙大拿州立大學的流行病學家蕾娜．普洛賴特（Raina Plowright）說，她專門研究新興疾病。根據一項估計，有四萬種病毒潛伏於哺乳動物體內，其中四分之一可能感染人類。二〇一九年，卡爾森與一位同事建立一項大型模擬[18]，描繪出三千一百種哺乳動物在過去、現在與未來的分布範圍，並預測如果這些範圍一旦重疊，病毒溢出的可能性有多大。即使在樂觀的氣候情境下，卡爾森估計，接下來數十年將發生大約三十萬次的物種首度相遇，而那些物種原本不會交流，大概會導致一萬五千次的病毒進入新寄主的外溢事件。加耳維斯敦國家實驗室的病毒學家維尼特・敏訥徹里（Vineet Menachery）說，這種前景「令人心驚」[19]。

一九九四年，在澳洲布里斯班郊區的亨德拉（Hendra）小鎮[20]，鎮上的一座馬廄有幾匹賽馬開始生病。這些馬兒失去方向感，臉部腫脹，鼻孔流出帶血的泡沫。其中一匹還用頭去撞混凝土牆，數個小時之後倒地死亡。大約同時，在馬廄工作的維克・瑞爾（Vic Rail）生病了，但他覺得是流感。他後來進了加護病房，肺部充滿液體，不久後過世。布里斯班以北的六百英里外，有一位在馬場生活和工作的人得到神祕疾病，出現癲癇發作、抽搐與腦部腫脹，住院後二十五天死亡。這波疾病爆發結束之前，總共有七十匹馬染病，七個人死亡，這些人與死亡或生病的馬匹曾有近距離的接觸。

科學家花了幾個月的時間調查，才弄清楚情形：很可能是澳洲人稱為狐蝠（flying fox）的巨大果蝠（fruit bat）聚集在牧馬草地的果樹上所造成的。這類大型蝙蝠出現在澳洲那個區域已經兩千萬年了，是很常見的動物。但是，狐蝠棲息的雨林因為道路、伐木、農田變得支離破碎，而且氣候變遷使牠們愈來愈難找到食物來源，於是只好遷移到人類的文明世界。狐蝠定居在牧草地的樹上，草地沾了牠們的尿液，尿中含有一種從來沒人知道的病毒——後來稱為亨德拉病毒（Hendra virus）。病毒跳躍到吃草的馬兒身上，然後再跳躍照顧馬兒的人類身上。幸運的是，亨德拉病毒的傳染力不強，很快就受到控制。

這個故事很重要，理由有兩個。首先，這是典型的「溢出事件」（spillover event），讓人聯想到Covid-19的突現，這種疾病可能源自於中國南方、越南北方或寮國某處的蹄鼻蝠。沒有人確定SARS-CoV-2從蝙蝠跳躍到人類究竟發生在何處。這種病毒最早在二〇一九年於中國武漢現身，但不一定代表最早在那裡感染人類。有一種假說認為，某個人去洞穴探險並接觸到受病毒感染的蝙蝠糞便時，病毒跳到人類身上。那個人，或者被他或她傳染到的某個人到武漢旅行，病毒在那裡大肆散播，引起注意。另一種更有可能的假說是，病毒先跳躍到一種中間寄主，好比說紅狐或狸（貉），然後寄主在武漢的野生動物市場[21]上販賣，病毒在市場跳躍到人類上。（大多數科學家排除病毒可能從中國實驗室逃脫的理論。）「我們可能永遠不知道，這種病毒最初到底在何處與如何從蝙蝠跳到人類身上，」普洛賴特說。畢竟，我們經過三十年的調查研究[22]，才確認ＨＩＶ可能在一九〇八年出現於喀麥隆，因為那時人類與黑猩猩發生血腥的互動。

亨德拉病毒很重要的第二個理由是，它提醒科學家注意到蝙蝠在掩護傳染病方面有多麼厲害。曾經從蝙蝠跳到人類的病毒，可以列成嚇人的一長串清單：亨德拉病毒、馬堡病毒（Marburg virus）、伊波拉病毒、狂犬病毒（可以經由狗、浣熊及許多哺乳動物傳染，但在美國，蝙蝠是主要的儲存寄主）。為什麼蝙蝠如此擅長窩藏致命病毒？一方面，蝙蝠的免疫系統可以抵抗感染，因此能做為多種病毒的寄主，本身卻不會生病。牠們的壽命夠長（長達四十年），有很多時間可以散布疾病。蝙蝠的行動能力很好，有些種類每晚可以移動大約三十英里覓食。更重要的是，當氣候暖化，牠們可以遷移。「氣候變遷正以深遠的方式影響蝙蝠，」普洛賴特說，「許多物種以昆蟲為食，所以氣候變遷對於牠們的食物來源，以及生理壓力、棲息的地方、和人類互動的方式都有重大的衝擊。」

如果亨德拉病毒提醒流行病學家注意果蝠與病毒的關聯，這種關聯在一九九八年變得更加怪異，當時立百病毒在馬來西亞出現，那是亨德拉病毒的近親。大約同時，亞洲與澳洲發現另外兩種源自蝙蝠的病毒，顯示病毒正在進行一次重大的跳躍。「有四種病毒從同一類寄主動物突現，這是前所未見的情形，」普洛賴特告訴我。問題是，為什麼？

立百病毒特別恐怖。立百病毒是可怕的病原，會導致發燒、腦腫脹及抽搐，致死率高達百分之七十五。倖存下來的人，三分之一有神經受損的情形。一九九九年，在馬來西亞和新加坡，從豬農與近距離接觸過豬隻的人身上首度分離[23]並鑑定出這種病毒。原來是果蝠倒掛在豬舍附近的樹上，讓沾了唾液的水果屑掉落，豬再去吃這些水果。立百病毒在豬身上造成的病情相對較輕微，但將近三百起[24]通報的人類病例中，有一百多人死亡。為了阻止疫情，一百多萬頭豬遭到撲殺。然後到了二〇〇一年，第二波疫情出現在孟加拉。這一次，民眾因為喝下受到蝙蝠汙染的海椰棗汁而染上病毒。二〇〇一至二〇一四年，孟加拉確認了二百四十八起的立百病毒案例[25]，其中八十二起是人傳人造成的，一百九十三起最後死亡——致死率百分之七十八。「避免立百病毒感染症廣泛流行的唯一重點是，這種疾病不會無症狀感染，」普洛賴特說，「人們感染了立百病毒後，只有在他們感覺到自己生病時才有傳染力，這使得病毒比較容易控制。」

但是，病毒會突變，產生新型的病毒株。立百病毒屬於副黏液病毒科，這一科包含麻疹病毒和流行性腮腺炎病毒，這兩種病毒在人群裡的傳播力都非常好。立百病毒只要發生微小的變化，就可能提升人傳人的能力，成為高死亡率的大流行病。「如果立百病毒的傳染力增加，」史丹福大學的盧比說，「就真的是黑死病等級的大事。」

對於普洛賴特來說，氣候危機與疾病之間的關聯顯而易見。「蝙蝠需要到處採集食物，而這些食物受到氣候的調節，」她解釋，「森林什麼時候開花？受到哪些因素的刺激？這都還不是很清楚，但需要綜合許多因素，像是溫度、季節、雨量。氣候就是關鍵因素。情勢變化得很快。你可以想像，有大一片野外遍布著食物豐饒的地點，一群群蝙蝠正從一區飛往另一區；原來的那一區有花朵和花蜜，然後花和蜜沒了，蝙蝠就移往下一區。而人類開始占領那些區塊並開發，使得蝙蝠找不到食物，最後牠們只好出現在人類的院子、馬廄，或者有豐富食物的地方。」

這些蝙蝠與其他動物及人類接觸得愈頻繁，身上攜帶的病毒愈有機會溢出。「SARS-COV-2是一場把人類利益放在優先而導致的災難，」普洛賴特說，「但是，你能想像，如果這種病毒在經過一段無症狀感染期間之後，還可以殺死一半的感染者，情況會怎樣？這就是我們正面臨的風險。氣候變化得愈快，風險就愈大。」

在休士頓老舊區域一間設備簡陋的小實驗室裡，馬克斯．偉格蘭（Max Vigilant）正在對一堆多達數百隻的死蚊子進行分類，想揪出有翅膀的恐怖份子——埃及斑蚊。五十八歲的的偉格蘭是哈里斯郡衛生局（Harris County Department of Public Health）蚊子與病媒防治科的主管，基本上，在一場公認為美國最成功的蚊子防治行動中，他是頭號蚊子獵人。他的專業技能得來不易。偉格蘭出生於加勒比海的多米尼克島（Dominica），十六歲時得到登革熱，靠著家傳的檸檬汁療法，讓他出汗而痊癒。這段經歷改變他的生命，從此他一直在蚊子與人類健康交匯的領域工作。

這堆已經死掉的蚊子，幾個小時前還在休士頓的街區嗡嗡飛。偉格蘭把蚊子從捕蚊網弄出來，丟到實驗室冰箱冰三分鐘（「不用太久的時間！」他開玩笑說），現在他正在把自己的獵物分類。這些蚊子很快就會被磨碎，進行一系列測試，確定牠們含有哪些病原（如果有的話）。哈里斯郡有數百萬隻蚊子。每個星期，都有幾千隻蚊子會被磨碎，看看是否有可怕的東西冒出來。這算不上是嚴謹的篩檢，但已經超出多數城市會做的事。

偉格蘭的蚊子堆中，大部分是家蚊屬（*Culex*）的蚊子，就是後院的一般蚊子，在南方各地相當常見。但是，偉格蘭想找別的東西。他把整堆蚊子撥開，然後挑出一隻，移到放大鏡之下。乍看之下，牠和其他蚊子差不多。他指著毛毛的觸角，那是你可以區分公蚊和母蚊的特徵（這隻是母的）。「看到牠胸部的白線了嗎？」他對我說，抓著蚊子移到固定於桌緣的放大鏡下，「牠看起來像穿著白領燕尾服。」

他把蚊子當成獎盃一樣舉起來，轉來轉去，讓我可以從每個角度觀察。「這是埃及斑蚊，」他說，「看起來還滿漂亮的，不是嗎？」

全世界約莫有三千種蚊子[26]。從公共衛生的角度來看，當然只有一小部分值得關注：攜帶西尼羅病毒（West Nile virus）的混雜家蚊（*Culex pipiens*），以及最近才從亞洲傳入美國的白線斑蚊（*Aedes albopictus*，就是 *Stegomyia albopicta*），也稱為亞洲虎蚊，這種蚊子可以攜帶登革病毒與茲卡病毒，但不像埃及斑蚊那樣以吸人血為主。

埃及斑蚊是能力相當高強的媒介，可以傳播登革熱、茲卡病毒感染症、黃熱病與屈公病，可說是地球上最危險的動物之一。這種蚊子也是最親近人類的動物之一（如同佛奇所說，埃及斑蚊「特別嗜人血」[27]）。牠是蚊子界的拉布拉多獵犬，最喜歡住在我們的家裡或附近，在乾淨的小水窪裡產卵，像是瓶蓋或花盆水盤的積水。因為埃及斑蚊在溫度較高的環境下更能蓬勃發展，勝過其他蚊子，所以非常適應正在暖化的地球的生活。

溫度上升對於蚊子的衝擊很容易模擬，部分原因是蚊子對於溫度變化很敏感，基本上會遷移到牠們的快樂區。而且這個快樂區正在擴大。因為氣候、土地利用與人口的變化，透過埃及斑蚊傳播的疾病，在過去五十年已經增加了三倍。例如，墨西哥市一向比埃及斑蚊定居所需的溫度涼爽了幾度。因為如此，這座城市很幸運地一直沒有黃熱病、登革熱與茲卡病毒感染症，這些疾病已經肆虐墨西哥地勢較低的地方。但是現在，隨著溫度上升，埃及斑蚊正在移入墨西哥市。對於該市的二千一百萬位居民來說，這種發展令人擔憂。無論埃及斑蚊出現在何處，登革熱、茲卡病毒感染症和其他疾病肯定會隨之而來。你可以在尼泊爾等地看到這種情形，這些地區直到近年才出現蚊媒疾病。二〇一五年，尼泊爾[28]有一百三十五起登革熱。二〇二二年的前九個月，累積有二萬八千一百零九起病例。

在其他地方，蚊媒疾病的變化更加錯綜複雜。瘧疾在二〇二二年殺死六十多萬人[29]，大多是撒哈拉沙漠以南非洲地區的孩童。最致命的一型瘧疾，是由惡性瘧原蟲（*Plasmodium falciparum*）引起的，而這種寄生蟲的媒介是甘比亞瘧蚊（*Anopheles gambiae*），一種體型比埃及斑蚊更小的蚊子，看起來沒那麼優雅，對高溫更敏感。隨著地球暖化，對甘比亞瘧蚊來說，西非很可能變得太熱，因此牠們會移往東非與南部非洲海拔更高或更涼爽[30]的地區。佛羅里達大學的醫學地理學家莎蒂·萊恩（Sadie Ryan）最近一項研究發現，在高碳排放的情境（將導致更嚴重的全球暖化）下，到二〇八〇年，東非和南部非洲面臨瘧疾傳播風險的人會增加七千六百萬人[31]。同時，喜歡高溫的埃及斑蚊將會遷到甘比亞瘧蚊留下來的西非，使數百萬非洲人深陷登革熱、茲卡病毒感染症和其他疾病的風險。

埃及斑蚊已經在休士頓立足，但還沒那麼常見，南方大部分區域都是如此。這座城市在二〇〇三年首度爆發登革熱，二〇一六年突然出現茲卡疫情。偉格蘭和哈里斯郡蚊子防治單位的其他人一直密切注意埃及斑蚊，知道這種蚊子是厄運的前兆。他們實際用來反擊埃及斑蚊的手段是噴灑殺蟲劑，每當有爆發的跡象時，他們就從皮卡車後面噴殺蟲劑。但是，埃及斑蚊和其他蚊子逐漸對許多商用殺蟲劑產生抵抗力。「我們快要輸掉這場戰爭，」加耳維斯敦國家實驗室的科學主任魏佛說道。科技方面的進展給未來帶來一些希望，像是對蚊子進行基因工程改造，讓牠們產生不孕的雌性後代。二〇二一年，一家名為牛津昆蟲技術（Oxitec）的公司進行了這類科技的第一次田間試驗，在佛羅里達礁島群釋放五百萬隻基因改造[32]埃及斑蚊。然而，想讓攜帶病原的野生蚊子族群規模變小，這種策略的效果如何，尚且是理論上的臆測。誰是未來最可怕且最陰險的疾病媒介，目前埃及斑蚊仍穩居冠軍寶座。如同佛奇寫到的，「能夠有效感染埃及斑蚊的任何病毒，都有潛力接觸到數十億人類[33]。」

加耳維斯敦國家實驗室是病原體的堡壘，雖然你絕對無法從它的外觀看出來。國家實驗室和其他建築物一起座落在德州大學醫學分部（University of Texas Medical Branch）的校區。除了外圍有一些混凝土短柱，屋頂有一根根怪異的排氣系統，這裡很可能就像是你在大學上普通化學課的大樓。美國大約有十幾間生物安全第四等級（BSL-4）實驗室，有一間就位在這棟建築物裡，科學家在此研究全世界最致命的病毒：伊波拉病毒、立百病毒、馬堡病毒等。

這間 BSL-4 實驗室是丹尼斯．班特（Dennis Bente）的工作室。班特有著寬厚的肩膀，留著深色大鬍子，帶著些微德國口音，他成長於德國西北部的一座小鎮，在漢諾威（Hannover）讀獸醫學，後來對蟲媒傳染病產生興趣。他研究蚊子好一陣子，然後覺得蜱更有吸引力。

BSL-4實驗室基本上就是被一間更大的實驗室包起來的大混凝土盒子。進入BSL-4實驗室，就像要去深太空旅行一般。班特首先通過一段緩衝走道，拿了一套乾淨的手術服。然後，他進入更衣室，脫下便服，換上手術服。接下來是著裝間，他在那裡套上他所說的太空衣，包含連接手套與透明塑膠面罩。為了幫太空衣加壓，並且讓自己有空氣可以呼吸，班特接上空氣軟管然後充氣，太空衣膨脹成米其林寶寶的樣子。如果一切都準備好，他會踏入氣鎖室，這是最重要的屏障，把致命病原體與外面世界阻隔開來。他打開一道如同潛水艇會用的氣密門，關上，往前走幾英尺，然後關上另一道厚重的氣密門。他終於進入熱區。

他在裡面研究一群原生於地中海盆地的橘色蜱蟲。這些是璃眼蜱屬（*Hyalomma*）的動物，腳上有黃色條紋，腳比較長，不像你在紐約上州看到的那種短腳的肩板硬蜱（deer tick）。牠們看起來很像蜘蛛，這不令人意外，因為蜱是蛛形綱動物，與蜘蛛及蠍子同一綱，不屬於昆蟲綱。璃眼蜱具有長腳，是蜱蟲界的疾速惡魔。（在YouTube上，你可以找到璃眼蜱追著人類跑[34]的影片，就像獅子追捕羚羊一樣。）不像其他許多種類的蜱蟲，璃眼蜱會主動獵取食物。牠們是少數幾種具有眼睛的蜱之一（*Hyalomma*這個名稱來自於希臘文的「玻璃」與「眼睛」）。有別於其他蜱蟲利用身上的二氧化碳感測器來偵測血液大餐的位置，璃眼蜱會感應地面的振動並觀察陰影，追逐經過的人類（或者牲畜，這些也是璃眼蜱喜愛的食物）。

但是，班特並非因為璃眼蜱的運動能力或敏銳視力才研究牠們的。他研究的理由是，對人類而言，這些璃眼蜱是克里米亞剛果出血熱（Crimean Congo Hemorrhagic Fever，簡稱CCHF）最厲害的攜帶者與傳播者。思考CCHF的一種方式是，它基本上就是稍微沒那麼可怕的伊波拉。得到CCHF，通常一開始會引發高燒、關節炎、嘔吐。你的臉與喉嚨開始出現紅斑。到了第四天，你會有嚴重瘀斑、流鼻血，在許多病例中，其他孔竅會無法控制地出血。這些情形持續兩週左右。目前沒有治療方法，沒有疫苗，也沒有解藥。CCHF病人的死亡率[35]大約在百分之十到四十之間。

就班特所知，美洲的璃眼蜱只出現在加耳維斯敦國家實驗室。在野外，牠們可見於北非、亞洲，以及歐洲部分地區（土耳其每年大約有七百起CCHF病例[36]）。璃眼蜱在氣候溫暖乾燥的地方生活得很好，正在擴大領域範圍。最近幾年，CCHF在西班牙和印度北方造成民眾死亡。

班特在實驗室養了一群璃眼蜱，用刻意感染了CCHF病毒的小鼠和兔子讓牠們吸血。（「這種病毒對這些動物不會造成影響，」班特指出，「它只會危害人類。」）他正在研究璃眼蜱與CCHF的基本問題，對於想要漫步於大自然，而不想擔心自己會感染到讓眼睛出血的病毒的人來說，這些問題應該會讓他們覺得不安：璃眼蜱能在美國定居下來嗎？（非常不可能。）非洲其他種類的蜱，有可能攜帶CCHF病毒嗎？（有可能，但是到目前為止都只是「零星發生的餘興節目，」班特說。）CCHF可能透過空氣傳播嗎？（「CCHF病毒非常古老，」班特說，「現在為什麼要突變？」）但是，班特仍然覺得擔心。

從病媒的角度來看，蜱和蚊子有很大的不同。蜱的壽命長達兩年，蚊子只有幾週。但是，蜱對於溫度的變化很敏感，不能在寒冷或乾燥氣候中存活太久，這一點和蚊子一樣。隨著世界暖化，蜱跟著熱一起擴張領土。有些種類的蜱正在往北遷移，每一年可以移動三十英里之遠——就像是小到幾乎不可見的吸血鬼正在進行征服新疆域的大遊行。牠們很難用殺蟲劑對付，而且具有很多非凡的生存技能，例如蜱會先把口水吐到葉子堆裡，之後口渴時再去喝這些水，這樣牠們能在缺水時撐過一段很長的時期。熱也會使蜱的胃口改變。當溫度上升，血紅扇頭蜱（brown dog tick）選擇叮咬人類的可能性是選擇狗的兩倍；血紅扇頭蜱可以傳播洛磯山斑疹熱（Rocky mountain spotted fever），這種疾病的致死率是百分之四。在美國，蜱能夠攜帶二十多種病原[37]，而且還陸續發現更多種類。「我們愈仔細觀察蜱類，持續發現的病毒愈多，」梅約醫學中心（Mayo Clinic）的微生物學家芭比・普里特（Bobbi Pritt）告訴我，該機構位於明尼蘇達州的洛契斯特（Rochester）。

萊姆病（Lyme Disease）是蜱蟲在暖化世界中構成威脅的象徵。這種疾病由攜帶伯氏疏螺旋體（*Borrelia burgdorferi*）的肩板硬蜱造成。萊姆病出現於一九七〇年代中期的康乃狄克州，如今是重大的健康威脅，而且程度日益嚴重。根據疾病管制與預防中心（CDC）的資料，自一九九〇年代晚期以來，美國的通報病例已經增加為三倍。萊姆病幾乎成為「美國日常生活前所未有的威脅[38]，」班奈特・南瑟（Bennett Nemser）曾經說過，他是史蒂芬與亞歷珊卓科恩基金會（Steven & Alexandra Cohen Foundation）主持科恩萊姆與蜱媒疾病計畫（Cohen Lyme & Tickborne Disease Initiative）的流行病學家，「實際上，無論男女老少、政治傾向、富裕程度，每個人都可能接觸到草皮，然後感染到蜱蟲。」

這不只是因為熱擴大了傳播萊姆病的蜱的範圍，還因為東北地區的地景愈來愈支離破碎。隨著森林被剷平，開發成郊區的住宅區，狐狸與貓頭鷹的族群縮減，導致白足鼠（white-footed mouse）的族群爆發，而白足鼠是伯氏疏螺旋體的儲存寄主。蜱的幼蟲會叮咬受感染的白足鼠，順便帶走萊姆病，後來再傳給經過的人類。

但是在班特的觀點，蜱蟲世界最令人擔憂的發展，是亞洲的長角血蜱（*Haemaphysalis longicornis*）入侵美國，他說這是「一則警世故事」。沒有人確定長角血蜱最早是如何與何時來到美國本土，牠們原生於東亞、澳洲與紐西蘭。在二〇一七年，有人首度報告[39]牠們在紐澤西州出現。一年之內，研究人員已經在其他八州發現這種蜱蟲，隨著氣候暖化，冬天愈來愈溫和，牠們的領域也持續擴張。長角血蜱能夠快速擴張，關鍵因素是母蜱能夠進行無性繁殖，不需要交配就能產生後代，這種過程稱為孤雌生殖（parthenogenesis）。這使得長角血蜱極難防治。「在實務上，根本無法剷除這個物種，」羅格斯大學（Rutgers University）的昆蟲學家伊利亞．羅賀林（Ilia Rochlin）說。

長角血蜱是攻擊性很強的叮人害蟲，可以結夥吸取獵物的大量血液。牠們喜歡叮咬的對象是牛。在紐西蘭與澳洲的部分地區，長角血蜱造成乳牛的產乳量下降[40]百分之二十五。到目前為止，還沒有證據顯示北美洲的長角血蜱曾經把疾病傳染給人類。但是，這種情況可能會改變。普里特說長角血蜱的入侵「極度令人擔憂」。牠們能夠攜帶幾種致命的人類病原，包括可能使人喪命的發熱伴血小板減少綜合症（severe fever with thrombocytopenia syndrome，簡稱SFTS）病毒，以及引發日本紅斑熱（Japanese spotted fever）的日本立克次體（*Rickettsia japonica*）。「雖然美國還沒有發現這些病原，但未來仍有傳進來的風險，」普里特告訴我。

事實顯示，CCHF病毒是SFTS病毒的近親。班特擔心可能發生科學家所說的媒介交換（vector switching）情形，也就是說，CCHF病毒以某種方式從璃眼蜱跳到長角血蜱，而長角血蜱是正在散布開來的攻擊型叮咬者。

CCHF病毒能夠成功地跳躍到長角血蜱身上嗎？「自然界很複雜，」班特告訴我，「我不喜歡那種說『我們與災難的距離，只是蜱蟲咬一口的差別』的論述。但是同時，我也不能說這種事不會發生。」

Chapter 11

廉價冷氣

Cheap Cold Air

德州的休士頓向來有很多招搖擺闊的人。從石油、股市、藝術品交易、癌症研究帶來的財富，讓這座大城市在繁榮和蕭條間起起落落，吸引了許多炫耀財富和金錢為樂的大人物。但哈羅德．古德曼（Harold Goodman）絕不是那種休士頓人，他中等身材，眼睛顏色深淺適中，喜歡白襯衫和西裝，最多也就是中等格調。他的政治立場是溫和保守派（「他不是個願意參與很多社會改革的人，」他的女兒貝琪．阿貝爾告訴我）。他和妻子哈莉特及四個孩子住在譚格塢（Tanglewood），休士頓的寧靜舒適區。他從事空調系統生意，當然不招搖擺闊。他知道怎麼談論管線、空氣體積和相對濕度。他每個月玩一次撲克牌，週末去打網球，從來不穿牛仔靴。

古德曼的樸素倒是有兩個閃閃發光的例

外。第一個例外是車子。他很愛車。事實上他很不會開車，經常同時踩油門和煞車，但無所謂。差不多每年他都會用舊車換新車。他最喜歡的是林肯的Continental——多年來，他有很多部Continental。他也有幾部保時捷、一部金色Corvette、一部綠色的Oldsmobile敞篷車，還有一部特別時髦的珊瑚紅色雷鳥，配有白色車頂和白色皮椅。

第二個例外是馬。他喜歡賭馬。這是他小時候和父親一起做過的事情，而且還成為他一輩子熱愛的興趣。他讀《每日賽馬報》（*Daily Racing Form*）和《血統馬》（*BloodHorse*）雜誌，每次都知道自己在邱吉爾唐斯（Churchill Downs）的第二場比賽或聖塔安妮塔（Santa Anita）的第五場比賽中喜歡哪匹馬。他有贏有輸，但都不曾失去興奮感。他開始致富的時候，最大的一次放縱就是在休士頓郊外買下占地七百英畝的馬場。

儘管古德曼很樸素，但他肯定在某一刻意識到自己實現了什麼目標。或許是在他走進某家林肯經銷店，感覺到冷氣吹襲而來的時候。或許是在看到自己的名字懸在某戶人家窗外的冷氣機上之時。

那一刻，他一定已經明白：他是涼爽之王。

我在搬到德州之後才比較了解空調系統。我在矽谷長大，那裡很幸運地擁有完美的地中海氣候——至少在一九七〇年代我還是孩子的時候是如此。我們沒有空調，我認識的人也都沒有。事實上，在七〇年代我父親的雪佛蘭El Camino車上出現空調系統之前，我都沒看過或聽過這種東西。有時我會在我老爸開車的時候亂動冷氣，但大部分時候我並沒管它。誰需要空調呀？

大學畢業後，我搬到紐約市。一九九〇年代初期，我在曼哈頓的一家週刊當記者，經常和警察、計程車司機與愛滋病社運人士廝混。在炎炎夏日，我發現人們為什麼喜歡空調。不過，我住過的公寓都沒有安裝空調，覺得熱的時候，我就打開電風扇，開窗，揮汗度日。後來我搬到紐約州北部的沙拉托加斯普陵（Saratoga Springs），住在一棟有幾個壁爐，但沒有空調系統的維多利亞式房子裡。在沙拉托加斯普陵，我得知這整座城鎮在十九世紀興起，主要是給南方人和有錢的城市人避暑用的，這裡有大樹和大露臺，讓居民在炎熱夏夜有地方社交應酬。

我在旅行的時候，有時會忍受幾天的空調，但我很討厭這些機件整晚嘎嘎作響，也討厭門窗緊閉的旅館裡帶著潮濕和惡臭的空氣。

我搬到德州之後，開始用不同的方式了解炎熱。我走到屋外查看信箱，就會迎面撞上像牆一般的濕熱空氣。中午去騎單車，感覺就像是危及生命的探險。我們住在一棟小房子裡，房子是在空調系統裝設之前蓋的，後來才加裝了中央系統。夏天裡，我有時會在冷氣吹不到的附窗露臺工作，但往往熱得受不了，只好躲進屋內。

有時我想知道，德州人在還沒有空調的時候是怎麼過活的，但接著我環顧四周，就看到帶有寬闊通風走道的老式房子，那些走道可以讓涼爽的風吹過，也看到了供人在夏夜睡覺的寬闊露臺，以及把房子建在粗大橡樹樹枝下的遮陽方式。我跑去巴頓泉（Barton Springs）之類的公園，跳進從石灰岩中流出的冰涼泉水中，感覺愜意又放鬆。在沒有空調的世界裡，大氣中把熱留住的二氧化碳比較少，地面上讓熱輻射回你身上的柏油和混凝土也比較少。那個世界未必比較好，但它很不一樣，大家都能勉強度日。劇作家亞瑟．米勒（Arthur Miller）回憶自己在沒有空調的年代在紐約市的成長經歷：「百老匯有開放式的電車[1]，兩側沒有壁板，天氣雖然熱，但在車上至少吹得到微風，所以無法在公寓裡久待的絕望之徒，就會付五分錢，坐著電車閒晃一兩個小時，只為了消暑。」關於科尼島（Coney Island），米勒寫道：「海灘上處處擠滿了人，幾乎找不到可坐下的地方，也找不到地方放下書本或熱狗。」

哈羅德．古德曼在一九二六年出生於德州波蒙（Beaumont）。這裡是德州迅速發展起來的油田中心——幾十年前，美國人在波蒙城外發現了石油。古德曼的家人並未參與其中——他的叔叔是農夫，父親從事保險業。古德曼出生後不久，全家搬到休士頓，他父親的保險事業在休士頓發達起來。比古德曼年長五歲的姊姊貝琪．布蘭森（Betsy Bramson）告訴我，哈羅德是「精明的小男孩。但我們從不認為他真的很聰明，如果你明白我的意思。他喜歡和我們的父親打牌、一起去看賽馬。」

那個年代，在德州的炎炎夏日裡能找到最棒的降溫方法，來自位於休士頓西北方約七十五英里處布倫罕（Brenham）小鎮的藍鈴（Blue Bell）乳品廠。那是一球香草冰淇淋，老一輩的都還記得是用杯子裝的，在馬車上販售。藍鈴在一九一一年起生產冰淇淋，用鹽和冰的混合物把鮮奶油凍結成冰。這並不是什麼新發現——美國首任總統喬治·華盛頓一直很喜歡自製冰淇淋。但在二十世紀初，冰淇淋從菁英階層的樂事變成眾人的享樂。一球藍鈴冰淇淋也許不能防止中暑，但可能會讓你在流汗時感覺好些。

對古德曼一家來說，休士頓的炎熱是無法避免的事實。夏天，他們避開陽光，開著窗戶睡覺，或睡在屋外露臺上。「我們在休士頓長大的時候，沒有空調這種東西，」布蘭森回憶。「但好玩的是，我不記得天氣很熱。年輕時根本不會注意這種事。」

古德曼在休士頓大學念了兩年，就轉學到奧斯丁的德州大學，拿到商學的學位。他在海軍度過很平凡的幾年，退役時不清楚自己想要有怎麼樣的人生，所以他到休士頓，在父親的保險公司工作。「他對這份工作討厭得要命，」他的女兒貝琪告訴我。「他不會露面，他會在晚上突然跑掉，去市區的某個地下室和朋友玩撲克牌、酗酒。家裡的每個人都很擔心他。」

很碰巧，先前他的姊夫進入空調這一行，這在一九五〇年代初是剛剛興起但前景看好的商業機會。「他的母親認為哈羅德去做這行也不錯，但每個人都很擔心，因為他在機電方面沒有天賦。」古德曼拒絕跟他的姊夫一起從事空調業，但他另一位朋友也在做這行，最後古德曼決定試試。他們開始銷售窗型冷氣，這在當時還是新鮮玩意。若說哈羅德·古德曼有一項天賦，那就是掌握時機的能力。

相形之下，約翰．哥里（John Gorrie）就沒有這種才能。一八三三年，哥里醫生三十一歲，住在佛羅里達州阿帕拉齊科拉（Apalachicola）的邊境沼澤區。哥里來自查爾斯頓（Charleston），講究穿著和外表，在紐約受教育。那年他發現自己在努力救治很多因黃熱病致死的佛州居民，這些人都住在悶熱的墨西哥灣沿岸地區。哥里就和醫學界的大多數同行一樣，誤以為濕熱地方腐爛草木產生的「瘴氣」[2]，是引起包括瘧疾在內的許多疾病的主因。他相信，如果能讓空氣變涼爽，他就能治癒瘧疾。

哥里在自己家中替黃熱病病人設立的病房裡進行實驗[3]。在其中一次試驗，他把一大塊冰塊懸在病人上方的天花板上，冰塊融化流進容器的時候，有空氣吹到冰塊上，冷卻的空氣往下流過病人上方，然後進入地板上的開口。這股空氣沒有治好疾病，但給了病人撫慰。問題是，這個方法很難執行，而且要把冰塊從東北部的新英格蘭地區運到佛州，所費不貲。

讀自然科學的學生很早就知道，氣體壓縮後會變熱，如果同樣的氣體膨脹了，溫度會急遽下降，但他們不知道如何運用這個知識。哥里有個想法。他用小型蒸汽機發動一個吸入空氣的機械裝置，製造出一種設備，把空氣壓縮到帶有活塞的腔室（空氣變熱），接著把空氣擠入錯綜複雜的導管，讓空氣在裡面膨脹（變冷）。隨後，再把空氣傳送過一個鹽水槽，鹽水槽本身冷卻到攝氏零度以下，讓空氣的溫度更低。有位歷史學家寫道：「實際上約翰．哥里做出了一部完整的機器，更重要的是，它行得通。有史以來第一次，有機器製造出冷氣。」[4]

這種方法稱為蒸氣壓縮（vapor compression），現今的冷氣機大致上仍是這樣運作的。這項技術就跟內燃機一樣，確實影響了二十世紀，而且已經證明它和內燃機同樣耐用、有用，同時也給未來帶來隱憂。

哥里的蒸氣壓縮機成效很好，足以讓病房裡的人感到舒適，即使沒能治好他們的黃熱病。不過哥里有更大的雄心：想要開創冷卻新時代。他提到，北方國家習慣設計隔熱房屋，這樣更容易暖房。現在哥里要求相反的做法：「讓溫暖國家的房屋在建造時也同樣注重隔熱，在調降溫度和減少屋內空氣濕度方面投入同樣的勞力和花費，居住者就幾乎不會或完全不會遭受瘧疾帶來的風險。」[5]

然而，他的遠大理想沒有達成。部分原因是，他的蒸氣壓縮機很大、很吵、昂貴又複雜。但這也是因為大多數人看不出它的用處，就連生活在悶熱阿帕拉齊科拉的朋友和鄰居也認為沒必要。大家不過就是流流汗，「舒適涼爽」的概念並不存在。

哥里後來發現，如果讓他的機器運轉得夠久，它就可以把水製成冰。因此有幾年的時間，他設法打著世上第一臺製冰機的名號銷售，這會省下大家從新英格蘭地區引進冰塊的開支和麻煩。不過，新英格蘭地區的商人弗雷德里克·圖德（Frederic Tudor）單打獨鬥，把冰塊貿易從一艘小船發展壯大成全世界的企業集團，可不打算讓來自阿帕拉齊科拉的古怪發明家毀掉自己的生意。圖德想盡辦法讓哥里籌措不到製冰機的資金。哥里在一八五五年去世，死前身無一文，他的發明被世人遺忘了五十年。

一九〇二年，有位名叫威利斯·開利（Willis Carrier）的年輕工程師，讓利用機械方法冷卻空氣的概念起死回生。開利到紐約市的沙基–威漢印刷出版公司（Sackett-Wilhelms Lithographing and Publishing Company），協助他們解決紙張在印刷機裡不平整的問題，結果發現，濕度高會導致紙張膨脹，使印刷在紙上的影像模糊不清。有什麼解決之道呢？起初開利都沒考慮空氣濕度的問題，但幾經嘗試後，想出一種「調節」空氣的方法[6]，就是利用風扇把空氣吹過裝滿冷水的導管，這會讓空氣中的水氣凝結在導管上，所產生的空氣不但變涼爽，也變乾燥了。這和哥里的做法截然不同，但科學原理是相同的。開利的發明還附加了一個好處，就是有商業實用性。紙張膨脹的問題解決了，空調系統的時代也誕生了。

※　※　※

古德曼在一九五〇年代末期開始從事空調行業時，休士頓還是熱衷於石油的新興城市。就像某位說話風趣的人說的：「如果想努力賺錢，在這裡可以賺一千萬。但光是站著不動，就能賺一百萬。」[7]在一九四〇年，這座城市的人口是三十八萬四千人，二十年後，人口數已逼近一百萬，成為美國發展最快速的城市。

如果石油收入是景氣的推動力，那麼空調系統就是實現的工具。正如一九七〇年代的休士頓市長弗瑞德·霍夫海恩茲（Fred Hofheinz）說的：「如果沒有空調系統，休士頓根本不會發展起來。它絕對不會存在，就這樣。」

一九二二年，空調設備開始入侵萊斯飯店（Rice Hotel）的自助餐廳。德克薩斯（Texan）和富麗（Majestic）等電影院在一九二六年變涼爽了。到一九四九年，休士頓迷人的三葉草飯店（Shamrock Hotel）所有一千一百間客房，都裝了空調系統。一九六一年，夏普斯堂中心（Sharpstown Center）成為全美第一家裝有空調的封閉式購物中心。一九六五年，太空巨蛋（Astrodome）成為世上第一座裝有空調的體育館。到一九八〇年，就連德州最神聖不可侵犯的的地方，聖安東尼奧市的阿拉莫（Alamo）堡壘，也變涼爽了。

空調系統不只讓德州大興土木，還擴及南方各處。再見了，大型露臺和通風系統。你好哇，大量生產的郊區建案，建造成本低，天花板低，零氣流。一九五七年，美國聯邦住宅管理局（FHA）開始把安裝中央空調系統的費用納入抵押貸款中。[8]

在德州，受惠於空調系統的主要是中產階級白人。到一九六〇年，有三成的德州家庭[9]裝有空調，居全美之冠，但全州只有一成的黑人[10]有空調系統。

說到空調系統日益升高的文化聲望，沒什麼能比由比利．懷德（Billy Wilder）執導的一九五五年喜劇片《七年之癢》刻畫得更好。這部電影包含了二十世紀最具代表性的好萊塢形象之一：瑪麗蓮．夢露站在曼哈頓地鐵的通風口上方，列車疾駛而過產生的氣流把她的裙子掀到了腰際。

在電影開場，紐約市正處於酷熱的熱浪中。婦女和兒童紛紛出城，前往紐約州北部和海灘避暑，丟下勤奮的丈夫在城裡打拚。夢露飾演一位樂於留下來和酷熱搏鬥的單身女性。她第一次出場的時候，拎著一臺電扇走上樓，準備走進她的公寓。在鄰居（湯姆．伊威爾飾演的壓抑、陷入性幻想的已婚男子）拿天氣熱開玩笑時，她俏皮地說：「我都把內衣放在冰箱裡。」伊威爾唯一的迷人之處，就是裝了空調的公寓，他利用這點吸引夢露上門，不斷吹噓他的每個房間都有空調設備。在其中一個場景，懷德讓夢露伸直裸露的長腿，坐在冷氣機前方。那一刻，空調變得很性感。

一九五〇年代中期，古德曼創辦了古德曼製造公司（Goodman Manufacturing），生產住宅空調使用的可彎式通風管。取代硬式金屬管的新型通風管，讓新房子更容易又快速地安裝空調。生意興隆起來了。

差不多十年後，古德曼開始跨足空調機製造業。他採取的做法，是買下一間位於俄亥俄州的破產公司Janitrol。後來與古德曼並肩工作二十多年的彼得．亞歷山大（Peter Alexander）回憶：「哈羅德打電話給我說：『是這樣的，我考慮買下這家公司，踏進製造業。我想邀你加入。』我對他說：『你精神錯亂了。』」當時空調產業已經有開利（Carrier）、飛達仕（Fedders）等知名大製造商掌握優勢，不過亞歷山大還是飛到休士頓，和古德曼討論這件事。亞歷山大回憶說：「等我和他碰面了兩個小時，我已經告訴自己：『我想加入。』」

古德曼的第一步是把公司遷到休士頓。為什麼要在北方製造空調機，再運送到空調系統很重要的南方呢？亞歷山大告訴我：「我們在公司草創的時候說：『我們怎麼樣讓自己與眾不同？』結果哈羅德說：『我們要根據消費者只想要廉價冷氣的這種看法，來讓自己與眾不同。』

「我知道這聽起來有點無禮，」亞歷山大繼續說，「但如果你問十個消費者，他們家裡裝的是哪個牌子的冷氣，也許有兩人說得出來。這些公司全都在打這樣的廣告——那麼打廣告有什麼好處呢？所以我們決定不做任何廣告，而是只注重一件事：消費者不知道他們家裡裝了什麼品牌。而且讓他們選擇冷氣機的首要推動力是價格。所以我們說：『我們要成為廉價冷氣的製造商。』我們過去就是說得這麼坦白。廉價冷氣。我們的產品。」

古德曼注重製造品質，減少保固退貨和售後服務來電，也就節省了成本。他壓低經常性開支，把生產製造移到海外（主要是到韓國），用論件計酬的方式支付工資——這是一種具有爭議但未違法的勞動措施，勞工愈努力，賺的錢就愈多。最重要的是，他推銷低價／大量銷售的信條。「如果你不是賣二十臺，每臺賺五十美元，而是賣一百臺冷氣機，每臺賺十七美元，進帳就會多很多，」亞歷山大解釋，「我們說服經銷商相信這是明智的買賣。事實也是如此。當負責安裝的協力廠商去消費者的家中，他們會說：『老天，我買這臺古德曼冷氣花的錢，竟然比我買開利冷氣的錢少很多。』後來生意就一飛沖天。一九八二年古德曼開始銷售冷氣機時，這家公司賣了五萬臺，到二〇〇二年，他們的年銷量已達一百二十萬臺。亞歷山大說：「我們像是失控的火車。」

古德曼和其他人一樣欣賞他自己銷售的產品，這可能不是件壞事。有位前員工回憶：「他非常講究舒適，但在辦公室裡，他自己不去碰溫度調節器，而是讓他的行政助理負責，她的名字是辛西雅。我常聽到他大喊：『辛西雅，把溫度調高！』或『辛西雅，把溫度調低！』他對這有一點迷戀。」

我問亞歷山大，古德曼的成功背後是否有技術上的創新。「答案是沒有，」他直言，「這是傳統的冷氣機，大家都在生產傳統冷氣機，現在依舊是這樣。你要知道，就算你有一些小癖好，想製造出頂級機型和基本款等等機型打對臺，但今天的產品基本上和五十年前一樣，只有冷媒不同。」

在亞歷山大眼裡，古德曼的才華可以用這句話總結：「千萬不要欺騙自己——價格就是一切。」

※ ※ ※

差不多在古德曼考察廉價冷氣商機的同時，美國大作家威廉．福克納在密西西比州因心臟病去世，享年六十四歲。威廉．史泰隆（William Styron）這麼描述福克納在密西西比州牛津市的葬禮：「除了死亡徹底使我們消損的最終事實，今天的第一件事情就是熱，那種熱宛如低微卑劣的死亡本身，就彷彿一個人在潮濕的羊毛大衣裡悶死。」[11] 史泰隆把那天的牛津市描述成如同淹沒在「讓身體和精神都感到十分孤寂的炎熱中，就像做了一場記不清的夢，直到任何人察覺以前確實遇過，在福克納所有的故事和小說中，都見得到這種難以忍受的天氣，以及其他比較和善的天氣，伴隨著幾乎不可改變的現實。」

福克納討厭空調。他大半輩子都住在一棟建於一八四八年的兩層樓希臘復興式房子裡。福克納安裝了自來水管、電線和暖氣設備，但拒絕安裝空調，儘管密西西比州在夏天熱得不得了。相反的，他在樓上增設了一個睡覺的露臺。*在他的小說《掠奪者》（*The Reivers*）中，其中一個角色抱怨說：「再也沒有四季之分了，夏天裡室內靠人工調節到攝氏十六度，冬天調到攝氏三十二度，這樣一來，像我一樣的老古板慣犯就得在夏天到外面去避寒，在冬天去避暑。」[12]

福克納並不是唯一認為空調糟糕透頂的人。一九三〇年代，美國白宮安裝了空調系統，但小羅斯福總統更喜歡在夏天打開橢圓形辦公室的窗戶，脫掉西裝外套，只穿著襯衫工作[13]（相較之下，德州人詹森總統在首府悶熱的夏日，喜歡把空調開得很強，然後蓋著電熱毯睡覺[14]）。一九四五年，亨利・米勒（Henry Miller）把自己的跨美國旅行回憶錄命名為《空調噩夢》（*The Air-conditioned Nightmare*）。有一次，靈魂樂歌后艾瑞莎・富蘭克林（Aretha Franklin）在現場演唱，有人打開了空調，她因為擔心冷氣會毀掉自己的嗓音，就停下來不唱了[15]。

不過，大多數嘗試過的人都很愛冷氣。它改變美國的景觀，為遷移和發展開疆闢土。北方的退休白人，過去不願意忍受佛羅里達州和南方其他州的悶熱天氣，現在紛紛湧向南方，住進和海灘與高爾夫球場毗鄰的空調公寓大樓。他們開著裝了空調的車子，去裝了空調的購物中心，在裝了空調的餐廳吃飯。公司行號把總部往南遷，工廠和製造廠在廉價不動產和未加入工會勞工的助長下，在

* 福克納去世後的隔天，他的太太艾絲黛兒（Estelle）在樓上的臥室安裝了一臺窗型冷氣機。

廢棄的棉花田裡蓬勃發展。

人口轉移到陽光帶（Sun Belt）各州，也帶來了極大的政治後果。保守派退休人員湧入曾是民主黨大本營的南方，改變了美國政治的權力平衡。一九四〇年到一九八〇年間，氣候溫暖的南部各州多了二十九張選舉人票，而氣候較冷的東北部和鐵鏽帶（Rust Belt）各州少了三十一張[16]。前總統尼克森（Richard Nixon）[17]是最早明白這一點的人之一，他在一九六〇年代透過反黑人民權運動的訊息和挑起種族仇恨的狗哨，來爭取這些陽光帶保守派的支持。美國政治版圖從此就不一樣了。

隨著陽光帶繁榮起來，讓個人舒適的技術就有了料想不到的高成本，這些成本才正要開始被人理解。一九七四年，有一群科學家發表研究指出，在冷氣機、冷凍櫃、冰箱和噴霧罐中用來當作冷媒的化學物質氟氯碳化物（CFCs），可能會破壞地球的臭氧層——臭氧層可保護人類（以及植物和野生動物）不受太陽輻射的傷害，包括皮膚癌。一九八五年，南極洲上空發現大氣層出現了破洞，臭氧層破洞理論不再是理論，大家都嚇壞了，不到兩年，稱為《蒙特婁議定書》的國際協議生效了，把氟氯碳化物的使用量減少一半。這份協議成效卓著，是說明人人都遵守全球協議會有多大力量的範例。今天全世界有一百九十七個國家禁止氟氯碳化物，科學家也一致認為臭氧層正在緩慢恢復。

很遺憾，氟氯碳化物已經被另外一種人造化學物質給取代了——含有碳、氫和氟的氫氟碳化物（HFCs）。氫氟碳化物的優點是不會破壞臭氧層，但缺點是，它是效應比二氧化碳強一萬五千倍的溫室氣體[18]。空調不會燃燒氫氟碳化物，但在維修或報廢的過程中，或每當設備中的管路老化和有裂縫時，這種氣體就經常會從機器中洩漏出來。氫氟碳化物即將在未來幾十年間逐步淘汰，但含有氫氟碳化物的冷氣機還會繼續存在很長一段時間。

空調系統也很耗能。從全球來看，空調系統的耗電量占建築物總用電量的近百分之二十[19]，這表示，由建築物產生的溫室氣體汙染有很大一部分是空調造成的，這些氣體會使大氣升溫。地球變得愈熱，就愈覺得需要空調，感覺愈有必要，需要的用電也愈多。只要一部分的用電是由化石燃料產生的，就代表溫室氣體汙染愈嚴重，這也會使氣候進一步暖化。

這是惡性循環，在城市裡更加嚴重，尤其是在比較老舊又貧窮的社區，每棟房子外面都懸著老舊、效率低的窗型冷氣，從室內吸走熱量，然後就吹到外面的街上。從這層意義來說，空調系統根本不是什麼降溫技術，而只是讓熱氣重新分配的工具罷了。

古德曼在一九九五年去世，享年六十八歲。一些同事把他比作沃爾瑪的創辦人薩姆・沃爾頓（Sam Walton），或西南航空的創辦人赫伯・凱勒赫（Herb Kelleher）——靠著理想價格向大眾銷售商品來打造大企業的平民主義商人。「他最自豪的是他替大家創造的工作機會，」他的女兒貝琪告訴我。「他開的公司讓成千上萬人有飯吃。」在他去世時，古德曼製造公司的市值已經逼近十億美元。

接下來十年左右，這家公司由古德曼的兒子約翰・古德曼接手。最後，有家私募股權投資公司以十五億美元買下古德曼公司，後來他們以三十七億美元的價格[20]，把古德曼賣給日本製造巨頭大金工業（Daikin Industries）。大金已經有多條空調產品線，正在想辦法拓展市場占有率，收購古德曼讓大金變成全球最大的空調製造商。二〇一七年，大金把所有的空調生產、銷售和物流業務，合併到休士頓西北邊約一小時車程、占地五百英畝的廠區，這個地點的官方名稱是大金德州技術園區（Daikin Texas Technology Park），但有時也用一個更充滿詩意的稱呼：舒適園區（Comfortplex）[21]。

這個園區是美國數一數二的大型廠房（僅次於特斯拉在奧斯丁的工廠和波音在華盛頓州的艾弗雷特工廠），占地九十四英畝，容納了七千名員工。它是空調界的泰姬瑪哈陵，不僅展示了哈羅德．古德曼的成就，更是人類不斷努力一次用一臺機器掌控地球氣候的成果。

在園區的室內，感覺起來像超級大的好市多量販店，廉價建造，用來製造售價低廉的機器。在製造部的樓面，一萬五千英磅重的一捆捆鋁板展開來，沖壓成風向板、熱交換器等冷氣機零件。機器人推車載著工具和零件跑來跑去。剛製造好的冷氣機沿著生產線移動，機器人士兵個個待命，準備對抗熱氣大敵。七條生產線全年無休。

從全球來看，空調需求還無法滿足。目前世界上有超過十億臺單一房間使用的冷氣空調[22]，差不多每七人使用一臺。到二〇五〇年，這個數字很可能會超過四十五億[23]，像今天的手機一樣普遍。南歐、印尼和中東都已經迷上廉價冷氣。在卡達，甚至還讓戶外也有空調：專為二〇二二年世界盃興建的多個露天球場，都用管道輸送冷氣。在中國，二十年前幾乎感受不到用機械製造出來的冷氣，如今北京和上海有超過七成五的家庭，都裝了某種形式的空調系統。過去十年，中國用電量飛漲，其中有百分之十就來自冷氣空調，對仍然大量仰賴燃煤發電的國家來說，這是一場氣候災難。*

由於全球對空調依賴性增加，限電和停電的風險也隨之升高。熱浪來襲期間，如果人人都開空調，用電需求就會攀上高峰。國際能源總署分析師約翰·杜拉克（John Dulac）告訴《衛報》：「〔二〇一八年〕在北京受熱浪襲擊期間，有五成的發電量用於空調。這些都是『真他媽該死』的時候。」[24]在德州，每次熱浪來襲都令人緊張，電力公司發出預警，要大家節約用電，否則就要分區輪流停電。在電力需求攀高峰的時候，電網中出現的小問題很容易就會層層傳遞，最後威脅到整個系統的穩定。如果在大熱天裡長時間停電，公司行號會歇業，學校會停課，人會死亡。

想想二〇一七年在佛州好萊塢市發生的事。颶風艾瑪（Irma）溫和擦邊掃過，造成一家安養院停電多天，沒有空調。室外氣溫大概在三十度上下，不算太熱，但在安養院的室內，在這棟建造不良、通風不良、依賴空調的房子裡，溫度驟升，尤其是在高樓層。護理人員忽視慢慢熱死的病患。斷電兩天後，才終於有人打九一一求救。好萊塢市警局副中隊長傑夫·德福林（Jeff Devlin）抵達現場時，發現「室內明顯比室外還要熱，」[25]他後來在法庭作證時說。「我馬上就聞到尿味和糞便味。」

---

* 氣溫升高對空調需求也有很大的影響。「如果你想把房間溫度設定在二十四度，而室外溫度從三十五度升高到三十六、七度，這麼小的溫差，就會需要一·三倍的能源來調節，」德州農工大學的氣候科學家安德魯·德斯勒（Andrew Dessler）告訴我，只是溫度升高一、兩度，用電量就要增加百分之三十，也就是增加三成的電費。

十二位病患死亡，有幾位體溫高達四十二度。

空調系統明顯是美國的發明，就像雙層吉事堡搭配可樂和薯條一樣具有美國特色，而且也和漢堡、可樂一樣，很快就從美國人的新奇東西變成全世界的難戒之癮。「舒適感之所以受重視，是因為它保證了一致性、正常狀態和可預測性，這又會考慮到生產力提升或一夜好眠，」[26]建築史學家丹尼爾・巴伯（Daniel Barber）在一篇論述空調成癮的文章中寫道。「舒適感顯示了任何一個人已經擺脫了自然界的矛盾，征服的不僅是大自然和天氣，還有意外本身。我們可以信賴舒適感。等我們歸來時，它還會在那裡。」

然而，這是一場虛假的勝利。不惜一切代價追求舒適，或更該說是，認為舒適是現代生活中不可剝奪的權利，正在對我們的世界造成破壞。就像巴伯說的：「舒適感正在毀滅未來，每次一點。」[27]

有一些方法可以控制損害。最顯而易見的一個，我在前面就提過，後面會再說一遍：停止燃燒化石燃料，改用乾淨能源。在一些地方，這件事發生的速度可能比你想的還要快（至少在發電方面），但在某些地方，這件事發生的速度還是會比你希望的更緩慢。因此，提升冷氣空調的能源效率會有幫助（在美國，新的能源效率標準已在二〇二三年開始施行）。

還有一種方法，是換個方式思考建築。空調系統的興起促使封閉箱式的結構體提早出現，這種房子的空氣流動只能透過空調設備的過濾管線。然而不是非得這麼做不可。看看地處熱帶氣候的任何一種老建築吧，不論是在西西里島、摩洛哥的馬拉喀什，還是伊朗的德黑蘭。以前的建築師明白遮陽、空氣流動、隔熱、淺色系的重要性，他們設計房子的座向，要能吹到涼爽的微風，驅走下午的酷熱。他們蓋的房子有厚牆和白色屋頂，門上方還有小氣窗讓空氣流通。曾經在土桑的土坯房裡待過幾分鐘，或曾走在西班牙塞維亞老城區窄街上的人，都知道這些建造方法成效如何。然而，從幾百年處理悶熱的實務經驗累積下來的這些智慧，常常遭到忽視。從這層意義來說，空調系統不單單是攸關個人舒適感的技術，它還是一種遺忘的技術。

到最後，空調系統最歷久不衰的影響，或許是它在涼爽與熱得要死之間造成的差距，而且天氣愈熱，差距愈大。這與其說是技術上的失敗，不如說是文化和心理上的問題。簡單的事實就是，在二十世紀後半，富裕的美國人追求舒適感上癮了，幾乎沒考慮到這種舒適讓其他人、讓其他物種的安危、或讓其他人與物種的周圍世界付出的代價。這種難戒的癮現在已經散播到世界各地的人身上，他們發現，沒有廉價冷氣，他們也無法生存。

Chapter 12

隱形的東西不會傷害你

What You Can't See Won't Hurt You

二〇二一年六月，總部設在英國的《電訊報》（*The Telegraph*）派三十三歲的巴基斯坦攝影記者賽娜・巴席爾（Saiyna Bashir），陪同記者班・法默（Ben Farmer）前往傑科巴巴德（Jacobabad），準備做一篇關於極端高溫的報導，傑科巴巴德是位於巴基斯坦中部信德省的城市，有二十萬人口。身為攝影記者，巴席爾多年來一直想做這方面的報導，部分原因是她很想記錄我們其他人往往決定不去看的那些人的生活：有愛滋病毒感染者的家庭、臉上留下硫酸攻擊傷疤的巴基斯坦婦女、在阿富汗難民營獨自遊蕩的兒童。從類似的方面來說，生活在極端高溫下的人也深深吸引著她。

如果要在世界上選出你想去拍攝高溫的地方，那就非傑科巴巴德莫屬了。不論從什麼標準衡量，它都是地球上最熱的城市之一[1]。巴席爾造訪前幾週，當地已經連續超過一星期氣溫達五十二度，更糟的是，天氣又悶又濕熱，是最極端的那種熱，而且沒有太多消暑的地方。巴基斯坦有兩億兩千萬人口，但全國空調總數不到一百萬。[2]

必須強調的是，致命的高溫並不是巴基斯坦人自己造成的。巴基斯坦製造的二氧化碳排放量，大約占全球碳排放的百分之零點五，按人均計算，每個巴基斯坦人的碳排量不到每個美國人的十五分之一。[3]這正是氣候危機的運作方式：有錢人製造汙染，其餘的人承受痛苦。

巴席爾在喀拉蚩出生，但她的父親是軍人，所以經常隨部隊移防——「我是在全國各地長大的，」她告訴我。她十幾歲時就開始拍照，但從未真正夢想過自己會以此為業。二〇一四年，她離開巴基斯坦，在芝加哥的哥倫比亞學院讀新聞學，最後在威斯康辛州麥迪遜市的一家報社找到一份攝影記者的工作。密蘇里州佛格森市（Ferguson）在白人警員戴倫．威爾森槍殺非裔少年麥可．布朗之後發生暴動，她戴上了防毒面具，就去暴動現場拍攝。二〇一六年競選期間，她在拍攝川普的造勢大會時，還有川普的支持者對著她大吼大叫。她拍攝了瑟縮在芝加哥街頭的遊民。她的照片多次獲獎，讓她肯定自己的能力。她搬回伊斯蘭馬巴德，結了婚，現在擔任《紐約時報》、《華盛頓郵報》等媒體的獨立攝影記者。她認為自己在效法卡蘿．古齊（Carol Guzy）、琳賽．艾達里歐（Lynsey Addario）等傑出女攝影記者，報導世界各地的戰爭和人道主義危機。

對攝影記者來說，高溫是很難拍攝的主題。視覺基準是什麼？刺眼的陽光？還是融化的冰塊？

必須述說的故事，是關於高溫對生命、人類和其他方面的影響的故事，但怎麼樣才能讓隱形殺手的故事變得可看見呢？

巴席爾和大多數記者一樣，很想記錄極端事態會揭露人的什麼性格。她透過作品表達自己對於人的勇氣和堅韌的肅然起敬，但出於其他原因，她的作品也很重要。單單一張傑出的照片，就能改變世界。阿波羅十七號在一九七二年拍下的地球照片「藍色彈珠」（Blue Marble）[4]，讓無數人對我們在宇宙中的地位有全新的認識，還帶動了環境運動。在一九七〇年抗議美國入侵柬埔寨的示威活動中，約翰．費羅（John Filo）拍下一名女子跪在一位遭國民兵槍殺的肯特州立大學學生身旁的影像[5]，這張照片改變了許許多多美國人對政府的看法。只要你看了美聯社攝影記者理查．德魯（Richard Drew）拍下的照片「墜落的人」（Falling Man）[6]，絕對不會再用同樣的方式思考九一一事件；照片中的男子以頭下腳上的姿勢從世貿中心跳樓墜落。馬丁．路德．金恩從塞爾馬（Selma）走到蒙哥馬利（Montgomery）[7]的那些遊行照片，依然是努力爭取公平正義的檢驗標準，而且我不是要傳達感性的意思。這些影像已經改變法律，翻轉政治，重新定義了我們的過去與未來。

但沒有半張拍下極端高溫的經典影像。拍攝高溫的難度顯然是原因之一，另一個原因也許就是，我們對於極端高溫風險的文化覺知（cultural awareness）十分粗淺，所以還不認為極端高溫是值得拍攝的題材。若要拍攝高溫，看待高溫的方式必須跳脫汗水或融冰。像巴席爾這樣的攝影記者不想妄稱自己是藝術家，但他們的作品有時候會近乎藝術——換句話說，他們有時會創作出超越某瞬間表面現實的照片，拍下關乎人性與痛苦的更深層面。

早上七點半，巴席爾、法默和他們的司機開著租來的豐田車，從伊斯蘭馬巴德出發，要沿著印度河氾濫平原往北開八個小時，值得慶幸的是車上有空調。中國人在巴基斯坦投資興建道路和修路之後，那條路比過去好走了。經過一整天的奔波，他們住進拉卡納市附近的小旅館。隔天早上，他們早早動身，穿過一片乾涸、沒有樹木的棉花田和稻田。路上滿是趕著羊群的牧羊人，超載了舊電視機和家具的卡車，還有像成群蒼蠅般嗡嗡駛過的摩托車。他們停下車，好讓巴席爾拍攝正在紅黃相間遮篷下賣沙達（thadal）的男子。沙達是一種由水、糖、牛奶、乾果、胡椒和杏仁製成的飲料，許多巴基斯坦人（包括巴席爾）認為這種飲料可以消暑。他把沙達放在橘色的保冷箱裡，用塑膠杯舀出來，遞給那些停車納涼、滿身是汗的摩托車騎士。才上午九點，氣溫已經超過三十七度了，氣象預報說當天會飆到四十六度——很熱，但還沒到破紀錄的程度。

半小時後，他們進入傑科巴巴德了。這裡是熱氣和商業雜處的巢穴：外觀簡陋的銀行、水果攤、一家藥房，頭頂上是亂糟糟的電線，驢車裡傳出信德語（Sindhi）流行音樂，還有豆蔻和摩托車廢氣的氣味。建於一八八七年的維多利亞塔是紀念殖民政策的紀念碑，像一具骷髏矗立在市中心。每個人的穿著都以透氣為目的：男男女女都穿著五顏六色、由細棉製成的卡米茲（kameez，一種長版上衣或罩衫），和寬鬆的燈籠褲。婦女還用傳統的披巾杜帕塔（dupatta）包覆在頭上。

沒有遮陽處，沒有消暑的地方。不管城裡曾經長過什麼樹木，都早已砍掉當柴燒了——只留下散落在各處的幾棵樹苗，有人把它們種下，隱約盼望它們能逃過斧頭，有一天能供人躲陽光。唯有當地官員、警察和醫院夠幸運（且夠有錢），能擁有冷氣，但就連他們也會面臨電力非常不可靠所以無法信任的情況。不久前，在鄰近城市沙希瓦爾（Sahiwal）就發生了慘劇[8]：由於酷熱再加上停電，某間醫院加護病房的冷氣停止運轉，導致八名嬰兒死亡。

前一天晚上，巴席爾已經列出她想尋找並拍攝的東西了，例如她知道大部分的巴基斯坦城鎮都有在地的製冰廠。這或許還不錯，但通常她只需要睜大眼睛注意就行了。和大多數的優秀記者一樣，她在找到之前不知道自己在尋找什麼。

巴席爾和法默先前往城鎮廣場，有一些小販在那裡賣冰塊，他們的木製推車都有用竹竿撐起的塑膠防水布遮蔭。每臺推車都有五到六塊冰塊，全緊靠在一起，好讓融化速度放慢。大家排隊買小冰塊，準備帶回家供水冷器使用，這樣他們的家人在最熱的時候就有冷水可喝。為了換取幾盧比，賣冰的人用看起來很髒的砍刀砍下碎冰，再裝進用過的塑膠購物袋中，給人帶回家。顧客笑了——有一袋冰令人覺得很幸運，甚至充滿希望，有些人還用髒手伸進袋子裡抓起一小塊碎冰，塞進嘴裡。附近不遠處，驢子靜靜站著，盯著冰塊，耳朵朝後貼，彷彿熱氣正壓在牠們身上。巴席爾用她的佳能EOS 5D相機連續拍了幾張照片——她非常清楚，手中這臺高科技電子產品的要價，比這些人一年的收入還要高。她不會為這種事感到難過，但會因此認真看待自己的工作。能站在相機的後方是一種特權。

接近正午的時候，氣溫破四十三度了。巴席爾遵照穆斯林傳統，必須把自己包覆起來：她穿著黑白相間的卡米茲和黑色褲子，披著白色的杜帕塔。她只能忍受一個小時左右的酷熱，就得躲進車子裡吹冷氣了。

他們開車去製冰廠，這家工廠位於此城市工業區一個看起來破爛不堪的倉庫裡。巴席爾和法默走進一個開放式的大房間，天花板上有滑輪，地板上有鋼板門。那裡很涼快，值得慶幸。一名工人向巴席爾解釋製冰的過程——就像一個特大的冰箱把液體壓縮加熱，再讓它膨脹冷卻。接著他展示了外面的大型散熱管，熱氣從這裡排放，然後是有壓縮機在運轉的嘈雜房間，有個大輪子不停旋轉。她拍下所見的一切——那部吵鬧、噹啷作響、製造涼爽的機器，就像英國小說家狄更斯描寫的下層工作環境。她拍攝工人滾動鋼板門上方的滑輪，並使用起重機把五英尺長的冰柱拉出地板。拍得最好的照片不是冰本身，而是靠牆坐著的工人臉上的勞累，他們在熱得不得了的世界裡製造冰塊，已筋疲力盡。她看了看相機螢幕，這些照片還不錯。但拍得夠好嗎？

巴席爾和法默繼續他們的行程。在附近的一個非正式聚落，巴席爾看到有個女子躺在一種叫做charpoy的編織床上。這種編織床有很好的散熱設計，黃麻織帶大約離地一英尺，讓空氣在它的下方流通。巴席爾問那名女子能不能拍照；她的名字是莎瑪．阿賈伊（Shama Ajay）。阿賈伊點點頭，卻沒有動，她側躺著，盯著巴席爾的鏡頭。她很年輕，差不多二十五、六歲，穿著酒紅色的卡米茲，前面有很漂亮的刺繡。她在高溫下看起來幾乎像液體一般，一隻手放在肚子上，另一隻手靠近頭部，深褐色的眼睛直視鏡頭，彷彿在暗示你這個看照片的人也是這一切的共犯——不管是誰在看她的照片。

巴席爾和法默在傑科巴巴德市區穿梭的時候，巴席爾碰上一些值得拍攝的片刻。幾位老人在露天咖啡座喝茶。一個男孩在街頭賣手工製的黃麻扇。一名男子替蔬菜攤上的番茄、秋葵和馬鈴薯噴水，保持涼爽。碾米廠的赤腳工人正在把金色的米粒耙成十五英尺高的米堆並且裝進麻袋裡。在市場裡，一名身穿白衫的男子在賣延長線和小型旋轉風扇，他用旁邊地上的手提式電池當電源。它們全都拍得很好，表現出酷熱之都的生活，其中許多張還展現了人類的復原力、巧思和堅強。不過，似乎還不夠好。

最後，他們的導遊建議去加水站，在那裡，男子（在像巴基斯坦這樣的僵化父權社會，都是男子）把裝滿水的藍色塑膠容器放上驢車，再以五十盧比（大約二十五美分）的價格轉賣給鄰人。

加水站位於傑科巴巴德市郊，只不過是一面混凝土牆，上頭有五根與肩同高的水管，每根管子上都接了一條橡膠軟管。水販讓他們的驢車載滿裝了水的容器，然後運送到城鎮各處。巴席爾抵達時，加水站有幾輛驢車，她拍下他們忙著裝水的情景。這些影像不是非常有趣。

後來她看到一個男子把驢車停在一邊，獨自走向塑膠軟管。他是個中年人，留著鬍子，眼神恍惚，身上是樸素的象牙色卡米茲，腳踩著橘藍相間的鮮豔橡膠涼鞋。巴席爾後來得知他的名字是梅赫布・阿里（Mehboob Ali）。阿里當眾做了一件對巴基斯坦男性來說很不尋常的事，就連在酷熱的夏日午後也很不尋常：他坐下來，抓起水管然後舉過頭頂，把水淋在自己身上。他就像坐在瀑布底下——渾身濕透坐在水泥地上，每個人都盯著他看。巴席爾開始按下快門，他甚至沒注意到她。他把軟管舉在頭頂上方，水從他的臉上潑下。

其中一張照片是阿里的臉部特寫，他閉起眼睛，握著軟管的雙手舉過頭頂，她拍下了特別的瞬間。水像冰錐一樣垂在他的鬍鬚上，爬滿了水的臉上流露出愉悅感，與炙熱讓他承受的痛苦恰恰相反。這感覺起來很像非常私人的一刻，從受苦過渡到解脫的過程。這張照片呈現出高溫的殘酷，同時也暗示著從炙熱中得到救贖。我在《電訊報》網路上看到這張照片之後，巴席爾告訴我：「因為他的平靜表情，所以我很喜歡這張照片。」巴席爾的照片[9]暗示，就連在地球上最炙熱、最像煉獄的地方，也可以得救。

我們表達極端高溫的方式，往往會因為眷戀某種不復存在的氣候而扭曲。二〇二二年七月，奧斯丁的最高溫打破了一八九八年創下的紀錄[10]，比那年高出四度，結果當地新聞臺用了人與狗在公園裡玩耍的照片來報導這波熱浪。這讓我想起了我在《紐約客》雜誌上看過的一張漫畫[11]：兩個人站在一隻噴火龍下方，而那隻龍正對著他們的房子噴火：「我知道牠每年都會提早來，而且在摧毀我們的孫子的未來，但我死也不會認為再溫暖一點是壞事。」

之所以有這種扭曲，部分原因在於這件簡單的事實：西方人都喜歡溫暖的天氣。我在非常冷的地方待了很長的時間，從格陵蘭到南極，我發現這些地方充滿異國情調又令人興奮，但你看過多少航空公司和旅遊業者的廣告是覆蓋著冰的吊床和躺椅呢？我們不斷接收到暗示「如果有天堂，它一定很溫暖又陽光普照」的影像。

就某種意義上說，這不足為奇。對熱的喜愛已存在於我們的基因裡。最近有一項研究拿三十七棟美國房子的溫度和空氣濕度，和世界各地的戶外氣候進行比較。結果發現，除了三棟房屋外，其餘所有房子的溫度喜好設定都是二十二度，配合低濕度，而這種組合最接近東非的溫度和濕度[12]——正是數十萬年前最早的人類在非洲生活的區域。倫敦大學學院（University College London）古氣候學家馬克・馬斯林（Mark Maslin）觀察到，這些研究發現顯示，就連在可以隨自己喜好設定溫度和濕度的時候，「他們還是會選擇跟十萬年前的非洲類似的設定值。」[13]

用來量化熱度的各種計量和指數，使我們表達熱浪的方式變得更複雜。當然，溫度和濕度也有影響。但還有酷熱指數（heat index）、體感溫度、濕球溫度和綜合溫度熱指數，以及由AccuWeather這類的公司推出的專利指數，如RealFeel[14]（關於林林總總的熱度指標的定義，請見書末「名詞解釋」）。世界上大多數的國家都使用攝氏溫標，而美國（連同開曼群島和賴比瑞亞）使用華氏溫標，對事情沒有任何幫助。總而言之，對於高溫從讓人感覺舒服變成可能會導致死亡的事，大家會感到困惑不解，這沒什麼好奇怪的。

表達熱浪的大問題，就在於到底該怎麼定義熱浪。熱帶氣旋或颶風（颱風）由風速定義，乾旱由降雨不足定義，那麼熱浪的定義是什麼？是四十度？還是四十五度？還有，它必須持續多久？一個小時？一天？還是三天？那麼相對濕度呢？要怎麼把這個因素納入熱浪的定義之中？

在這裡，熱的無形本質再次造成問題。從外觀上，我們都知道颶（颱）風眼是何模樣，也知道這個中心區域如何隨著風速增加而擴大。對氣象預報員來說，預估颶（颱）風在增強過程中的路徑相當容易。但熱浪沒有視覺素材，沒有旋轉中心區域，也沒有軌跡。天氣預報員會講到「熱穹」現象之類的概念，但這是一種隱喻，根據特定區域的高壓增強——既無法追蹤熱穹的運動，也無法在看向窗外的時候看見它。

哪些熱帶氣旋要命名的問題，純粹是氣象學上的問題：倘若風速超過每小時三十八英里（六十一公里），它就有名字[15]。簡單又明確。

然而，熱浪沒有類似的指標。這不光是在紐約州水牛城氣溫三十七度的某一天，感受與在拉斯維加斯氣溫三十七度的某一天非常不同，而是水牛城的居民不太可能裝冷氣，所以更容易遭受熱傷害。住在水牛城的人可能比拉斯維加斯人更不了解如何因應高溫，也比較不可能去探望可能需要協助的親友。總之，熱浪更像是故事而不是氣象事件，每個故事各有特定的背景、角色陣容和不同的戲劇爆點。

從這層意義來看，熱浪與地震恰恰相反。長久以來，震度都是由大吊燈擺動幅度或倒塌房屋數來衡量的，後來，美國地震學家查爾斯・芮克特（Charles Richter）在一九三五年發展出芮氏地震規模來描述地震的強度[16]。芮克特先用地震儀測量地震期間的實際地動（地震波），然後把這些震波畫在對數尺標上，在這種尺標中，每個點都是前一個點的十倍（規模七是規模六的十倍，是規模五的一百倍）。這是第一個用有系統且嚴謹的方式衡量自然事件危險程度的分級法。

相較之下，美國國家氣象局採用的熱浪分級方法就不太有系統，也不太嚴謹。國家氣象局把高溫分成三類[17]：警戒（watch）、警報（warning）和預警（advisory）。在這個分級法中，高溫警戒是最不嚴重的，而高溫預警是最嚴重的，然而究竟要用什麼標準定義各分類層級，則交由國家氣象局的各地方分局負責。下面這個例子就是國家氣象局提供給地方分局的「超高溫警報」發布方針[18]：

酷熱指數值預報至少有兩天會達到或超過當地定義的警報標準（基準值：①日間酷熱指數最大值，北部在攝氏四十度以上，南部在攝氏四十三度以上，且②夜間最低溫在攝氏二十四度以上）。

這種分級方法有很多地方都令人費解。誰能分得清警報、預警和警戒之間的差異？我沒辦法，我的親友也沒辦法。為什麼酷熱指數四十度（而不是三十九度或四十一度）是北部高溫預警的基準點？還有，劃分南部與北部的界線究竟在哪裡？國家氣象局說，這種含糊不清是故意的，這樣才能把各地方的因素考量進去。國家氣象局公共天氣服務計畫主持人金柏莉・麥馬洪（Kimberly

McMahon）告訴我：「我們讓地方分局享有很大的裁量權。」不過，最後的結果經常是混亂和缺乏迫切感。

另一個問題是：沒有什麼證據顯示這些警告引起很大的影響。二〇一八年的一項研究[19]發現，在他們研究的二十座城市中，只有一座城市的熱傷害死亡率降低有統計顯著性，並且與國家氣象局的高溫警示有統計關聯性。此外，高溫警示沒有任何標準，國家氣象局的一百一十六個地方分局都能自行決定要用什麼指標、在什麼時候發布警示，導致某些地方會收到大量高溫警示，某些地方卻很少收到。更糟糕的是，在最需要發布警示的地方，竟然沒有發布。正如這項研究中提到的：「高溫警示的空間模式與高溫造成的死亡率不相關，表示現行的方法可能與高溫健康風險不太一致。」[20]

沒有人應該死於熱浪。之所以死去，是因為他們孤身一人，不知道該怎麼辦，也沒向人求助。或是因為他們沒有冷氣（或沒有錢開冷氣）。或是沒辦法去避暑中心。或是擔心如果他們放下手邊的工作，就會被解僱。

除此之外，之所以有人死亡，是因為他們不知道熱衰竭和中暑的警訊，或是在這些警訊出現時沒有加以預防並求助。對於在極端高溫的情況下該怎麼做，一般人還懵然無知，有很多疑惑。要打開電風扇並開窗嗎？應該喝多少水？該洗冷水澡嗎？流很多汗是好事還是壞事？如果心跳開始加速，代表心臟病快要發作嗎？

凱西・鮑曼・麥克勞德（Kathy Baughman McLeod）決定讓極端高溫成為洛克斐勒基金會復原力中心（Adrienne ArshtRockefeller Foundation Resilience Center）的重心時，就了解到這個基本問題。＊這個非營利機構成立於二〇一九年，起初只有一個宗旨：提升飽受氣候變遷之苦的世人的復原力。麥克勞德原本可以把注意力放在一些值得關注的議題上，如糧食安全、颶風防範工作等，但經過幾個月的思考，並且和其他氣候團體交換意見之後，她認為極端高溫的危險和巨大影響並未獲得應有的關注。事實上，這些危險和影響幾乎是無形的。麥克勞德認為，讓它們引人注意，可以挽救數百萬人的生命。

麥克勞德現年五十三歲，總是精力充沛，她有一雙淡褐色的眼睛，經常笑，說話的方式可以在輕鬆的玩笑和極其嚴肅之間迅速切換。「我想同時改革、發展和改善世界。」她在事業剛起步時告訴一位記者，「我想發揮影響力。」

麥克勞德從一開始就明白兩件很重要的事：氣候危機正在迅速發生，以及它將大幅改變我們的經濟結構。有十年左右的時間，她在佛羅里達州政府內外從事各種與氣候和金融有關的工作，包括在佛羅里達州能源與氣候委員會（Florida Energy and Climate Commission）的工作。二〇一三年，她

＊祕密大公開：我從二〇二〇年到二〇二三年是洛克斐勒基金會復原力中心的資深研究員，這是無給職。

成為大自然保護協會（Nature Conservancy）全球氣候復原力常務理事，隨後又在美國銀行擔任環境與社會風險資深副總經理。在大自然保護協會，麥克勞德因創新的想法聞名，例如她為墨西哥昆塔納羅州的珊瑚礁制定的保險政策，這項政策在保護該地區的珊瑚礁和海灘，以及它們每年帶來的一百億美元觀光收益，不會因為具破壞力的暴潮造成危害。這是全世界第一個自己有保險政策的自然結構──《紐約時報》把它稱為「激進的金融實驗」[21]。

乍看之下，很難看出創新的金融工具要如何和高溫結合起來，這畢竟不像太陽能板，企業家可以透過投資新技術來獲利。哪個企業家會去投資打造更遮蔭的公車站？在城市裡種樹遮蔭，或為高危險群開設避暑中心，供他們在熱浪來襲時避難，是賺不到錢的。換言之，如果極端高溫是敵人，你的戰鬥部隊會像什麼？

二〇一九年秋天，麥克勞德在加州首府沙加緬度的一間普通會議室裡想到了答案。她去那裡參加加州氣候與保險工作小組的聚會，有十幾個人開會，準備提供建議給加州的保險專員李卡多．萊拉（Ricardo Lara）。麥克勞德正在和克莉絲汀．朵芮絲．波林（Kristen Torres Pawling）聊天，波林是洛杉磯郡的永續專案主任，她對那年夏天的炎熱程度，和燒毀加州近三十萬英畝土地的野火，感到不可思議。她議論說，每個人似乎都很清楚那些大火，說著它們的名字，但熱浪造成的死亡人數遠多於野火，反而比較難討論。

「我們為什麼不替熱浪命名，就像命名颶風和野火那樣呢？」她問麥克勞德，沒真的期待聽到答案。

就在這時，麥克勞德忽然腦中靈光一閃。

命名是人的基本欲望。我們會替孩子、寵物、車子、房子、我們爬過的山和夜空中的星座命名。風暴和颶風的命名在幾百年前就有了，有時候會以著名受害者的名字命名，如一七八〇年的索蘭諾風暴（Solano's Storm）[22]，那場風暴在佛羅里達外海摧毀了西班牙艦隊，因而以西班牙艦隊司令荷西・索蘭諾・波特（José Solano y Bote）的名字來命名（他死裡逃生，但麾下成千上萬的人沒能逃過一劫）。風暴通常會以襲擊的年分和地區來命名，如「一九二六年邁阿密大颶風」[23]。

一九五〇年代，為了尊重以女性命名船舶的航海傳統，美國國家氣象局開始以女性命名颶風[24]。這和社會大眾漸漸警覺到颶風有多大的破壞性毫無關係，主要是為了改善船隻、飛機與氣象站之間的通訊，氣象站過去大多採用經緯度來定義風暴。

不過，以女性命名風暴不是那麼聰明的主意。一九六〇年代，女性對於以女性命名的颶風被形容成「女巫」、「反覆無常」、「狂暴」和「凶險」的性別化和厭女態度[25]感到不滿。（有一位直言不諱的女性主義者建議，把颶風的英文名稱從hurricane改成「himicane」[26]。）

因此從一九七九年開始，大西洋熱帶氣旋和颶風輪流以男女名字命名。如今，颶風的命名是由監督天氣監測與預報的聯合國專門機構世界氣象組織（WMO）負責的。

然而，熱浪要在何時何地命名？又要怎麼命名呢？當然，長久以來人類自己就一直在做這件事了，正如密西西比州首府傑克森一家地方報的社論開玩笑說：「在密西西比州和南部諸州的其他地方，熱浪已經有兩個名字了：七月和八月。」[27]二〇一七年，一波熱浪席捲義大利，當時義大利人就給了它路西法（Lucifer，墜落天使）[28]這個綽號，這也啟發了《棕櫚灘郵報》（*Palm Beach Post*）的一位專欄作者，指出「熱浪」是DC漫畫超級反派名人榜中的真實角色。「我們可以延續這個主題，把漫長的炎夏稱為水疱俠、中暑人、熱爆俠或三溫暖，這些人應該會是那種笨手笨腳的大壞蛋。」[29]

麥克勞德認為有更好的做法。二〇二〇年八月，也是在炎炎夏日，她與三十個全球合作伙伴發起一個名為「極端高溫復原力聯盟」的組織，紅十字會和佛州的邁阿密及希臘的雅典也包括在內。麥克勞德在成立大會上表示：「這種極端高溫危機可能不再是『無聲殺手』。」這個聯盟會協助推動一項因應高溫的運動。後來，洛克斐勒復原力中心聯合這些合作伙伴和其他團體，在許多城市設立高溫長（chief heat officer）這樣的新職位，並且成立高溫健康科學專家小組，還為政策制定者開發了一套工具，協助他們更清楚了解可採取哪些措施，才能降低高溫死亡率和發病率。不過，洛克斐勒復原力中心的當務之急是替熱浪分級並命名。麥克勞德告訴《華盛頓郵報》：「高溫對健康的風險正在不斷增加，如果要傳達這種風險的危險和嚴重性，替熱浪命名是最清楚不過的方法。」[30]

想也知道，麥克勞德的命名和分級提議引起學術界和想法守舊的科學家反彈，他們不欣賞她的雄心壯志和跳脫傳統的思維。四十二位高溫研究人員聯名致函麥克勞德[31]，告誡她熱浪的命名與分級「和已發布的全球高溫健康優先事務不一致，可能會導致注意力分散，甚至適得其反」。

從某種意義來說，科學界的反彈並不意外，因為命名熱浪不是科學。「它是品牌化，是公關。救命就是要靠公關。」麥克勞德毫不掩飾地說。

但它**也是**科學，因為必須先預測哪種熱浪的危險性高到值得命名，才能替它命名。和洛克斐勒復原力中心合作的勞倫斯．卡克斯汀（Laurence Kalkstein），是備受器重的高溫研究人員，他推薦一套不只有採用氣象學的熱浪分級系統。這套系統是圍繞著高溫對特定社群的預期健康影響而制定的。卡克斯汀曾經開發一種稱為空間綜觀分類（spatial synoptic classification）[32]的系統，此系統可識別八種不同類型的氣團：熱帶大陸氣團、熱帶海洋氣團等等。他觀察許多城市，看看這些氣團和該地區總死亡率的資料的相關程度。比方說，他可以看到在新墨西哥州的阿布奎基（Albuquerque），當乾燥的熱帶大陸氣團籠罩時，死亡率會上升百分之十五。如果他在任何一個城市和氣團的相關性看到的次數夠多，他就可以很精準地估計出氣團報到時會造成多少人死亡。

「我們可以利用基本氣象資料提前五天預測有氣團來報到，」卡克斯汀告訴我，「然後我們可以開發出具體的演算法，看看會有多少人死亡。」

分級系統永遠是不完美的，但卡克斯汀的系統有兩個優點。首先，它只看死亡率，而不看其他健康影響指標，如急診就醫人次。其次，它把多個因素融合成一項，這些因素包括濕度和夜間氣溫，對於和高溫有關的死亡率有很大的影響。第三，它根據了實際地點的實際過去歷史，因此是在使用專屬於某個城市或地區的資料。卡克斯汀和他的團隊只需要過去的天氣和死亡率資料，而且這些資料可以一起丟進演算法，計算出任何一個氣團預報的未來死亡率。

決定為哪一波熱浪命名是一回事，決定給它取什麼名字是另一回事。麥克勞德雇用了一家社群研究公司，在某地區的幾個區域進行焦點團體訪談，測試不同的命名方案。其中幾組是：希臘諸神（宙斯、阿波羅、冥王黑帝斯）；希臘字母（α、β、γ、δ）；辛辣食物（莎莎醬、辣椒、胡椒）；地點（駝峰山、觀景臺）；顏色（白色、橘色、紅色）；烹飪（一分熟、五分熟、全熟）。

我所觀察的焦點團體，成員是亞利桑那州居民，他們對最佳命名方案沒達成廣泛的共識。事實上，那些來參加焦點團體的人在得知熱浪是最致命的極端天氣事件，每年造成的死亡人數遠超過颶風或洪水之前，甚至不認為命名是好主意。後來他們同意，是啦，命名大概很重要。至於要取什麼名字，有位男士說希臘神話「會產生美好的聯想，但也有點令人沮喪。它會讓高溫聽起來很像一種超自然力」。有位女士補充說：「採用神話裡的名字，會讓人覺得我們控制不了正在發生的事，但我們其實可以控制。」

城市是熱浪分級與命名新系統的理想實驗室，部分原因是，比起在全州或全國施行這項計畫，城市在政治和科學兩方面都比較容易處理。儘管如此，仍有很多可變動的環節。二〇二二年春天，在麥克勞德推行洛克斐勒復原力中心的高溫命名與分級措施近一年後，雅典市府官員決定採納卡克斯汀的氣團分類法為熱浪分級，但並未實際命名，只採用按顏色來區分的警示系統。

另一方面，塞維亞市府官員則承諾[33]試辦一項熱浪分級與命名的計畫，而且他們有充分的理由進行試辦。這座人口將近七十萬的城市位於西班牙南部，經常籠罩在極端高溫下，而且情況愈來愈嚴重。近幾十年來，西班牙出現熱浪的頻率增加了一倍。麥克勞德和她的同事為了找出分級與命名執行時在政治和科學方面會遇到的複雜問題，和該市政府攜手合作，召集一個名為「proMETEO塞維亞計畫」的小組，這是個聯合了各大學、塞維亞市長與市議會，以及西班牙國家氣象局的聯盟。

各機構一致同意這項試辦計畫要採用卡克斯汀的演算法，根據熱浪對人體健康與死亡率的潛在衝擊來進行分級。他們會把熱浪分成三類，而且只有最致命的第三級熱浪會有專屬的名字。他們針對第三級熱浪的確切劃分界線做了一番討論：在死亡率預估增加百分之三十的程度？還是百分之四十五？此外，針對是否應該在熱浪分級系統公布預估死亡率，也進行了討論。這點並不意外。有哪個政治人物想告訴他或她的選民，有些人在接下來幾天會死亡？經過多次討論，市府官員選了一個單純的命名方案，從最後一個字母依序輪流使用男女性的名字：Zoe、Yago、Xenia、Wenceslao、Vega，以此類推。

結果發現，這項措施來得正是時候。就在二〇二二年，西班牙經歷了史上最早報到的熱浪之一[34]（那年五月被列為五十八年來最熱的月分）。六月時，氣溫經常飆到四十一點六度，熱天正好也是雨燕的孵化季節[35]，這種鳥經常在房屋外牆或屋頂的凹陷處築巢。「我們的房子通常是用混凝土或金屬板蓋成的，這些建材會變得非常熱，」西班牙生物學家伊蓮娜・摩蕾諾・波狄優（Elena Moreno Portillo）說，「所以鳥巢會變成一個烤箱，那些還不會飛的雛鳥忍受不了巢內的高溫，所以都衝了出來。牠們快要被煮熟了，真的是名副其實。」波狄優說，在塞維亞「你走在街上，會看到上百隻雛鳥躺在屋腳下，有些已奄奄一息，有些還勉強活著。」[36]

七月中旬，氣溫開始升高，不光是在塞維亞，還包括整個南歐。「塞維亞每天的平均死亡人數大約落在十四到十五之間，」卡克斯汀後來告訴我，「在熱浪籠罩期間，有很多天的死亡人數超過二十人，還有幾天超過了三十人。」

七月二十四日，氣象預報說塞維亞即將飆到最高溫，氣溫預測會衝破四十二點七度，夜間也會是高溫。在卡克斯汀的分級系統中，這還只是第二級熱浪，但在塞維亞市府官員看來，這已經夠接近標準了。他們在上午九點宣布：熱浪柔伊（Zoe）來襲。[37]

名字固然重要，但真正重要的是一系列的警示、警報和社群媒體上的其他訊息，要讓公眾懂得如何避免熱傷害，包括一些簡單清楚的相關指示，譬如減少體能活動，待在室內，白天拉上窗簾、晚上開窗讓空氣流通，多喝流質，以及飲食盡量清淡。

熱浪柔伊在西班牙和國際間都引發媒體高度關注。如果這項策略的目的是提升公眾對高溫的警覺性，教導大家如何因應高溫，那麼按照這個標準來看，這項計畫就十分成功。

把熱浪命名為「柔伊」真的能救命嗎？「我們才剛起步，」參與計畫的塞維亞大學物理學副教授荷西．瑪麗亞．馬丁．歐拉亞（Jose Maria Martín Olalla）說，「我們只在塞維亞市用這個名字，所以是很在地的事情。我認為問題在於長期成效如何？我們必須讓大眾警覺現在面臨的危險，而且未來還會變得更嚴重。我很確信，為熱浪命名就是很好的做法。」

事實上，洛克斐勒復原力中心在柔伊熱浪來襲幾個月後，針對西班牙七個地區的兩千多名居民安排了一項調查[38]，結果發現，想起自己聽過柔伊熱浪的那些人比較有可能採取避免熱傷害的行為，如多喝白開水、居家遠端工作等等。這些人也較有可能和其他人談論高溫議題，並相信政府有在盡力保護人民。另外一項研究在檢視美國各大使館開始發布所在城市空汙統計數據的推文之後產生什麼效應[39]，結果發現提升警覺性與降低風險之間有明顯的關聯。研究人員發現，這種非常便宜又簡單的投資可大幅減少空氣汙染，促進健康。

對麥克勞德來說，塞維亞試辦計畫是很重要的第一步，可協助建立證據和推動力，讓其他人進一步思索該如何傳達高溫風險。在那年夏天結束前，其他六個城市已經開始根據洛克斐勒復原力中心的分級與命名系統，著手制定高溫健康預警計畫。世界氣象組織發布了一份技術摘要[40]，在檢視熱浪命名的利弊，他們的結論是，該組織「最初應考慮評估現有熱浪命名措施的成效、利益、挑戰與永續性，並利用評估結果去影響未來的任何提案」。在麥克勞德發想出一切的原點沙加緬度，立法機關通過一項法案，指示加州環保局發展一套以健康為中心的熱浪分級系統[41]。這項新法案會讓四千萬人立刻更清楚了解未來的熱浪可能有多危險，以及該採取什麼自我保護的行為。

麥克勞德目前也準備回歸她的金融保險老本行。她在二〇二三年離開洛克斐勒復原力中心，著手成立一個名為全民氣候復原力（Climate Resilience for All）的新組織，特別關注極端高溫對高危險群、尤其是對女性影響特別大的差異問題。她和團隊在南方世界國家（Global South）與女性領導的社區組織合作，其中之一是位於印度的自僱婦女協會（SEWA），麥克勞德在這個協會測試一項微型保險計畫；這項保險計畫是在補償貧困的非正式女工在極端高溫期間的所得損失，在發生危險的熱浪時，同時提供保險並直接給付現金，補償這些婦女的損失。該計畫還包括女性專屬的高溫預警系統，以及實際的干預措施，例如用來遮蓋農作物、不受烈陽曝晒的防水布，以及給兜售農產品和肉類的街頭小販使用的保冷箱，目標是提供婦女經濟保障和生財工具，避免在熱浪來襲期間做危險的工作，並照顧自己和家人。

「我們認為，目前的情況和死亡人數在督促我們加快行動，盡快救人，」麥克勞德告訴我，「我的意思是，那裡有人奄奄一息，我們必須提供協助。」

Chapter 13

烤焦、逃跑，或行動

Roast, Flee, or Act

曾經，巴黎的夏天，有點像西雅圖的夏天。溫度在二十度上下徘徊，偶爾會下雨，濕度還可以。這樣的天氣持續了幾個世紀，這就是為什麼直到不久前，這座城市很少人有空調。何必自找麻煩？此外，法國有一項悠久的傳統，他們會在八月去度假，通常那是夏天最熱的月份。整座城市幾乎關閉，人們去不列塔尼（Brittany）的海灘或阿爾卑斯山消暑並放鬆。你可以把這想成應對暑熱的老式作風。

八月仍逗留在原地的人，通常是老人家，或者是工作上需要駐守的人，還有維持城市運作的人，為了成千上萬想來艾菲爾鐵塔自拍的觀光客。二〇〇三年的夏天，留在城裡的巴黎人卻遭受未想過的事情重擊，那就是熱浪。巴黎也曾有過大熱天，但從沒像這次一樣。這個八月裡，有九天的白天溫度超過三十五度，偶爾衝上四十度。就算到了夜晚，也不怎麼涼爽。

在幾天的時間內，這場悲劇的全貌[1]逐漸展露出來。警察與消防人員開始接到愈來愈多報案電話。醫院急診室開始湧進人潮。進入熱浪大約一週，市府官員開始找不到地方存放遺體。衛生部門想要安置在首都附近的溜冰場，但這些溜冰場在八月是關閉的，而且重啟結冰需要的時間太長。所以當局在公園架起有冷凍功能的帳棚。即使工作人員日夜不停忙碌，埋葬和火化的速度仍趕不上死亡的人數。巴黎把死亡到下葬之間的最長期限從六天延長至十五天，結果卻是某份報告所謂的「遺體停放地點的大量增加。」[2]後來，市府官員徵用一座儲藏食物的倉庫。他們也租借或購買運輸冷凍食品的卡車。「有一輛卡車，」[3]有位作者回憶道，「雖然已經把轉印貼紙撕掉，但仍留下輪廓，可以看出市府是從哪一家肉商買來的。」

二〇〇三年的兩週以內，法國的這場熱浪直接導致一萬五千人[4]死亡，將近一千人是巴黎市中心的居民。很多受害者獨自居住在公寓最頂層的閣樓，鍍鋅屋頂下累積了很多熱，那些地方簡直變成烤箱，烘烤住在裡面的人。找出所有遺體，就花了好幾個星期的時間。有的公寓瀰漫著死亡的氣味，必須疏散整棟住戶。

許多出城的巴黎人回來時遇到可怕的景象。有一位二十歲的女子在返回住處前接到警告說，她公寓樓上的鄰居過世了。只是當她打開大門時，尖叫了出來。地板上有「一攤乾掉的血漬[5]，來自一具遺體的血液，以及所有東西……尿液、血液、各種液體。」原來，這具遺體倒在她樓上一個多星期才被發現。體液沿著牆壁流下，也從天花板的嵌板縫隙滴下。她驚恐地發現，廚房裡的瓶子充滿了液體。

「我忍不住吐了出來，」女子說，「我覺得很噁心。我幾乎一整個下午都在蓮蓬頭下沖澡。公寓裡，那股味道一直很強烈，甚至幾個月後都沒有完全消散。它已經滲透到沙發、床鋪，以及每一樣東西裡。有好幾個月，只要回到那裡，我就會嘔吐。」

十二年後，二〇一五年十二月，我在巴黎報導聯合國氣候峰會的COP21（《聯合國氣候變化綱要公約》第二十一次締約國大會）。我住在第五區的公寓閣樓，那是從Airbnb租來的。閣樓位於六樓，地方小而舒適，天花板很矮，有幾根大木梁。感覺很像中世紀的房子，雖然我知道沒那麼古老。我從窗戶往外望，看到一大片由巴黎著名的鍍鋅屋頂形成的大海，覆蓋在周遭的十八世紀建築物之上。我想到這些屋頂有多麼漂亮，尤其是傍晚時分。《紐約客》撰稿人亞麗珊卓・史瓦茲（Alexandra Schwartz）完美地捕捉到這種美景，「在傍晚之中的藍色時刻[6]，太陽剛落下，但天光仍照在街道上，屋頂散發藍色的光芒，有時強烈到下方的空白牆壁也接收到這些顏色，再反射出來，讓整座城市好像浸入水裡，彷彿它靜靜地沉在海底。」

那時，我還沒聽說過二〇〇三年的熱浪，儘管我已經報導氣候危機十多年了。我完全不知道就在這樣的房間裡，老建築物的頂樓，鍍鋅屋頂下，有許多人過世。使這座城市如此美麗、如此獨特的鍍鋅屋頂，卻也使熱浪變得如此致命。

二〇一五年的巴黎，感覺是個充滿進步與勝利氣息的地方。氣候峰會的最後一天[7]，一百九十五國的領袖一致同意，要把地球暖化的極限控制在比前工業時代高攝氏二度，當時認為這是氣候變遷的危險臨界點，現在仍是如此。法國外交部長洛宏．法比尤斯（Laurent Fabius）在寬敞的會議廳敲下綠色槌子，象徵達成協議，眾人歡呼。我當時站在會議廳裡，也跟著歡呼。在那個短暫的歡欣時刻，人類似乎團結起來，拿出應有的迫切心態來處理氣候危機。

如同世界上的每一座城市，巴黎是由相信地球氣候相當穩定的民眾建立起來的。的確，日子有冷有熱，河流有起有落，還有自然之母，或說是憤怒的天神，或許是物理學，會造成風暴、乾旱，以及陰晴不定的情緒，但仍有一種沒有人會懷疑的基本想法，認為有某種穩定的狀態存在，而且世界總是會回到那種狀態。就像沒有人會基於數十年後極區冰層可能融化，海平面將上升五或六英尺的假設之下建造城市；也沒有人會基於溫度將增加三到五度，極端熱浪將擊潰我們的假設之下建造城市。我們在適居區裡建設並生活，我們的城市是適居區的一部分。這些城市就是適居城市。

但現在，如同其他事物，這些城市不得不改變。沿海城市必須適應上升的海平面。山區城市必須適應湍急的河流。各地的城市必須適應愈來愈高溫的酷熱。這是我們當代最重大的都市工程計畫——把原本並非為了極端高溫而設計的城市，改造成在極端高溫下仍然宜居的城市。如果這太過奢求，至少讓城市不要成為居民的死亡陷阱。城市必須在快速成長之際做到這件事，才能應對未來幾十年預期會出現的都市人口爆發式成長。有一種說法是，接下來的三十年，為了容納新來的人口，世界將需要每個月建造一整座紐約市[8]。

打造耐熱城市，並非不可能的任務。在一個大熱天，鳳凰城負責因應高溫的官員洪杜拉在和我開車到處跑的時候說：「如果類似明尼亞波利斯的城市可以設計成在極端低溫下住起來很舒適，那麼類似鳳凰城的城市也可以設計成在極端高溫下住起來很舒適。」那時我贊同洪杜拉的意見：如果你有足夠的時間和金錢，當然沒有理由不能把一座城市建設成在攝氏五十多度下能讓人安全舒適生活的地方。

但是，我愈深入思考洪杜拉的這番話，愈覺得情形其實很複雜。一方面，明尼亞波利斯一直都很冷。這座城市以前是在低溫的基礎上建設起來的，而且把禦寒當作目標，因此現在沒有整建的必要（但就像所有城市，隨著周遭的世界變得更熱，明尼亞波利斯也有自己的挑戰）。把一個原先為了某種氣候而建造的城市，改造成適合另一種氣候，這完全是另一回事。舉房屋的地下室為例。像明尼蘇達州這麼冷的地方，地下室很有用，可以儲存食物、安裝暖氣爐等基礎設施，還有居家的基本保溫功能。如果你在蓋房子時直接挖個地下室，相當簡單。但如果你後來才想補做地下室，這件事就變得很困難又花錢。

設計一座可以度過極端高溫的城市也是如此。或許你想在市中心設置讓人通行的地下道，這樣民眾就可以避開暑熱。或許你想把街道設計成讓風可以吹入的配置，或許你鋪設鐵路時會選用可承受四十九度高溫而不變形的鋼鐵，或許你想在每一幢房子前種植耐熱的樹。如果你在一開始就做這些事情，做起來會容易得多。

從城市的角度來看，想在一顆過熱的行星上繁榮發展，會面臨雙重挑戰。第一種挑戰是，當城市成長，你如何確保它們帶著防熱的智慧來成長？繼續往郊區擴張個五十年，並非解答。城市需要變得更密集。汽車需要以腳踏車和大眾運輸來取代。新的建築物不只需要有效率，並且要以永續材料打造，而且必須在日益強烈的熱浪期間保護民眾。這代表要有更多的綠化區、更多樹木、更多水資源、更多庇蔭、更多具有防熱智慧的都市設計。

第二種挑戰更艱難，也就是想出如何處理現有的建築物和城市景觀。現有的建築物絕大多數無法適應二十一世紀的極端氣候：隔熱不佳、位置不好，只能依賴空調系統讓它們適宜人居。你會拆除這些建築物再重蓋嗎？還是進行改裝？你如何在擁擠不堪的內城區闢建更多綠地？你如何消除混凝土建築，讓大自然進駐？

這種都市整建計畫在許多城市已經上路。在紐約市，工作人員與志工已經種植了一百多萬棵樹[9]，可以增加樹蔭並淨化空氣。在西班牙的塞維爾（Seville）[10]，城市規劃者正在運用古代的地下排水道技術，幫助這座城市降溫，而不需要用到空調。獅子山共和國的自由城（Freetown）[11]，官員正在打造都市花園、改善供應乾淨水源的系統，並且為戶外市場架起塑膠玻璃的遮棚，讓民眾能在蔭涼的環境下購物。在洛杉磯[12]，公共工程單位的人員正在把街道漆成白色，以提高街道把熱反射回去的能力。在印度[13]，他們正在實驗綠屋頂，這種屋頂可以吸收熱，並創造空間種植可食用的植物。在奧斯丁，我的太太席夢把布蘭頓美術館（Blanton Museum of Art）前面閒置的廣場改造成適合大眾聚會的場所，她是這間美術館的館長，他們立起四十英尺高的碳纖維雕塑，像一枝枝巨大的高雅花朵，光線通過花朵上的許多小洞形成斑斑光點，並創造出蔭涼的微氣候。像佛羅里達州的奧蘭多（Orlando）和亞利桑那州的坦佩（Tempe）等城市創先發展韌性中心（resilience hub）——基本上是配置了備用電源、無線網路與空調的社區中心，居民遇到極端高溫事件（或者其他緊急狀況）可以到這裡避難。

巴黎赫然面臨巨大的挑戰，但也面臨巨大的機會，或許是全世界其他地方都很罕見的。

法國經歷了二〇〇三年熱浪期間失去一萬五千人，大多數巴黎人學到的教訓是熱浪會致命，卻沒注意到氣候變遷正在使熱浪變得更強烈、更頻繁，而且**更致命**。「基本的反應是『我們必須好好照顧老人家，』」房地產公司高階主管法朗克．立爾金（Franck Lirzin）說，他曾擔任法國馬克宏總統的顧問，「沒有人聯想到氣候變遷。」

立爾金寫了一本頗有影響力的書[14]，探討巴黎如何因應氣候變遷，根據他的說法，巴黎人忽略氣候已經有很長的歷史了。一方面，因為巴黎的天氣向來溫煦平和，沒有人需要去多擔心氣候的問題。「我的妻子是荷蘭人，」他告訴我，「所以我有很多時間待在阿姆斯特丹。我突然想到，荷蘭人數百年來一直在思考，如何建造天氣寒冷時可以保暖，而且淹水時可以保持乾燥的房子。和巴黎完全不一樣。」同樣的，在地中海岸的馬賽，建築師和城市規劃者學到利用厚實的牆壁、吸熱的磚瓦屋頂、導入涼風的街道方位，來因應高溫問題。

「幾百年來，我們只是用便宜的石頭蓋房子，沒有人考慮到氣候，無論炎熱或寒冷，」立爾金說，「我們在巴黎沒有氣候文化，沒有思考氣候的歷史，沒有可運用的知識庫。」

沒有氣候文化的城市不在少數。我成長的灣區就沒有，因為天氣幾乎一直都很好。墨西哥市也沒有，我太太在那裡長大。有些地方的文化熟悉與炎熱相反的事情。我的母親和妹妹住在蒙大拿州的赫勒拿（Helena），當地人很懂得因應寒冷，但是遇到天氣變熱，他們就一竅不通。他們沒有空調系統，窗戶沒有遮陽的設備，不知道要關心容易受波及的朋友與親人。反之亦然：在德州，人們知道如何因應炎熱。但是當我們遭遇嚴寒來襲，就像二〇二一年冬天的情形，許多人不知道該怎麼辦。你應該把水管裡的水排空嗎？你應該開著烤箱讓房子變暖嗎？沒有雪地輪胎，究竟要怎樣在冰上開車？（答案：你應該待在家裡，不要開車。）

巴黎在今天以優雅和美麗著稱，但從前並非總是如此。法國大革命過後的那幾年，巴黎是「老舊、破敗、無力的城市」[15]，「比起它在中世紀最糟的時候，爛泥汙水的味道更加嚴重，」一位歷史學家寫道。在皇宮之後，是一座充滿破爛小屋、貧窮與妓女的城市。一八三二年，巴黎發生霍亂大流行[16]，是這座城市歷史上最嚴重的一場瘟疫，奪走一萬八千四百零二條人命。

必須有人採取什麼措施。主導的人是路易－拿破崙（Louis-Napoléon），也就是令全歐洲聞風喪膽的拿破崙一世的姪子。路易－拿破崙流亡多年後回到法國，成為第二共和的總統，沒多久就接受加冕成為拿破崙三世皇帝，他決定改造巴黎，留下自己的豐功偉績。他選擇了政治盟友，也是職業官僚的喬治－歐仁．奧斯曼（Georges-Eugène Haussmann）[17]，後來稱為奧斯曼男爵）來籌辦這項計畫。奧斯曼沒有受過建築方面的訓練（他曾經形容自己是「拆除藝術家」[18]），卻是效率極高的冷酷行政官員與金融奇才。

無論奧斯曼有怎樣的人格特質，他對巴黎的願景，可說是十九世紀最偉大的都市建設成就之一。事實上，我們很難理解這是多麼艱巨且殘酷的任務。當時，巴黎的居民有一百多萬人（人口是紐約的兩倍）。奧斯曼剷平中世紀以來的貧民窟，趕走成千上萬人。他建造公園，種植樹木（光是布洛涅森林〔Bois de Boulogne〕就栽種超過四十萬棵樹和灌木[19]）。他開闢寬廣的林蔭大道，在一個個街區建立新式公寓建築，公寓的立面是灰色拋光石灰岩，陽臺上有對稱的熟鐵欄杆。這些是嶄新工業時代的產物，是為了新興資產階級而大量製造出來的房子。這些建築物都是五或六層樓高，愈高層的公寓空間愈小、格局愈複雜。隱私、衛生與舒適，是優先考量的重點。

這樣的「新」巴黎立即引發爭議。有一位批評者說，這些整齊排列的建築讓他想到「未來的美國巴比倫」[20]，然而小說家埃米爾．左拉（Emile Zola）[21]卻讚揚這種改造：「我全心全意愛著這座大城市……無論是否有一束陽光照亮巴黎，或是否有陰暗的天空供它作夢，它都像一首悲喜交加的詩。這是環繞我們周遭的藝術，是一種生動的藝術，一種未知的藝術。」

不管怎樣，從氣候的角度來看，這些建築最引人矚目的地方，是奧斯曼採用的鍍鋅屋頂。這種屋頂在當時是一種創新設計，比磚瓦輕且更便宜、耐腐蝕、而且不易燃燒。只要安裝得當，可以經久耐用。證據就是，巴黎的這類建築物，至今仍有將近百分之八十[22]（也就是超過十萬幢公寓[23]）使用鍍鋅屋頂。法國甚至有人發起活動，希望推動鍍鋅屋頂成為聯合國教科文組織（UNESCO）認定的世界遺產[24]。

但問題是，巴黎人目前面臨的氣候已經和十九世紀時不一樣。在二十一世紀，鍍鋅屋頂是致命的裝置。在炎熱天氣，這種屋頂的溫度可以熱到像煎鍋，實際上就是煎鍋。有一項研究在夏天巴黎的鍍鋅屋頂測量到攝氏九十度[25]的高溫。頂樓的閣樓原來是設計給佣人居住的，沒有隔熱設施，因此屋頂的熱會直接傳到下方的房間。二〇〇三年熱浪期間，這些閣樓由於通風與隔熱不良，加上年長者或生病的人很難走下六層樓梯去避難，於是這些頂樓房間變成他們的死亡陷阱。

那麼，現在要如何處理這些鍍鋅屋頂？「我們沒有什麼好選項，」立爾金說。在鍍鋅板下加入隔熱材料呢？「這樣做的難度很高，」他解釋，「這種屋頂的設計不能負擔額外的重量，所以代表整個架構都要移除再重建，費用非常昂貴。」而且，光是拆掉整片鍍鋅屋頂，換上更適合二十一世紀氣候的別種屋頂，對許多巴黎人來說就是不可想像的破壞行為，這會毀掉他們心愛的城市。「想獲得改建許可，就要花上好幾年的時間申請，而且到時候，最可能得到的結果是不准改建。」＊

把屋頂漆成白色，會有幫助。較淺的色彩可以提高建築物的反照率（albedo），把陽光反射回去，讓建築物吸收到的熱變少（這也是為什麼摩洛哥、葡萄牙、希臘小島等炎熱地方的房子，傳統上都漆成白色）。白色屋頂在[26]陽光充足的氣候區，有顯著的散熱效果。澳洲的新南威爾斯大學（University of New South Wales）一項研究確定，白色屋頂可以讓室內降溫，最多可降四度之多。但巴黎的鍍鋅屋頂本來就是淺色的，改成白色的影響會比較和緩。還有屋頂的使用與維護問題，因為白色屋頂大約每十年需要重新粉刷一次。更重要的是，保護古蹟人士普遍反對白色屋頂，他們擔心這會從根本上改變這座城市的外觀和感覺。

綠屋頂是另一種可能的方法。二〇二〇年，三位巴黎年輕人成立一家叫做屋頂景觀（Roofscapes）的公司，想在鍍鋅屋頂之上打造木頭平臺，成為屋頂露臺。「人們能夠種一些可食用的植物，同時可以防熱，」二十八歲的歐利維耶·法博（Olivier Faber）說，他是這家公司的共同創辦人，他們最初是從麻省理工學院建築與規劃學院衍生出來的新創公司。法博指出，這種木頭平臺的搭建方式，

＊二〇二一年，法國國會通過一項法律，限制隔熱不良的房屋或公寓出租。由於鍍鋅屋頂下的公寓大多無法隔熱，這些頂樓會有很大部分將在二〇三五年前強迫退出租賃市場。這項法律的用意是為了避免民眾收到高額的電費帳單，而非保護他們不受熱浪傷害，但最終仍是殊途同歸。

不只把額外的重量讓屋頂本身承受，也分給奧斯曼建築的古老岩石承重牆一起負荷，多數情形下，這些承重牆非常堅固，足以支撐平臺。這個想法的靈感來自於威尼斯，當地人數百年來有一項建造屋頂露臺的傳統，這樣可以得到新鮮空氣與空間來種番茄。巴黎的官員對於新建築物上的綠屋頂沒有意見，事實上，該市最近通過一項法律，要求超過特定規模的新商業建築必須設置綠屋頂（或太陽能板）。老建築才是問題所在。「民眾需要很長的時間，才能夠理解我們在巴黎面臨到的情形的嚴重程度。」

這不是巴黎獨有的問題。過去與未來之間的爭執，界定了許多城市在辛苦因應快速變化的氣候時的戰線。邁阿密的南海灘（South Beach）有一批亮麗的裝飾藝術建築，保護古蹟人士希望它們保留在一九三〇年代建造時的樣子；而開發商卻很樂意用推土機把它們剷平，興建對颶風和淹水更有韌性的公寓大樓。在威尼斯，十五世紀的豪宅[27]正逐漸沉入潟湖中，但它們是如此珍貴的建築瑰寶，除了花費數億美元讓這些建築多支撐數十年，直到最後被上升的海平面淹沒，我們想不出還能做什麼努力。這裡處於危險境界的不只是建築物本身，還有我們的歷史、文化，以及我們的身分認同。由於氣候危機正在加速，而且變成更緊急的問題，事實很殘酷，我們無法挽救所有事情。

在巴黎，並非只有鍍鋅屋頂動不得。舉例來說，外部百葉窗可以把熱有效阻擋在建築物的外面，但如果不包含在奧斯曼的原始設計之內，歷史委員會就禁止屋主加裝。「有一種共識認為，我們必須做些事情來改變這些建築物，讓它們在未來變得更安全、更適合居住，但欠缺鼓勵人們找出解決方案的誘因，」立爾金說，「還有一種根深柢固的想法，主張巴黎就是巴黎，不能有任何改變。」

隨著安・伊達戈（Anne Hidalgo）當選巴黎市長，為巴黎降溫的行動自二〇一四年展開。六十三歲的伊達戈是難民的女兒，他們家為了躲避法西斯主義而逃離西班牙。祖父是西班牙安達魯西亞（Andalucía）的左派份子，在弗朗西斯科・弗朗哥（Francisco Franco）獨裁統治期間被判死刑（雖然最後免除死罪）。伊達戈在十四歲歸化為法國公民，開始工作時是擔任針對工廠的勞動檢查員，在一九九〇年代成為利昂內爾・喬斯班（Lionel Jospin）總理的政府顧問。

巴黎在昔日是美妙的步行城市，伊達戈接任市長的時候，這座城市塞滿了汽車，內城區瀰漫著致命的空氣汙染，自行車道很罕見，所剩無幾的樹木看起來病懨懨的。伊達戈首先鎖定汽車與卡車，打一場她所謂的民主戰爭，把巴黎還給巴黎市民。她關閉巴黎中心地帶塞納河畔兩英里長的車行道[28]，改造成河濱公園。里弗利街（Rue de Rivoli）是這座城市的主要商業街道，也變成自行車林蔭大道，只允許數量有限的某些汽車行駛。在巴黎的兩處主要廣場，共和廣場（Place de la République）與巴士底廣場（Place de la Bastille），車流限縮在一側，多出來的空間變成大型步行區，供熙熙攘攘的人群行走。她在這座城市裡創造了超過二百五十英里的自行車道[29]，本人經常被拍到騎腳踏車到市政廳上班的身影。

「我的工作是改造[30]這座宏偉非凡的城市，但不造成破壞，」伊達戈曾經說過，「把它變成適合居住的城市，並且是鼓舞人心的模範城市，而不否定它的歷史。」

但是，伊達戈的企圖心在二〇一八年受到阻礙，當時有成千上萬名巴黎人穿上黃背心，走上街頭抗議燃料稅調高；這些人大多是住在市郊通勤到市區工作的勞工階級。這些抗議如雪球般愈滾愈大，變成反對馬克宏總統的活動，因為一般認為馬克宏偏袒菁英與富裕的都市居民。抗議的人在凱旋門附近放火焚燒路障，警察用催淚瓦斯與橡膠子彈推進，驅散群眾。這場騷動震驚全法國，馬克宏總統差點因此下臺。

動亂之後，伊達戈把目標從汽車轉向樹木。她並沒有完全放棄對抗汽車的戰鬥，在為二〇二四年奧運預作準備的期間，她努力推動禁止大部分汽車與柴油卡車進入內城區。但是她發現為樹木奮鬥是比較好打的仗，而在她前後的許多政治人物也都發現這一點。畢竟，誰不愛樹呢？而且巴黎鐵定需要更多樹。雖然這座城市有很多公園，但樹冠覆蓋率在全世界各城市中敬陪末座，只有百分之九[31]，相較之下，波士頓是百分之十八，奧斯陸是百分之二十九。二〇一九年的夏天，伊達戈啟動都市森林行動，誓言要「大幅綠化」這座城市的校園，以及四個地標：巴黎市政廳、里昂車站、巴黎歌劇院後方的廣場、塞納河岸的小路。

從公關的角度來看，伊達戈宣布都市森林計畫的時機再恰當不過了。二〇一九年六月二十五日，距離都市森林行動實施還不到一個月，巴黎測到至今為止的最高溫度：攝氏四二・六度（華氏一〇八・七度[32]）。想要讓城市降溫，還有什麼方式比種樹更好、更無害的呢？

樹木是氣候戰爭中的超級英雄。它們會吸收二氧化碳，釋放氧氣，在進行光合作用的同時可以過濾空氣。它們吸收土壤裡的水分，透過葉片散發，過程中順便使空氣降溫（可以把它們想成迷你冷氣機）。當然啦，它們為大大小小的生物提供庇蔭，也為周遭的土壤遮陽，有助於降低蒸散作用，減少土壤水分的損失。曾經在城市公園散步的人就知道，植物對於生活緊張的都市人也能帶來心理健康方面的好處。樹木與我們在深邃時光中一起演化，是我們數百萬年來倚靠、攀爬、崇拜的生物夥伴。

巴黎市計畫在二〇二六年之前種植十七萬棵樹[33]，這是伊達戈都市森林倡議的一環。聽起來似乎數量很多，從某些角度來說的確如此。但讓我們以客觀的方式來看。紐約市已經種植了一百多萬棵樹，而且還會持續下去。米蘭的都市森林計畫每年種植三十萬棵樹[34]，目標是讓這個城市在二〇三〇年有三百萬棵新種的樹。為了讓你有個概念，從全球的尺度了解這些情形的意義，在此提供以下數字：地球上大約有三兆棵樹[35]，算起來每個人分到四百二十二棵樹左右。人類要為每一年消失的一百五十億棵樹負責，而每一年種植或發芽長出的新樹約莫有五十億棵，因此每一年的樹木淨損失[36]是一百億棵樹。雖然人們可能也很愛樹，整體而言，我們沒有善待它們。自從人類文明開始以來，地球上樹木的數量減少了百分之四十六。

儘管如此，十七萬棵樹仍是不小的數目。討論到讓一座城市降溫，樹木很重要。二〇二二年的夏天，有一位研究者發現，巴黎歌劇院前的地面溫度是五十六度[37]。幾步之外，義大利大道樹蔭下的人行道地面，溫度只有二十八度。

但是，在快速變遷的氣候下，樹木不是解決都市高溫問題的簡單答案。首先，比起讓樹活下來，種樹容易得多。民眾喜歡捐錢種樹，政治人物喜歡有人拍到他們在種樹的照片，但是找到維護這些樹的經費則困難得多。在洛杉磯，市府官員估計，光是種植一棵橡樹並維護五年的花費是四三五一・一二美元。[38]*接下來的問題是，誰來負責照顧這些樹。以鳳凰城為例，該市沒有專責的部門或機構擔負維護樹木的任務，這表示樹木通常沒有得到應得的照顧和關注，尤其是在它們種下後的頭幾年。根據鳳凰城一位愛樹人士的說法，這座城市的行道樹平均壽命只有七年。

「鳳凰城過去曾有很多漂亮的大樹可以提供遮蔭，但他們在一九六〇年代把樹都砍掉了，因為擔心消耗太多水，」鳳凰城的永續長馬克・哈特曼（Mark Hartman）在我幾年前初次到訪時告訴我。二〇一〇年，極端高溫明顯成為問題，鳳凰城官員訂下目標，要在二〇三〇年讓這座城市的樹冠覆蓋率加倍，從百分之十二提升到百分之二十五。[39]但是，後來遇到不可避免的預算削減和裁員。據哈特曼說，「植樹的數量刪減到只比風暴與旱災造成的損失多一些。」與十年前相比，鳳凰城今天的樹冠覆蓋率幾乎沒什麼變化。

城市裡的樹木即使得到良好的照顧，生活條件仍然很艱難。狗撒尿在它們身上。樹根被柏油和混凝土蓋住。戀人在樹皮上刻自己名字的起首字母。酒醉的司機開車撞它們。在雅典，有一種甲蟲入侵當地，正在摧毀公共廣場上提供庇蔭的桑樹。[40]梣樹在美國的芝加哥與密爾瓦基（Milwaukee）[41]

等城市是遮陽的主要樹種，一直受到光蠟瘦吉丁蟲（emerald ash borer）的肆虐，那是一種二〇〇〇年代初來到北美洲的吉丁蟲。有一項研究認為，到了二〇五〇年，光蠟瘦吉丁蟲可能害死美國一百四十萬棵行道樹[42]。在奧斯丁這裡，高大的橡樹與長山核桃樹經常讓人砍掉，好空出土地給那些科技業老兄蓋大房子與游泳池。法律與規則都阻止不了他們砍樹，即使他們必須付一些罰款，那又怎樣？條約橡（Treaty Oak）是奧斯丁最漂亮的樹之一，而且具有歷史意義，傳說建立該市的史蒂芬．F．奧斯丁（Stephen F. Austin）就是在這裡與當地美洲原住民會面協商，並簽訂德州的第一份邊界條約；一九八九年，有一個男子對這棵樹下毒[43]，因為他看了一些巫術書籍，認為殺死這棵樹可以透過某種方式終結自己遭女生拒絕而導致的傷痛（結果這棵樹受害慘重，但幸好沒有死掉）。

決定要種哪些樹，也不是簡單的事情。為了避免病害與入侵物種造成的大範圍損失，多樣性很重要。但是，當今城市裡的氣候，將不同於二〇五〇年時的城市氣候。樹木專家與都市規劃者自然會看得更長遠，看看哪些樹可能適合未來的條件。在巴黎市中心，隨處可見的二球懸鈴木（London plane tree，又稱英國梧桐）已經奄奄一息，無法抵抗暖化的氣候，目前有關單位正在以常綠樹、橡樹與幾種七葉樹取代。在土桑，棕櫚樹已經遭到淘汰，改種扁軸木（paloverde）與牧豆樹。為了幫

* 種植適應氣候的樹木，可以降低維護樹木的費用。在亞利桑那州的一些地方，例如牧豆樹或栲樹這些適應當地氣候的樹木，在種植之後的第一或二年期間只需要澆水。當它們長大，較大的遮蔭樹冠通常可以提高土壤水分，因為水分的蒸發作用降低了。

助人們選擇能在嚴酷氣候下生存的植物，澳洲麥夸利大學（Macquarie University）的研究人員發展出名為Which Plant Where[44]的程式。在自家栽種植物的園藝愛好者可以上網，輸入地點，程式就會推薦，比如說，在二〇四〇年的氣候中可以生長得很好的植物。暖化的氣候已經正在世界各個熱點的街道造成破壞。二〇二〇年初，我在墨爾本研究這裡的都市森林計畫時，有一天下午到皇家植物園（Royal Botanic Gardens）漫步，偶然看到一棵巨大的白櫟（white oak，又稱白橡）倒在草地上，就像一尊殞落的天神[45]。樹的四周臨時豎立起圍欄，上面貼著告示，有一部分文字是：

氣候變遷正在影響我們種植的植物，未來五十年內，植物園與都市景觀現有的植物當中，有百分之二十至五十的物種很可能會受到前所未有的高溫波及。上個月，維多利亞州有紀錄以來最炎熱乾燥的一年結束了，以及巍然庇蔭橡樹草坪的雄偉白櫟（*Quercus alba*）倒塌了，這棵樹過去挺拔矗立於墨爾本植物園超過一百五十年，如今在這座城市最具代表性的景點中留下一個洞。

而且，受傷的不只是老樹。二〇一一年，乾旱與極端高溫的雙重壓力在德州害死百分之十的都市樹木，將近六百萬棵樹在短短幾個月內死亡。接下來的幾年，情形可能會更糟。有一項最近的研究叫做「全球都市樹木清單」(Global Urban Tree Inventory)，是涵蓋一百六十四個城市的四千七百三十四種都市樹木的資料庫，認為在中等氣候暖化的情境下，到了二〇五〇年，四分之三的都市樹木[46]可能會死[47]於同時發生的炎熱與乾旱。

還有公平的問題。基本的事實是，富人得到好樹，窮人得到雜草。墨西哥市就是很明顯的例子。不久前的夏季某一天，我在市中心附近的波朗科區（Polanco），沿著馬薩里克總統大道（Avenida Presidente Masaryk）散步，在高大藍花楹的深色低垂樹蔭下，經過愛馬仕（Hermès）和卡地亞（Cartier）的店門口。這提醒我們，這座城市擁有的豐富歷史包含了公共花園、公園與樹木林立的廣場。但是，圍繞著內城的一些雜亂區域，情況就很不一樣。我的岳母這次和我們一起旅行，她成年後有很長的時光是在這座城市度過的，就生活在貧民區，她說：「其實這才是大多數人生活的地方。」貧民區的景色是由混凝土，還有苦苦掙扎的瘦弱棼樹構成的。

休士頓的橡樹河區（River Oaks）住著許多石油與天然氣公司的有錢高階主管，那裡充滿了雄壯的大樹；而在五英里外的格爾夫頓區（Gulfton），可以聽到三十種語言，我們通常把這裡形容為德州的艾力斯島（Ellis Island），景觀就像是柏油沙漠。在洛杉磯，比佛利山是一片充滿異國樹木的樂園，而中南區並非如此。墨爾本市中心的城市公園有壯觀的榆樹和桉樹，但如果你搭乘路面電車到大都會區的西緣，很難看到綠葉。美國森林協會（American Forests）是提倡健康森林與生態系的非營利組織，他們的一項研究認為，奧斯丁市的樹木覆蓋情形，是美國所有都會區中最不平均的。[48]在我們這一區，一九四〇年代不起眼的房子一幢幢拆掉，蓋起玻璃麥克豪宅（McMansions），有十四英尺高的天花板與黑色屋頂，還有高大的橡樹與長山核桃樹提供遮蔭。但是，如果我騎腳踏車到東邊的社區，就能看到那裡的樹更小棵，陽光更熱，溫度更高；二十世紀初，黑色居民在那些社區遭受種族分區法律（也就是紅線制度）壓迫。如同許多城市，奧斯丁的市府官員和志工發起植樹活動，嘗試消除這種樹木不平等，想讓樹蔭民主化，普及每一個人。

許多新都市主義者（New Urbanist）抱持更大的目標，都市森林是其中一環，他們想要把自然元素帶回城市，包括河川、溪流、公園、花園、動物、整個生態系，這些事物都被冷酷的混凝土與四處蔓延的柏油覆蓋或趕走。南韓的首爾投入九億美元的經費，拆除高架道路，讓穿過市中心的清溪川河道重見天日，[49]這樣做不只開發出眾人盼望的綠地，也可以讓河川附近區域的溫度降低將近六度。雅典為了把回收水引入城市灌溉公園和綠地，計畫整修羅馬皇帝哈德良最早在西元一四〇年建築的輸水道。紐約市建立高架線（High Line），也就是在西城的高架步道，提供人們遠離都市混凝土結構的翠綠花園。巴西的古里提巴（Curitiba）有時被譽為地球上最綠的城市，[50]每個人分到的綠地超過五十平方公尺（相反的，布宜諾斯艾利斯的每個人只有兩平方公尺）。「我們為自然設計空間，」[51]巴西的一位官員說。

在某些城市，設計自然本身就是極度人為的事情。在新加坡，你很難找到一寸稱得上「自然」的土地。但自從一九六〇年代以來，政府刻意主導，一直努力讓這座城市因應上升的溫度。公路覆蓋了茂密的樹冠，都市公園不斷擴大，人行道種植成千上萬棵樹木。我最近一次到訪，在市中心散步時，看到許多蔓藤與植物從窗戶垂下，讓我覺得自己好像身處叢林裡。新加坡的 WOHA 建築事務所設計的市中豪亞酒店（Oasia Hotel Downtown）是二十七層的綠色高樓，外頭圍著網格鋁板，讓攀援植物可以沿著建築物生長。這些植物與鋁板有防晒功能，可以吸收熱並成為天然的遮陽設施。

這些綠色植物當然有助於新加坡為其居民創造涼爽的環境。但是我們很難說，像新加坡這樣的城市真能幫助地球降溫，因為它們的煉油廠與供應鏈遍布全球，產生巨大的生態足跡。「新加坡之所以能把自己建成一座花園，是因為它的農田和礦場都在別的地方，」賓州大學的景觀建築教授理查・韋勒（Richard Weller）寫道，「我會說新加坡是古馳生物多樣性（Gucci biodiversity）[52]的一個案例，這種多樣性分散人們對於它們投資位於加里曼丹（Kalimantan）的棕櫚油田的注意力，加里曼丹有全世界少數僅存的大型雨林之一。」

※　※　※

改造巴黎的重點是香榭麗舍大道（Champs-Élysées），這條連接凱旋門與協和廣場的林蔭大道是深具代表性的地標。香榭麗舍大道的名稱來自希臘神話的天堂Elysian Fields，最早是路易十四國王的園藝師安德烈・勒諾特（André Le Nôtre）設計的。這條路原來叫做杜樂麗大道（Avenue des Tuileries），兩旁種了榆樹與歐洲七葉樹，道路穿過田野與菜園。後來在一七〇九年重新命名為香榭麗舍大道，並且延長路段，到了十八世紀末成為很受歡迎的野餐地點。這裡展現了笛卡兒與伽利略等十七至十八世紀思想家對於都市的想法，而這些人正是科學方法的創立者。因此法國的官方花園採取幾何設計，以中心透視為特色，透過長距離展現開闊視野，並且利用新穎的數學與光學儀器來設計。「從這方面來看，香榭麗舍大道可以視為西方現代性的『原點里程碑』[53]之一，」法國一位都市歷史學家寫道，「反映出馴化自然的願景，這條大道成為展示進步的櫥窗。」

我在一九九〇年代初首次拜訪巴黎，驚訝於這條著名的大道竟然如此俗麗，以及觀光人潮之多。這裡很像時報廣場，但是情況更糟，雖然你可以從紀念碑與成排無精打采的樹木，看出它曾經是恢宏的步道。這幾年來，香榭麗舍大道日漸沒落，讓大道旁的地產業主與企業老闆憂心，於是他們委託巴黎頂尖的建築事務所 PCA-Stream 來重新想像這條林蔭大道，改造成符合伊達戈的涼爽綠色城市願景。

PCA-Stream 的共同創辦人菲利普．基安巴萊塔（Philippe Chiambaretta）看待城市的方式與大多數人不同。對他來說，城市不只是物體與人類的集合，也不是一部巨大的機器，而是一隻不斷蔓延的巨大生物。「城市會有代謝的流動，」他告訴我，「事物正在新生，能量流入流出，城市總是在生長——或者死亡。」五十多歲的基安巴萊塔在我們對談的那天戴著彩色圍巾，談起巴黎歷史與現代建築同樣興高采烈。「如同其他生物，城市可能處於健康平衡的狀態，也可能是不健康的失衡狀態。一座發燒的城市，如同一個發燒的孩子，就是生病了。」

基安巴萊塔和團隊花了四年的時間，從各個角度研究香榭麗舍大道，運用跨領域的方法，涵蓋人類學、哲學、物理學與經濟學。最終，他的團隊提出三億美元[54]的計畫，要把香榭麗舍從一片荒漠改造成伊達戈所說的「一座非凡花園」[55]。這個計畫會縮減幾個車道，把空間留給自行車道及更寬廣的人行道。刮除黑色柏油，改鋪淺色的地磚，這樣可以反射陽光。收集雨水，重複使用。在開闊的土地上種植一千多棵樹，讓樹根可以交往（「我們現在知道，樹木會交談，我們為此做了安排，」基安巴萊塔解釋）。總之，除了讓香榭麗舍大道變得更安全、更環保、逛起來更有趣以外，基安巴萊塔估計，這樣的改造將使這個區域的人行道溫度降低四度以上。

這就是城市的特色。它們可能是具有自己的代謝流動的超生物，但改造城市需要時間，除非你有拿破崙三世這樣的皇帝主導，或者像羅伯特・摩西（Robert Moses）這樣的權力掮客（摩西是二十世紀中葉的都市規劃者，用冷酷無情的方法重塑紐約）。假設巴黎這座城市有充裕的金錢與穩定的政治領導。立爾金計算，如果巴黎人以每年百分之一的步調改造這些歷史建築，那麼需要七十五年的時間才能全部更新，為它們加上隔熱裝置。基安巴萊塔說，香榭麗舍大道計畫可能最快要到二〇二五年才能啟動，並且需要十年的時間完成。「如果一切順利，我們可以在二〇三五年完工，」基安巴萊塔告訴我。而且這只是為了一條林蔭大道的一個（大）街區。

但或許最大的阻礙來自於，建築師和都市規劃者的宏大願景，與真能建設出什麼的現實之間的落差。牽涉到許多不同利害關係人的大型公共工程計畫經常會有這種情形，而且要是那些大型公共工程挑戰到民眾對於城市應有怎樣的外觀和感覺的期望，更是如此。基安巴萊塔在巴黎嘗試為他的香榭麗舍大道計畫尋求政治支持時，已經面臨這種狀況。「我們想要在協和廣場鋪上淺色地磚，讓那裡看起來比較不像熔爐，保護古蹟人士看到這一點說：『不不不，你不能改變路上的石頭，那是巴黎之所以為巴黎的原因！』」基安巴萊塔告訴我。「而愛樹人士說：『不不不，你不能移走原來就有的樹，即使它們生病了。如果你嘗試砍掉任何一棵樹，我們會把自己綁在樹上，並且打電話給媒體！』所以，最後會建出什麼，我們能走多遠，我還不知道。我們可以拯救未來，也可以拯救過去，但是我們無法兩者兼顧。」

立爾金擔心法律規章會發生同樣的情形，讓變更市中心的奧斯曼建築困難重重。「因為熱沒有在短時間內罷休的跡象，人們將不得不採取什麼行動，」立爾金說，「他們會做的事情，可能和全世界的人正在做的事一樣——買一臺冷氣機，裝在窗戶上。對巴黎來說，這將是災難。不但會增加用電需求，進而提高停電的風險，而且看起來很醜。」

還有其他方法可以讓巴黎降溫。立爾金指出，許多公共建築已經使用區域冷卻系統（district cooling system），系統中循環的水在流經建築物地底的管道時可以冷卻下來，而冷水流經建築物時可以帶走熱。這種系統可以推廣到巴黎的其他地區以及私人住宅。但這將會是一項重大的任務。

建築物也可以進行改造，讓它們完全不需要人工冷卻系統。法國的拉卡頓與瓦薩爾（Lacaton & Vassal）[56]建築事務所在二〇二一年獲得普利茲克獎（Pritzker Prize，相當於建築界的諾貝爾獎），擅長用新方式重新思考老建築。他們最著名的一項專案是改造波爾多（Bordeaux）的五百零三間公寓，原本這些是功能不佳又很醜陋的混凝土國民住宅，後來變身成明亮、寬敞、通風良好的住家。他們以便宜的方式進行，讓住戶不會流離失所（事實上，住戶在整建期間甚至不用搬出去）。這項專案的費用大部分由法國政府支付，政府的這項努力改善了老舊建築物裡的居民的生活，值得稱許。那麼，政府何不擴大規模，對巴黎每一幢老舊建築物進行奧斯曼式的改造？

這並非異想天開。畢竟，法國正在花四百億美元，把巴黎地鐵的路線[57]擴展到內城以外，增加一百二十五英里的軌道（大多在地底），建造六十八個新的地鐵站，這將使得住在遙遠郊區的民眾更容易進入市區，不需要開車。這種擴張計畫稱為大巴黎快線（Grand Paris Express），預定二〇三〇年完成，到時候將會使路上減少十五萬輛車。

「現在的挑戰是短時間內進行奧斯曼改造，但不用槍枝，而是透過民主程序，」三十六歲的亞歷山大．佛洛宏丹（Alexandre Florentin）說，他是巴黎市議員，代表第十三區，這裡是該市最多的亞裔移民人口居住的地方。愈來愈多的巴黎年輕人認為，高溫是這座光之城（City of Light）的致命威脅，佛洛宏丹是其中之一。他說，不光是鍍鋅屋頂的問題。事實上，學校沒有隔熱裝置和冷氣，醫院的建築抗熱效果很差，他那一區的巴黎人大多沒有學過如何因應高溫。佛洛宏丹憂慮這座城市正邁向世界末日般的未來：夏季停電、急診室人滿為患、食物短缺、人們逃出城時造成交通大阻塞、消防員在撲滅凡仙森林（Bois de Vincennes）野火時死於中暑。「我們已經進入新的氣候與能源典範，」佛洛宏認為，「我們需要一種社會與文化方面的轉型，程度之大，恐怕是過去二十年當權者無法想像的。」

這種轉型要如何發生？「你必須發起一場政治運動，」佛洛宏丹告訴我，「人民必須強烈要求。」而且不能讓維持現狀也是一種選項。無論如何，就像中緯度的每一個城市，巴黎肯定將因極端高溫而改頭換面，和這座城市過去幾百年來因為戰爭、疾病、商業而改變面貌一樣。佛洛宏丹推動市議會成立一個十五人的委員會，稱為「攝氏五十度的巴黎」[58]，這個委員會將在全市舉行公開會議，並向市議會建議應對極端高溫的最佳策略。「在巴黎，我們有三種選項，」佛洛宏丹直言不諱，「烤焦、逃跑，或者行動。」

Chapter 14

白熊

The White Bear

「嘿，我們有客人來了，」傑福瑞・侯姆斯（Geoff Holmes）從帳棚外大喊，「你們可能會想起來看看。帶上槍。」

我們人在加拿大北極區，巴芬島（Baffin Island）*的高地，是一趟長達兩百英里的越野滑雪健行的半途。我正和兩個朋友一起旅行，大衛・基斯（David Keith）是卡加立大學（University of Calgary）的應用物理學教授（後來轉到芝加哥大學），還有侯姆斯，他是加拿大工程師，之前擔任河流嚮導，曾經在加拿大一些最湍急的河流泛舟。旅程的頭兩個星期，

---

* 巴芬島是以英國探險家威廉・巴芬（William Baffin）命名的，他在尋找西北航道（Northwest Passage）時航行經過這個區域。在巴芬抵達之前，因紐特人（Inuit）早就在這座島嶼生活和狩獵數千年之久，他們為這片地區取的傳統名字是基吉柯塔魯克（Qikiqtaaluk）。

我們拖著約一百磅重的塑膠雪橇在冰上前進，裡面裝著露營裝備、食物與威士忌，路上除了在峽灣海岸看到幾個狂熱的定點跳傘運動員，正準備跳下四千英尺深的花岡岩懸崖，此外就沒有遇到其他人。

我們也沒有看到任何北極熊。這有點令人驚訝，由於巴芬島上有全世界族群密度最高的一群北極熊。克來德河（Clyde River）是我們開始旅程的因紐特小村，從這裡出發之前，一位因紐特長者告訴我們要提高警覺。因為春天的氣候暖和得不尋常，他解釋，「過去一段時間，我們看到很多熊。牠們正在遷移。」

北極熊的確正在遷移。從侯姆斯的聲音，我確切知道我們的客人是誰，或說是什麼動物。我穿上靴子，拿起放在睡袋旁的十二號口徑霰彈槍。在其他情形下，睡在裝了子彈的槍枝旁，我不覺得是有趣的主意。但是在北極區，身旁有槍，讓人覺得安心。有時候，我們快要睡著時，侯姆斯會開玩笑說：「你的女友舒舒服服蓋好被子了嗎？」

基斯和我跌跌撞撞爬出帳篷。那時大約晚上十一點，因為我們在北極區，天色不黑。太陽在晚上不會沉到地平線以下，只落到天空低處，形成綿長寒冷的暮光，給萬物蒙上好萊塢般的光暈。侯姆斯站在離帳棚二十英尺遠的地方，他剛才去那裡小便。在他數百英尺外，是我們的訪客——一隻母北極熊，身邊跟著一隻幼熊。

第一次在野外看見北極熊，這種感覺很奇特。北極熊是如此熟悉的動物，牠們出現在可樂罐與冰淇淋包裝盒上，半數美國小孩床上也有白色泰迪熊。誰沒有看過母熊帶小熊在冰上跋涉的《國家地理》風格照片，而且不會心想：**「牠們好可愛！」**事實上，媒體上的北極熊影像向來都很迷人，以致於我們很容易忘記牠們也是野生動物，忘記牠們要是有機會，會毫不猶豫地吃掉你。起碼我就忘記這一點，但是我現在想起來了。

我們安靜地站了一會兒，看著母熊。在藍白色的冰的襯托之下，牠的毛皮看起來帶著淡淡的黃色。牠停下腳步，頭慢慢地左右搖晃，然後低下頭，鼻子幾乎貼著冰。牠的黑色眼睛與鼻子在臉上形成一個倒三角形。牠的幼熊看起來很擔心，蜷縮在牠身旁。

「牠看起來很餓，」侯姆斯說。

「是啊，」基斯說，「希望牠不要再繼續靠近。」

我不是北極熊專家，但是我知道，一隻帶著幼熊的母熊，行為很難預測，而且很危險。

「我們製造一些噪音，」我說。

「我們的槍已經準備好了，對吧？」基斯問。

我把槍舉起來給他看。裡面裝了三顆熊彈，基本上這種子彈是一大塊鉛彈，從二十碼外發射，可以阻止一輛坦克前進。我打開保險。我意識到自己的腦袋正在思考：**「你真的要射殺一隻熊嗎？」**

「是的，我準備好了，」我說。

我們開始揮舞雙臂，用最宏亮的聲音大吼大叫。這隻熊馬上理解我們在嘗試與牠溝通。牠用後腿直立起來。牠站起身時，高大、挺拔、四平八穩，看起來驚人地莊嚴高貴，像極了人類。牠抬起鼻子，嗅聞空氣中的動靜。

「我應該鳴槍示警嗎？」我問。

「讓我們等一下，看看牠是不是會靠近，」基斯說。

牠並沒有往我們靠近，而是放低身體，四腳著地，開始往九十度方向走去。既不是後退，也不是前進。幼熊以孩子氣的方式，活蹦亂跳地跟著。我們盯著母熊大約半小時，目光沿著地平線大範圍巡視。

「我想牠要離開，」侯姆斯語帶希望地說。

我們看著牠好一陣子，牠緩緩前行，身影在遠方愈來愈小。我在野地看見一隻北極熊，但我仍然不能完全理解這件事。就像看見碧昂絲坐在賓利車上從日落大道呼嘯而過一樣——這種景象暨超現實，卻又可預料。

腎上腺素消退之後，我突然覺得疲累和睡意襲來。我們那個白天在冰雪上就已經前進得很辛苦。到目前為止，我從這次北極之旅學到的一件事情是：恐懼與疲憊之間的競爭，疲憊通常是贏家。我們往上爬回帳棚，還開玩笑說，北極熊究竟是喜歡穿北面（North Face）衣服的傢伙或穿巴塔哥尼亞（Patagonia）衣服的傢伙當開胃菜。兩分鐘後，我就睡著了。

第二天早上，我們整理裝備，打算繼續當天的行程，這時注意到一些警訊：距離我們帳棚三十英尺外，有熊留下的新足跡。在我們睡著時，那隻熊曾經回來探查一番。

「看看這些足跡的大小，」侯姆斯說，一邊蹲下來看個仔細。牠的腳印和烘焙派的烤盤一樣大。

這時正值巴芬島的溫暖春季。我們整個五月都待在外頭的冰天雪地。有好些天，寒風刺痛我的臉，夜晚溫度掉到攝氏零下十多度以下。但是有幾天，我們滑雪時還得脫掉一些上衣。在我們周遭，那些埋在冰下至少四萬五千年的苔類首次解凍，讓人想起一位研究者說的，現在的溫度暖和到「可以讓加拿大北極區東部的冰融化[1]。」在我們滑雪健行的路上，發現在一九五〇年代地形圖的比對之下，許多冰河倒退了大約一英里。

在本該寒冷的地方，熱是可怕的事情。冰是精密的溫度計，可以記錄最微小的變化。我每一天可以從滑雪板底下感覺到：天氣寒冷時，冰夠堅硬，我們可以順暢地滑雪，但是如果溫度上升個幾度就變成雪泥冰，想要移動寸步都變成苦差事。每一天，每一個小時，這些冰都在變動。天氣溫暖時，當我滑雪從冰封峽灣上經過時，我可以聽到裂隙的聲音，感覺到海冰開始變形。海冰裂開形成了冰間水道（lead），只要寬度不超過一英尺左右，我們就能滑過去。但是，低頭看到我們下方的海水，令人膽戰心驚。

對北極熊來說，熱就等於飢餓。牠們需要海冰才能捕獵海豹，一旦海冰消失，牠們再也無法進行狩獵。理想的狀況下，牠們在春天與初夏努力吃海豹，然後這一年的其他時間就處於斷食狀態，依賴儲存在身體裡的脂肪生存，或者運氣好的話，碰到給沖上岸的鯨魚屍體讓牠們打牙祭。五月，也就是我們在巴芬島的時候，這些熊已經餓得拚命覓食。牠們從內在熊性的某處知道，季節正在流轉，要把握當下，不然就再也沒有機會了。牠們要麼吃飽，要麼等死。

飢餓北極熊在快速融化的冰上掙扎求生的照片，是我們快速暖化的世界中最熟悉、最令人難過的影像之一。二〇一八年，有一段巴芬島北極熊挨餓的影像突然爆紅，獲得全世界各地民眾超過兩百萬次[2]的點閱，引發憤慨與同情。拍攝這段影片的人是《國家地理》的攝影師保羅·尼克蘭（Paul Nicklen），他告訴《紐約時報》，這隻腳步踉蹌、瘦骨如柴的北極熊的影像令人心痛[3]。

對於北極熊影片得到的關注，有些科學家與氣候活動人士感到遲疑，他們提出警告說，情緒反應稍縱即逝，氣候變遷對人類的衝擊才是我們的焦點，而非受苦的北極熊。但是，有些科學家理解，訴說北極熊的慘狀是有用的橋樑，幫助民眾明白正發生在人類身上的情形。「我們關心北極熊[4]，因為牠們向我們展示了人類將會發生的情形，」國際北極熊中心（Polar Bear International）的首席科學家史蒂芬·安斯特拉普（Steven Amstrup）說，該中心是北極熊保育的非營利組織。「如果我們沒有聽到牠們的警告，我們就是下一個。」

西元前三三〇年，北極區首次出現在西方的想像中，當時希臘地理學家與探險家皮西亞斯（Pytheas）從如今位於馬賽的地方出發，航向「遙遠北方」（Far North）。我們現在仍不確定他到達的是哪個陸塊，可能是冰島，也可能是格陵蘭。不論是哪裡，這個陸塊的位置從英格蘭要往北航行六天，從皮西亞斯所說的冰凍海洋要往南航行一天，那片冰凍海洋「既無法航行，也不能讓人步行[5]。」有一位文學評論家說：「那個時代，當亞里斯多德[6]還在廣場閒晃時，皮西亞斯已經發現漂流冰。」

皮西亞斯把自己遇到的地方稱為圖勒（Thule），來自於ultima Thule（天涯海角）——所有已知地方以外的地方。這是希臘人為遙遠北方所取的名字之一。另一個名稱是極地（Arctic），源自希臘文的*Arktikos*，意思是「大熊的」。這裡的大熊不是指北極熊，因為歐洲要到十一世紀才知道北極熊的存在，而是指大熊座（Ursa Major），這是北天球中在天極附近最明顯的星座。

到了十九世紀，歐洲人與英國人對於北極有相當程度的迷戀。這種痴迷有很大一部分是由於當時亟欲找出西北航道，那是人們長久以來的夢想，可以縮短歐洲與亞洲之間的航行距離，如果發現這條航道，可望大幅促進全球貿易。有些人則一心想要得到最先搶占「極北之境」[7]的榮譽，那裡是尚未有人到達的最高緯度。

對於北極區的迷戀，後來轉化成對於北極熊的迷戀，這些熊給人裝在籠子裡運送到各地，變成巡迴馬戲團和節目的主角。北極熊的白色是特別迷人的主題。在《白鯨記》（*Moby Dick*）中，作者赫曼・梅爾維爾（Herman Melville）想知道，儘管白色令人聯想到「甜美、榮耀，以及崇高的」[8]事物，為什麼卻會引起「靈魂的恐慌[9]」。他以北極熊做為例子，說牠那身白色以「純潔可愛的美妙絨毛」，隱藏了「胡作非為的凶殘」。

數百年來，北極（North Pole）是英勇的北極探險家的目標——一九〇九年，美國人羅伯特・皮里（Robert Peary）公開宣稱自己曾抵達北極，雖然現在一般認為這種說法不太誠實。人類首度徒步到達北極的無爭議紀錄，是由英國探險家沃利・赫伯特（Wally Herbert）爵士[10]創下的，他帶著一群狗，在一九六九年四月六日抵達。等到赫伯特征服北極的一百週年到來時，由於當地的快速暖化，你將可能搭帆船穿越北極區。

然而，正在逐漸消失的北極區不只是氣候變遷的象徵，還幾乎衝擊到這顆行星上每一個人的生活。變暖的北極區影響了地球大氣的熱力學平衡，正在改變氣壓梯度，可能引發熱浪，也正在改變雨型，特別是在歐洲與亞洲，這將對糧食生產有重大影響。北極區快速融化的冰層也會加速海平面上升，使世界各地沿海城市淹水，讓價值數十億美元的不動產泡水，數千萬人不得不遷移到地勢更高的地方。

變暖的北極區也會加速永凍土的解凍，釋出大量甲烷，這是一種溫室氣體，暖化的能力是二氧化碳的二十五倍[11]。更多甲烷，代表更加溫暖，而這將導致更多甲烷釋出——當科學家說到迫在眉睫的氣候災難，這就是他們最擔心的情境。而且封在北極區永凍土裡的，不只是甲烷和真猛瑪象的骨骼，還有更久遠以前的病毒與病原，如同我在前面章節提過的，當它們解凍並進入我們的世界，可能引發全球大流行病（比爾・蓋茲〔Bill Gates〕在許多公共衛生議題上都是樂觀主義者，但他曾告訴我，從解凍的永凍土釋放出來的病原，就是氣候變遷帶來的衝擊，這件事讓他夜不成眠）。

隨著冰的消失，北極熊也會消失。牠們已經演化成生存於非常特殊的生態棲位，這個棲位主要有冰和海豹。北極熊的白毛看起來像是與冰融為一體。為了把海豹從海裡拖出來，牠們的前腳掌經過精緻的演化，比其他種類的熊要大一些，前爪的形狀比較像魚鉤，而其他種類的熊的爪子演化出比較像刀子的形狀，適合攀爬、挖掘與打獵。

雖然北極熊可以與棕熊交配，產下雜種後代，但並非北極熊這個物種的生存策略。野生生物學家相信，隨著冰的分布不斷往北縮減，北極熊的族群也會縮減。北極熊救援組織可能將會安排直升機空投食物，以維持剩餘熊隻的存活（這已經是正在積極討論的主題）。但是隨著族群的縮小，北極熊的基因池也會縮小，導致牠們更容易遭受疾病打擊，不容易適應變動的環境。有一些受到細心呵護的北極熊，將在動物園繼續存活一陣子，但除非我們採取激進的行動，在接下來數十年停止使氣候繼續變熱，不然野生的北極熊可說是危在旦夕。

無論如何，這是大部分科學家都相信的未來。但是，至少還有一位科學家，因為自身與自然有深刻連結，並且願意探討充滿爭議的想法，讓他思考是否有方法拯救北極區的冰，進而拯救北極熊。這位科學家就是基斯。

基斯身材高眺結實，有著瘦長的臉與深綠色的眼睛，當他注視某樣東西時，眼睛似乎會發出雷射光束。如果你在路上遇見他，可能會猜到他是科學家，但你或許猜不到他喜歡在攀岩館消磨午休時光。到巴芬島越野滑雪，是他長久以來的夢想，幸好有他做了大部分的組織與後勤工作，讓我們這次得以成行。

對基斯來說，寒冷北方的景色既刺激又美麗。我有一次到他位於卡加立的家中，我們在露臺上喝啤酒，基斯說起自己成長於渥太華的事情，他有一位鄰居是葛蘭・羅利（Graham Rowley）。羅利是極地探險家，曾在一九二〇年代協助測繪巴芬島的地圖。「他的家裡有一大堆海象牙，他總是說著遇到北極熊的故事，」基斯回憶說，「我希望長大後就像他一樣。」大學畢業後，基斯到高北極區（high Arctic）待了四個月，住在丹達斯島（Dundas Island）的簡陋木屋，跟伊恩・斯特林（Ian Stirling）學習海象的知識，斯特林剛好也是全世界最厲害的北極熊權威之一。

我是在報導地球工程（geoengineering）的新聞時[12]認識基斯，地球工程運用大規模操縱地球氣候的方法，來降低地球暖化的衝擊，我聽說基斯正在建造一種機器，可以清除大氣中的二氧化碳，然後把二氧化碳加以壓縮，埋入地底深處。我在十年前認識基斯，在當時，這可說是激進的想法。這種技術如今稱為直接空氣捕獲（direct air capture），吸引了來自Google和微軟等企業數十億美元的投資。基斯後來創立一家叫做碳工程（Carbon Engineering）的公司，目前有一百七十名員工，正在為像是空中巴士（Airbus）等大公司打造碳捕獲計畫。

那時還有一項更奇特的提議，基斯也是帶頭提出這種想法的人之一，也就是利用高空飛機群把硫粒子噴灑到平流層裡。這些粒子就像微小的反光鏡，讓少量陽光轉向，否則這些陽光原本會照射到地球上。這種構想或多或少模擬了火山爆發把硫噴到大氣裡的效果。硫會氧化成硫酸，硫酸累積成粒子漂浮在天空中反射陽光。粒子的冷卻效果，取決於爆發規模有多大。菲律賓的皮納圖博火山（Mount Pinatubo）在一九九一年爆發，噴出一千五百萬噸的二氧化硫[13]到大氣中，導致氣候發生變化，讓一年的溫度大約降低了零點五度。人為的地球工程方法將以類似的方式運作，簡略來說，就是為地球氣候製造一個可以調整溫度的按鈕。

「我認為，我們有道義責任認真看待這個想法，」基斯在我們見面後不久告訴我，「我不是說我們應該這麼做，但即使那些批評太陽地球工程（solar geoengineering）是壞主意的人，也同意並沒有技術或科學上的理由說為什麼這不會使地球降溫。最大的問題是，誰會受益？誰會受苦？」

有一百萬個理由可以說明為什麼這個想法很危險，包括這些粒子會隨著雨從天空落下，因此大概每一年都必須補充；還有所謂的道德危機問題，如果我們噴灑粒子到平流層就能使地球降溫，那為何要大費周章減少化石燃料的汙染？基斯高度意識到這一點，他很謹慎地強調，太陽地球工程（也稱為太陽輻射管理〔solar radiation management〕）不是要取代淘汰化石燃料的做法，但或許是消除熱的方法，直到我們能夠達到零排放。

太陽地球工程最令人擔憂的問題之一，就是會對季風造成怎樣的影響，全世界有數百萬人依賴季風帶來雨水，澆灌他們賴以維生的作物。但是，我們很難模擬陽光變暗對作物和雨型轉變的影響（事實上，有一些論文已經顯示，作物的產量會得到改善）。關於地球工程的討論中，還有一些可怕的死亡套利需要計算，由於在大氣中添加更多粒子，無疑將使人們吸入這些粒子。空氣汙染已經導致每一年多達一千萬人[14]的死亡。然而，基斯認為，把硫加到空氣中所造成的空氣汙染死亡人數，會因極端高溫的死亡人數的下降而大幅抵消，而極端高溫的死亡人數在未來將是前者的十到一百倍[15]。

根據基斯的說法，最近的模擬結果認為，太陽地球工程為世界各個炎熱地區最窮困的人，帶來特別明顯的好處。「光是這一點，就是道德上的深刻理由，讓我們必須認真看待，」他告訴我。

但是，許多人很難認真看待地球工程。停止地球繼續暖化的最好方法，就是停止燃燒化石燃料，並且不再繼續排放二氧化碳到大氣中。一旦真能如此，地球的溫度將會停止上升。然後，在那之後的幾十年到幾百年當中，人類不走回頭路，不燃燒化石燃料，不再排放二氧化碳到大氣裡，地球的溫度將會逐漸下降。

我們都想要看到這種情形很快發生。但遺憾的是，目前全世界的工業國家每一年正在排放約三百六十億噸[16]二氧化碳到大氣中，這種排放量增加得非常快，大概是已知地球史上曾有過的排放量增加速率的十倍，這當中甚至包括過去幾次大滅絕事件。

這帶出一個問題：如果全球達成了某種共識，我們真的需要快速冷卻這顆行星，我們要怎麼做？我們有工具可以用來消除熱嗎？在這個極端炎熱的世界，有一天我在巴芬島大聲問，行星級的空調機會是什麼樣子？

「行星空調機不是很好的比喻，」基斯回答。我們討論時，正靠在一大塊冰上，周遭只有天空、岩石，以及很多冰——還有更多更多冰——就沒有別的了。「如果你必須比喻，遮陽傘會更好。」

「不論你怎麼稱呼，這仍是危險的想法。你說的是噴灑一大堆粒子到天空中。」

「是的，」基斯說，「我的建議是，我們不應該想都不想就打消這個想法。我們至少應該研究一下，並且多去了解風險。」

「我認為大多數人會說這些風險相當大。你在討論的是去亂動整顆行星的運作系統。」

「好吧。但是，我們已經正在用各種方式惡搞這整顆行星的運作系統。你以為農業是什麼？每一次你發動車子，就是在把汙染物排到空氣裡，擾亂大氣。人類是這顆行星上的主宰力量，我們的職責就是要盡我們所能去善加管理。」

北極熊可能看起來迷人又可愛，但牠們是遙遠北方的頂端掠食者，也就是說，在北極熊的地盤上，沒有其他動物可以把牠們當獵物。牠們無所畏懼，因為在牠們的世界裡沒什麼好怕的。北極熊領域裡的每一樣東西都是牠們的食物，除非有其他理由讓牠們不能吃。不像其他種類的熊是雜食性的（棕熊從植物的根到麋鹿都吃），北極熊是純肉食性的動物。雖然牠們喜歡吃海豹的肉，但有人看過牠們獵食海象、白鯨，甚至當食物極度缺乏時，牠們也吃同類。公北極熊有吃幼熊的特殊習性，這就是為什麼母熊帶著很小的幼熊時，會盡量躲開公熊。

我們旅行的頭兩個星期，沿著巴芬島海岸，曲折穿過峽灣，那裡的冰很堅硬。我們相信，北極熊都在外頭的浮冰邊緣，也就是更遠以外，開闊海洋與冰凍海面的交接處。對於北極熊來說，那是適合狩獵的最佳地形，當海豹從海冰中的洞浮上來呼吸，或者爬到漂浮於大海的冰上休息時，北極熊就能趁機捕捉牠們。雖然我們不是很確定浮冰的邊緣究竟在哪裡，但是我們以為離海岸還有好幾英里遠。我們猜想所有的北極熊都忙著在那裡打獵，因此我們只要緊鄰峽灣之間的島嶼海岸活動，應該相當安全。

但是，在我們初次見到那隻母熊和幼熊之後，就知道事情不是這樣。接下來的幾天，我們看到愈來愈多的熊腳印。有一些是幾天前的，有一些看起來就像在我們到達的五分鐘前才留下的。我們穿越了我們戲稱的熊公路，這是北極熊經常走動的幾條冰上小路，牠們從這些小路往返浮冰邊緣。有一天，我們發現一隻到處遊蕩的熊所留下的孤單蹤跡，牠平白無故地在原地繞圈圈。我們走得愈遠，看到的熊腳印也愈多。

不意外的是，我們看到的熊也愈來愈多。至少我們以為自己看到了。通常只是遠遠一瞥，在花岡岩露頭的深色背景中，出現一個正在移動的形狀，但很難確定是不是熊。基斯滑雪時總是一直往前滑，有時他會突然停下來，凝視遠方，我完全知道他在幹嘛。

「有什麼東西嗎?」我問。

「不確定，」他會說。

我會拿出雙筒望遠鏡來看。有時候，我看到一隻熊緩緩前進。或者我以為那是一隻熊。或許只是一塊岩石或一縷霧氣。我們愈深入北極熊的領土，愈常停下來張望。我的大腦開始捉弄我，讓我在沒有熊的地方看見熊，這反映出當我們愈來愈深入北極熊的領域，心中的恐懼感覺也日漸增長。我們被跟蹤了嗎？沒人知道。

由於下雪或陰天造成的能見度下降，是最糟糕的時刻。有些日子，我們連面前二十英尺遠的地方都看不見。有一天，濃霧瀰漫，我們穿越某隻熊與牠的幼熊的腳印，那可能是不到一個小時前留下的。所以我們知道牠們就在附近。是我們之前見過的同一家族嗎？我們什麼也看不見，感覺就像是有鬼魂追著你跑。

有一天，我們遇到一塊高聳的冰山，它卡在一片海冰當中，基斯和我決定爬上去，看看風景。侯姆斯認為這個主意很愚蠢，他站在安全距離之外——冰山其實就是漂浮在海上的大冰塊，出了名地不穩定，當水面下的部分融化，重心改變，冰山就可能突然翻轉。但是，基斯和我相信這塊特別的冰山安安穩穩地固定在海冰上，決定放手去爬。我把槍遞給侯姆斯說：「以防萬一我們有客人來。」

這座冰山大約有一百英尺高，沿途有幾處平坦的露頭。基斯從一側往上爬，我從另一側攀爬。我用冰斧在冰上鑿出手攀點和踏腳點，爬上第一個露頭，這是一處寬闊、平坦的區域，大約十五英尺高。

我一爬上去時，嚇得差點往後摔倒——就在我眼前的冰上，有新鮮的熊糞便。非常新鮮，大約是幾小時，甚至幾分鐘前留下來的。

「有一隻熊在上面！」我用驚慌的聲音朝著基斯大吼。我們兩人幾乎是直接從冰山上跳下來的。侯姆斯拿著槍在幾百碼外等待，我們和他碰頭時，他用驚愕的表情看著我們兩人。

「你們兩個腦袋壞了，」他說，「你們想死在這次旅行中嗎？」

這趟旅行出發前的一個月左右，有一天晚上，基斯、侯姆斯和我，坐在基斯家的客廳討論北極熊防禦計畫。基斯說，在有風的時候，熊噴霧劑沒有用。有些人帶著狗到北極熊的領土健行，狗會在熊出現時警告他們。不過，我們認為帶狗太麻煩。別的不說，晚上時牠們需要拴起來，而且你必須拖著一個裝滿狗糧的雪橇。

基斯有更好的方法。「我們會使用熊線（bear wire），」他說。做法大致如下：我們每一晚搭好帳棚後，在離帳棚大約三十英尺遠的地方，把雪杖像豎籬笆柱一樣插在地上，圍繞著帳棚。然後我們用細銅線把雪杖兩兩連起來，最後的兩個線頭則接到一個裝有電池和蜂鳴器的小盒子上。銅線形成一個迴路，如果有熊接近我們的營地，牠會撞斷電線，讓警報器發出聲響，這種裝置可以在熊衝進帳棚之前，提前幾秒鐘警告我們。

「然後怎麼辦？」我問。

「我們大叫，扔東西，」基斯回答，「如果沒有用……我們就開槍。」

我們搭飛機到伊魁特（Iqaluit），這裡是加拿大奴納武特領地（Nunavut territory）的首府，然後跳上一架叢林飛機，飛行四小時後抵達克來德河。在一片沒有樹，也沒有任何綠色東西的景觀中，很難維持方向感。這座村子由結冰的泥土路與簡單的房屋錯落而成。孩子們開著全地形車在冰上奔馳。我們離開小村前，我在北方商店（Northern Store）停留再買一盒熊彈；至少就我所看到的，那是村子裡唯一的商店。我們已經帶了一盒熊彈，但我不想冒險。

對我來說，在冰上的頭幾個晚上很嚇人。我真的把每一陣風都當成熊來了。但是幾天後，我的擔憂消退。隨著一天天過去，我們正遊歷其中的冰天雪地向我們展現它的壯麗美景。峽灣高聳的花岡岩壁，讓我想起優勝美地谷（基斯與侯姆斯都是經驗豐富的登山者，在我們滑雪的路上，常對著岩壁比畫出各種想像的路線）。有一隻渡鴉沿途跟著我們，一會兒出現，一會兒消失，用怪異但似乎有意義的聲調對我們說話，彷彿牠在寒冷北方的生活有好多故事可說。

每一天都是獨特的冒險旅程小拼盤，混合了肌肉拉傷、水泡、恐懼、單調，以及狂風怒吼。有一天，我們正快樂地滑雪前進，我腳下的冰突然垮掉，人瞬間往下掉到水裡。幸運的是，我們離海岸很近，海水大約只有兩英尺深。我們都笑了出來，雖然我個人不確定有多好笑。我趕快爬上來，換上乾的褲子，然後繼續往前行。

儘管如此，隨著日子過去，在冰雪快速融化的北極區旅行，危機愈來愈明顯。我們離海岸較遠時，必須滑雪越過海冰的裂縫，我們知道底下的海水相當深。最大的恐懼，不是我們會掉下去溺水，而是我們掉下去後全身濕透。如果我們沒有趕快離開水裡，搭起帳棚擋風，換上乾的衣服，我們就可能失溫。我們能加熱的東西就是一小臺戶外單口爐。這個爐子可以把一堆冰塊煮成一壺滾燙的開水，但很難變成熊熊營火，烤到你全身變暖。

我們都很清楚，飢餓的北極熊很危險。對於熊來說，飢餓會改變牠對風險的計算（就這件事，對其他動物，包括人類也一樣）。如果熊瀕臨餓死的邊緣，很可能在覓食時更具攻擊性。「公熊，尤其是快成年的公熊，通常是攻擊性最強的北極熊，」一位研究北極熊的生物學家告訴我[17]，「對人類來說，在北極區的冰天雪地中，還有一種熊更危險，那就是營養不良的熊媽媽。」

遭到北極熊攻擊的風險，不同於遭受棕熊與黑熊攻擊的風險。棕熊和黑熊的致命攻擊，有一大部分是防禦性的攻擊。比方說，你去步道健行，轉過山路後，突然看到一隻棕熊。牠和你一樣遭到驚嚇，覺得受到威脅，於是攻擊你。然而，北極熊的攻擊是為了掠食。牠會緊跟獵物不放，不論對象是海豹、海象，或者人類。

但是，熊就和人類或狗、貓，以及其他高等動物一樣，有自己的個性。有的熊很暴躁，有的很溫和，也有好奇的熊，或魯莽的熊，有很小就被媽媽拋棄的熊，以及度過健康童年的熊。喜愛戶外活動的作家道格．皮考克（Doug Peacock）長年住在冰河國家公園（Glacier National Park）附近與棕熊為鄰，他認為自己可以生存下來，是因為他能認出不同的熊，並且能夠一眼分辨出哪些熊很危險，哪些熊很安全。

當基斯、侯姆斯和我在春天軟化的冰上滑雪時，我們高度體認到溫暖的天氣對於這些熊的意義，如果牠們現在不把自己吃得胖胖的，接下來將是需要挨餓的漫長夏天。

我們也高度體認到，想要降低遭受攻擊的風險，我們幾乎沒有什麼辦法。我們滑雪時，總是保持警覺，掃視地平線，回頭張望後方。我們把霰彈槍隨身帶著。但是到了晚上，我們在帳棚裡睡著時，就是最脆弱的時刻。我們只能依賴熊線。我經常盯著帳棚的橘色尼龍屋頂，聽著外頭的聲音，想著我真是該死的愚蠢，才會到北極熊的領土，躺在外頭的冰上，卻只有一根細細的銅線保護我。

快到這趟旅行的終點時，我們在各處都看到熊的腳印，有舊的腳印、新的腳印、幼熊的腳印。彷彿牠們就在我們四周，向我們靠近。但是，我們卻無計可施。每一晚，我們搭起帳棚，接好熊線，吃一些淋了橄欖油的燕麥片（我們只剩下這些食物），用我們帶來的小型太陽能擴音喇叭播放強尼・凱許（Johnny Cash）[18]的歌曲大約一小時，仔細檢查十二號口徑霰彈槍，然後睡覺。每一天早晨，我們醒來時，都覺得活著真好。

我們一個月沒有打電話回家，沒有收發電子郵件，沒有新聞，沒有社群媒體（我們帶了一支衛星電話，為了萬一我們遇到緊急狀況需要打電話出去，但是來電功能是關閉的）。我們離開克來德河後，就再也沒有看到其他人類，甚至也沒有看到人類活動的痕跡，沒有腳印，沒有糖果紙，沒有丟棄的手套。我們在冰上滑雪時經常是沉默不說話的。我獨自與世界共處，與大自然共處，一如既往。我看著天空和冰，掃視地平線，想著這一切是多麼脆弱。

但我並不孤獨，也沒有脫離現實。我在一片變動中的地景滑雪，兩百年的燃燒化石燃料，兩百年的蒸氣機、燃煤發電廠、汽車、卡車、船舶、飛機，讓溫度不斷增加，整個累積下來，改變了這片地景。兩百年的電氣化、土地開墾、飼養牛隻、資料處理，兩百年的我們很容易定義為「進步」的事情。我們的世界是一部時光機器，在這裡，歷史會形塑未來，就算去北極也逃不掉。真要說什麼的話，在這樣一個遙遠的地方，你甚至會更深刻感受到這種連結。

我可以看到，我們滑雪穿越的這片世界正在快速消失。再過一個月左右，溫度上升個幾度之後，這些冰都會碎裂、融化。北極熊已經演化成為這種循環的一部分，牠們濃密的白毛，以及適合捕捉海豹的強壯大型前爪，都是精密適應的結果。這片寒冷的世界曾經是牠們的適居區。但是，如果我從巴芬島之旅學到任何事情，那就是北極熊的適居區正在快速消逝。我們的適居區也是。

經過一個月的冰上跋涉，我們抵達最後一個營地。這裡就只不過是冰上的一個GPS點，這是我們約定與因紐特嚮導碰面的地方。他們會用雪上摩托車拖著我們走過最後五英里路，從集合點穿越無法滑雪的隘口，到達龐德因萊特（Pond Inlet）。然而，當我們滑到這個地點時，發現因紐特嚮導還沒來，更令人不安的是，這個碰面的地點是北極熊的屠宰場。海豹的血在冰上噴濺得到處都是，還有鰭、尾巴、內臟四散。在這一團亂當中，出現巨大的熊腳印。

基斯和我面面相覷，像是在說，**你他媽的一定在開我玩笑**。侯姆斯一如往常，想出有趣的話：「上帝以神祕的方式行事，不是嗎？」我們用衛星電話打給因紐特嚮導，嘗試更改搭車的地點，但是沒有人接電話。

我們想過可以滑到幾英里外紮營，等到早上再返回集合點。但是，我們已經疲憊不堪。為了趕到這個地點，我們用掉所有力氣與大部分補給品。即使只要再多滑半英里，我一想到就沒力。我已經滑雪滑了兩百英里，全身精疲力盡。

經過幾分鐘的討論，我們贊成往西滑五百英尺左右，有一片平坦的冰，我們在那裡搭帳棚。然後，我們保持警覺。我們相信因紐特嚮導隔天早上就會抵達。

所以，我們就這樣做了。我那時害怕嗎？我很害怕，直到腦袋因為太累而關機。然後，我就失去知覺。

當我早晨醒來，很慶幸自己還活著。我把頭伸出帳棚外，看到漂亮的蔚藍天空，彷彿自然之母在旅程終點為我們舉辦了一場派對。我們煮掉最後的燕麥片，最後一次捲好睡袋。我們決定，在等待因紐特嚮導騎著雪上摩托車出現時，留下帳棚做為遮蔽物。我們出來外面，隨意玩弄裝備，聊到我們多麼渴望回家，看見親愛的家人，睡在溫暖舒服的床上。我開心得就好像已經回到家。

大約十點半的時候，我們回到帳棚裡，想要喝最後一杯茶慶祝。基斯點燃爐子，我們圍坐成一圈。我們經歷了許多，而且知道我們再也不會一起做類似的事。除了家人之外，我從來沒有覺得跟任何人如此親近。

過了一會兒，當我吹著茶，看著茶水表面的漣漪時，熊線的警報器響了。

「又是風，」基斯心不在焉地說。

侯姆斯點頭：「好吧，這是最後一次！」

我離帳棚的一個門最近，於是說：「我去看看。」

我小心地放下杯子，不讓茶水濺出來，然後轉身，拉開帳棚的拉鍊。帳棚的門很窄，所以我只能笨手笨腳地爬出來。就在我站起來的時候看見牠，距離我五十英尺，一隻母熊朝帳棚靠近，來勢洶洶，後面跟著兩隻幼熊。

母熊一看到我就停了下來，用後腳站起來。牠比我高很多。我注意到牠的腹部有多麼粗糙且骯髒。幼熊瑟縮在媽媽身旁。母熊從鼻子噴出氣息，發出奇怪的憤怒聲音。牠用黑色眼睛直視著我，似乎明確知道接下來會發生什麼事。

但是，牠沒有向我靠近。盯著我看了好一陣子後，牠甩甩頭，就像有時候狗從水裡出來會甩頭那樣，然後慢慢把身體放下來，用四腳著地。這時，侯姆斯與基斯已經從帳棚的另一個門爬出來，站在我附近。基斯把霰彈槍指向帳棚另一側的牠。我知道，如果牠往我們前進一步，基斯別無選擇，只能對牠開槍。或許牠也知道這一點。牠朝著離開帳棚的方向走了幾步。但是隨後，牠好像又有別的想法，往後轉朝向我們，又站立起來，鼻子噴氣，發出低吼聲。牠再一次目不轉睛盯著我們。然後，牠又放下身體，轉身走開，幼熊跟在牠後面。

看著母熊離開，我的心情就像罪犯在最後一分鐘得到緩刑那樣。無論這個溫暖的春天給牠和幼熊帶來什麼樣的痛苦，不管牠們承受什麼樣的劫難，這些都源自牠們與另一種動物共享同一顆行星，而那種動物執意要讓牠的世界融化，最後，牠決定不把怒氣發在我們身上。

尾聲

跨出適居區

Beyond Goldilocks

適居區的邊緣沒有告示牌或邊境巡邏隊員。如果我們越過這種邊界，不會有任何警報響起。你可能比其他人更早跨越，取決於你住在哪裡。但是，除非我們現在採取顯著的行動，有一天，我們可能會了解到生活於適居區以外是什麼景況。人類打造了金字塔與iPhone，寫下愛情史詩，並發明搖滾樂，曾經信奉古代神祇，現在崇拜好萊塢明星；這樣的人類將生存於使這個物種興起的世界之外，將生存於塑造我們的心臟並鑄造我們的基因的地方之外。從最深層的意義來說，我們將只能依靠自己。

推動這種轉變的引擎，就是熱。把我們推出適居區的熱，將不會是意外造成的高溫，這種高溫的威力，與小行星撞擊地球相當。這將是蓄意造成的高溫，是預謀造成的高溫。庭上，我們承認犯下一級高溫罪。我們早在一個世紀以前，就知道燃燒化石燃料會導致什麼樣的氣候後果。而且不是只有科學家知道。一九六五年，林登．詹森（Lyndon B. Johnson）總統[1]就得到提醒，後續好幾位總統也是。一九七七年，埃克森公司（現在的埃克森美孚[2]）不僅知道，燃燒化石燃料數十年，將使得大氣增溫，他們還發展出內部氣候模型，能以驚人的準確度預測到這些變化。儘管知道這些，我們不但繼續燃燒化石燃料，而且是不計後果地繼續。從某種意義來說，你可以說我們建造了一艘以熱為燃料的火箭飛船，正載著我們進行脫離適居區的旅程，不論是好是壞。

然而，我們還沒到那一步。現在的天氣很熱，但是幾百萬年來與我們祖先共存的事物——深邃的森林、沁涼的海洋、白雪蓋頂的山峰——仍與我們同在，仍沒變化到認不出來，仍然與我們相伴。做出必要的改變將會很困難，需要政治人物的領導，需要更加深刻理解我們彼此之間，以及我們與生活於其中的世界有何關連。但是，這些並非遙不可及。《氣候緊急時代來了》（*The Uninhabitable Earth: Life After Warming*）的作者大衛．華勒斯－威爾斯（David Wallace-Wells）認為，「天氣將變得多熱，我們將會做多少事來保護彼此度過〔即將來臨的〕打擊與破壞，對此，人類仍然握有巨大的控制權[3]。」好消息是，華勒斯－威爾斯指出，全世界的減碳步調比十年前任何人預期的都要快。幸虧數十年來的創新，目前在全世界大多數地區，清潔能源的價格比化石燃料更便宜。這代表我們現在有辦法讓數億人脫離能源貧困處境，不需要依賴煤炭、天然氣或石油。此刻，我們對於化石燃料的依賴，完全是因為慣性、政治意願，以及大型石油與天然氣公司想要從它們的投資盡可能榨取利益。

如果我們最終真的把自己推出適居區，起初一陣子我們會沒事。我們有工具與科技，可以協助適應與生存。至少幸運的人有這些資源。但是，我們的世界將會轉變。你小時候常爬的那棵樹將會枯死。你親吻伴侶的那片海灘將淹沒於海水之下。蚊子與其他昆蟲將整年常伴你左右。新興疾病將會出現。崇拜寒冷的宗教將會讚歎冰帶來了精神上的純潔。你烤肉時將使用實驗室培育出來的「肉」排，搭配來自阿拉斯加的金粉黛紅酒（Zinfandel）。數位手錶會監測你的體內溫度。邊境圍牆將建得更加堅固。企業家將靠著出售小型冷卻裝置賺大錢。七月四日的慶典將成為有致命危險的活動。下雪將變成一種奇景。

在熱帶的某些地區，從事戶外活動將是幾乎不可能的事。人們將逃往海拔更高、氣候更涼爽的地方，就像眾多生物一樣。在全世界的許多地方，生存將不只是依賴獲得乾淨的水、像樣的食物、醫療照護。待在涼爽的空間、有一份不需要大熱天在戶外勞動的工作、必要時能有躲避極端高溫的方法，這些將會愈來愈重要。在這些地方，幸運的人將看著窗外那些在炎熱環境下修理電力線或蓋房子的人，心中感到憐憫與難過，或許還有一點恐懼。如果他們有任何自我覺察的話，將會看出自己與那些揮汗協助世界運作的人之間的距離。因為人類踏上脫離適居區之旅的過程中，最早出現，也最驚人的結果，將是熱分隔線的日益擴大，這種分隔線雖不可見但卻非常真實，它把享受涼爽的人與受罪的人分開，也把幸運的人與倒楣的人分開。

當我們說到想像一下位於適居區邊緣的未來時，這種熱落差是最難看出來的。如果Covid-19大流行揭示了什麼的話，那就是人們多麼迅速且容易地把其他人的死亡變成常態，尤其當那些人是老人、病人，或者社會邊緣人。光是美國，每一天有一千人[4]死於Covid。還有頭條新聞、各種言論，以及英勇的醫生和護士。如果你失去朋友或摯愛的人，你覺得這一切就是悲劇。但是經過了Covid最初帶來的震驚與恐懼之後，死亡人數變成日常生活的一環。正如美國每一年有四萬三千人死於車禍，這件事再也不會引發公眾的強烈抗議。全球每一年有九百萬人死於空氣汙染。[5]葉門與海地發生饑荒。遠方戰爭導致傷亡。這些都只是我們生活的世界的一部分。

我擔心極端高溫造成的痛苦與死亡，可能也會如此，將成為活在二十一世紀的意義的一部分，成為我們日常生活中可以接受而不會多想的事情。

但是，天氣愈熱，就愈難變成如此。

話說回來，或許並非如此。或許，當兩萬人死於聖路易或新德里突如其來的一波熱浪，將引發一場革命。在為這本書做研究時，我遇到一些人，他們相信自己身處其中的政治與財經制度已經無可救藥。他們認為，你或許能夠改造巴黎的建築，但你無法改造巴黎的政治，其實你也無法改造其他地方的政治。解決之道就是放一把火燒掉，然後從頭開始。他們主張，我們愈早動手愈好。

我曾遇到另外一些人，他們相信我們的神經機制就是無法適應現代生活的問題，特別是像美國這種富裕民主國家的問題。在這些國家，政黨傾向與政治失能嚴重；把禁止書籍出版當作更迫切的問題來討論，重視程度超越禁止化石燃料，或教育民眾認識極端高溫的危險等問題。颶風正在以更大的威力橫掃墨西哥灣岸區（Gulf Coast）的城市、作物歉收、送貨司機在炎熱夏天工作時猝死，然而馬修．麥康納（Matthew McConaughey）還是為耗油的休旅車拍電視廣告。如同一位社會評論家說的，「我們同時遭遇[6]兩種狀況：面對災難時很脆弱，以及面對災難時極度不當一回事。就好像大火開始要蔓延到全羅馬了，我們能做的，卻是爭論微不足道的小事。」

長遠來看，極端高溫是一種滅絕的力量。所有的生命都有溫度極限，即使是在海底熱泉附近蓬勃發展的微生物也有。甚至沒有生命的東西，比方說你的手機，或加強網際網路的伺服器場，也都有溫度極限。有一些生物，像是某些人類，比其他生物更脆弱，但最終，科學家漢森寫道，「這顆行星將很快登上金星特快車[7]。」

你不需要前往金星尋找證據，來證明過熱行星的致死效果。你只要去一趟德州的瓜達魯普山脈國家公園（Guadalupe Mountains National Park）。

在美國，瓜達魯普山脈是遊客最少的國家公園之一，對於大多數習慣優勝美地或冰河那種絕世美景的觀光客來說，這個地方看起來不過是沙漠中的一大堆岩石。但現在看起來像沙漠的地形，實際上是古代的海底。現在看起來像一大堆岩石的東西，實際上是兩億六千萬年前珊瑚礁的殘骸，這些珊瑚礁生長在曾經存在於墨西哥灣與北極之間的一大片內海裡。今天蜥蜴生活的地方，以前有鯊魚游來游去。古老珊瑚礁的最高點，現在是因外型得名的酋長岩（El Capitan），也是德州最高的山峰之一（標高八千零八十五英尺）。彷彿一艘大船的船頭，赫然出現在沙漠上。

雖然酋長岩看起來是一座山，其實是曾經生活在這片珊瑚礁的生物遺留下來的一大堆骸骨，這裡就是地球某個時期的一座高聳的巨大墳場，當時的天氣很炎熱，南北極的冰都消失了，海平面比現在高數百英尺。這裡也是明確的證據，顯示儘管現在的氣候很熱，但還可以熱到更加糟糕的地步。

在一個秋日，席夢和我開車從奧斯丁到這裡探險。這趟車程很漫長，一路上不時有路跑者衝過公路，還看到郊狼跑過木焦油灌木（creosote bush）。我們最後把車開進酋長岩山腳下附近的國家公園總部，我們在那裡拿到步道地圖，欣賞玻璃櫃裡展示的化石。剛越過地平線，在視野以外的地方，有二疊紀盆地（Permian Basin）的井口，那裡是美國最大的石油與天然氣工業區。人類在那片土地上鑽洞或進行水力壓裂，把曾經優游在海裡的動物的殘骸用管子吸出來，最後拿去燃燒，做為現代生活的動力，包括讓我們駕駛車子到處跑的汽油。這提醒了我們，如果還需要任何提醒的話，我們與化石燃料之間的糾葛有多麼深刻。

我們前往二盆紀珊瑚礁步道。管理站的保育巡察員是一位二十多歲的女生，她人很好，聊到以前經常和爸爸到這條步道健行，她的爸爸是石油工程師。她告訴我，這裡是「美國最佳的地質健行路線。」距離珊瑚礁頂有八英里遠。

我們沿著步道往上走。我們看到一種岩石，叫做生物黏結石灰岩（boundstone），這是由包圍著海綿動物生長的藻類沉積形成的岩石。我們發現幾百萬年前的蠕蟲鑽入海底覓食所留下的痕跡。我們發現長得像蛤蜊的腕足動物的碎片。我們看到九英尺高的珊瑚礁巨礫。

在我們健行的途中，我嘗試想像，這片珊瑚礁還活著時的世界是什麼模樣。地球的各個陸塊正在聚集成一個超級大陸，稱為盤古大陸（Pangea）。二疊紀開始於大約三億多年前，多數時候的溫度比現在冷一點。陸地上有樹和植物，包括有點像現代松樹的針葉樹。頂層掠食者有背部長著帆狀構造的大型蜥蜴，以及肉食的麗齒獸類（gorgonopsian），你可以把麗齒獸的樣子想成是霸王龍與劍齒虎的混種。犬齒獸類（cynodont）是一群長得像老鼠的小型動物，到處跑來跑去，牠們是現代哺乳類最早的祖先之一。海洋裡有大型鯊魚與硬骨魚，海底還有數以百萬計的三葉蟲，以及形狀各異、大小不一的腕足動物。

二疊紀持續了大約五千萬年。然後，在一段可能是六萬年的期間，地質時間上只是一眨眼的瞬間，所有生物突然間都死了。應該說是幾乎所有生物都死了。在二疊紀殺死生物的東西，是一陣突然而至的極端高溫，因為西伯利亞的多座火山激烈爆發，迅速噴出數十億噸的二氧化碳到大氣當中，地球溫度飆升十四度之多，陸地上出現幾波高達六十度的熱浪[8]。在熱帶地區，海洋暖化到四十度，大約是按摩浴缸的水溫。從火成岩區噴出夠多的熔岩[9]，足以覆蓋整個美國達半英里厚。地球上的生命後來經歷了一千萬年才恢復元氣。

二疊紀末滅絕事件可怕至極，超出我們的想像。這就像遭到炎熱的攻擊，導致大規模死亡。

我們以為，在二十一世紀再創造出一座瓜達魯普山脈，這種事情離我們很遙遠。但其實不然。儘管我們已經明白過熱行星上的生命正處於危險狀態，儘管我們有精密的科技，並且知道歷史，但我們仍走上同一條山路，這條路不僅通往遍布骸骨的景致，也通往適居區外的沙漠。「當下，在這不平凡的時刻，對我們來說算是現在，我們不經意間正在決定，哪些演化途徑[10]會持續開放，哪些演化途徑會永遠關閉。」伊麗莎白・寇伯特（Elizabeth Kolbert）在《第六次大滅絕》（*The Sixth Extinction: An Unnatural History*）寫道，「從來沒有其他生物做過這件事，很不幸的，這將成為我們不朽的遺產。」

寫這本書是一趟冒險旅程，帶我通往意想不到的地方。現在，當我早上拿起時咖啡時，我可以感覺到，或者說我認為自己可以感覺到分子的振動。我發現自己進入每一幢建築物時，都在計算這裡的防熱智慧有多高。我把湖泊與河流看成冷卻中心。我覺得鋪柏油的停車場就像失落文明的廢墟。我評估政治人物的標準，是他們有多了解這個世界正在以多快的速度改變。當人們問我，寫一本關於氣候危機的書，並且想到即將到來的困境與痛苦是不是很難，我總是回答：這是我們這個時代的大故事，我很榮幸可以訴說這個故事。是的，偶爾有黑暗的時刻。但也有數不清的鼓舞，因為我遇到許多人，他們正在為將來奮鬥，正在重新構思我們如何生活在這顆行星上的各種面向。我在前面的篇幅，把一些人介紹給你們認識。透過他們的協助，以及和他們一樣的人的協助，我相信如果我們願意，我們可以打造一個更好的世界。但是我知道，說易行難，而且對不同人來說，「更好」有不同的意義。我們正踏上的旅程沒有地圖，也沒有虛擬實境的導覽為我們帶路。「我們如何面對那些危在旦夕的事情的真相[11]，以及還有多少事情要做？」海洋科學家與氣候活動人士阿亞娜・伊莉莎白・強森（Ayana Elizabeth Johnson）問道，「儘管困難重重，我們如何鼓起勇氣不放棄？我們如何專注於解決方案，專注於每個人能做些什麼來扭轉局勢？」

我無法回答這些問題。但是，我的確知道，花了三年時間寫這本書之後，我對於和我們一起挨熱的其他生物有了不同的想法。當我看到蝙蝠在傍晚飛過天空，我想到牠是多麼幸運，可以在涼爽的夜晚狩獵。當我看到犰狳在夏日夜晚搖搖擺擺穿越我家車道，我猜想牠是否希望可以脫掉沉重的鱗甲。當我看到長山核桃樹的葉子變成褐色，我想知道它是否正遭受熱壓力，它怎麼跟附近的其他樹說這種苦日子。我想到巴芬島上沒有吃掉我們的那隻北極熊，以及牠的幼熊（如果牠們還活著的話，現在可能已經當了父母或祖父母）如何因應冰塊消失的狀況。牠們是否學了新的狩獵技巧？牠們是否成為能聰明應對氣候的熊？

對我來說，寫這本書的過程中，最令我驚訝的是，我不只發現了，熱可以如何輕易且迅速地殺死你，而且發現到熱是一種強烈的提醒：我們彼此之間，以及我們與所有生物之間的連結是多麼深刻。無論我們走向何方，我們都一起踏上這趟旅程。

平裝版後記

Afterword to the Paperback Edition

二〇二三年，我們往離開適居區的方向又跨出一步。這一年不只是炎熱的一年，更是人類在地球上曾經歷過最熱的一年。根據歐洲重要氣候機構「哥白尼氣候變化服務」（Copernicus Climate Change Service）的說法，二〇二三年的溫度比十九世紀末期，也就是人類開始以工業規模燃燒化石燃料（測量全球暖化的基準）之前，高了一．四八度[1]。而且不只年平均溫度是極端值，從二〇二三年的六月到十二月，每一個月都是有紀錄以來最熱的對應月份。NASA戈達太空研究所（Goddard Institute for Space Studies）的所長葛文．施密特（Gavin Schmidt）對於二〇二三年的高溫感到「十分驚訝[2]」，該研究所位於紐約市。氣候科學家齊克．豪斯法勒（Zeke Hausfather）說，這「讓人目瞪口呆到瘋掉[3]。」

高溫引發加拿大野火，產生大量煙霧，讓紐約市的天空變成一片橘色，如同電影《銀翼殺手》裡的色調[4]。在佛羅里達礁島群，海水的溫度上升到可以熱死魚的三十八度[5]。在暖化海洋的助長下，馬達加斯加出現有紀錄以來最長命的熱帶氣旋[5]。在巴西，炎熱吸走亞馬遜的河水，造成大片雨林乾枯，河岸社區到外界的水路中斷。喜愛高溫的蚊子把瘧疾帶到美國，這是幾十年來的頭一遭。在鳳凰城，高溫死亡人數[7]從二〇二一年的三百三十九人，增加到二〇二三的六百四十五人，幾乎加倍。里約熱內盧有一位二十三歲的女子安娜·班尼維德茲（Ana Clara Benevides），在酷熱夏日的泰勒絲（Taylor Swift）演唱會中昏倒[8]，後來不治身亡。

二〇二三年是怪異的一年，因為年初的時候，大多數氣候科學家都沒有預料到這一年會如此不尋常。二〇二三年一月，豪斯法勒估計，新的一年很可能是紀錄上第五溫暖的一年，與二〇二二年差不多。他對二〇二三年溫度的預測，以及幾乎所有其他科學家的預測全都錯了。「結果二〇二三年不只是紀錄上最溫暖的一年，還遠遠超出任何估計值的信賴區間[9]，」豪斯法勒寫道。

所以，發生了什麼事？氣候科學家指出五項因素[10]。最重要的是，大氣中二氧化碳的濃度愈來愈高，大多來自於我們持續用力燃燒化石燃料。二〇二三年五月，大氣中二氧化碳的濃度來到最高的百萬分之四百二十四，是至少八十萬年來的最高值。更多的二氧化碳，等於更多的熱。NASA的施密特解釋：「我們將會一直破紀錄，因為基線溫度[11]總是在上升。」

第二項因素是聖嬰現象（El Niño）的出現，這種現象是氣候上的自然變化，增加長期的全球暖化趨勢。聖嬰現象每二至七年出現一次，發生期間，熱帶太平洋上由東往西吹的信風（trade wind）會變弱。赤道周遭靠近南美洲的海面也會比平常溫暖。不令人意外的是，聖嬰現象經常與歷史紀錄中最熱的年份同時發生。二〇二三年就是這種情形。聖嬰現象在五月出現，有助於把下半年的溫度推升到極端的程度。

第三項因素是海洋暖化。「就像全球溫度一樣，海洋溫度也在上升，」NASA的海洋學家喬許．威里斯（Josh Willis）說，「過去一個世紀以來，這些溫度一直在上升，而且沒有放緩的跡象。如果要說得更準確的話，海洋溫度正在加速上升[12]。」如同我在第七章討論過的，溫暖的海洋會給氣候帶來重大衝擊，不論是在區域或全球尺度上。（對於颶風強度也有重大影響。二〇二三年，有一些研究者提議，用來衡量颶風的五級制薩菲爾－辛普森等級〔Saffir-Simpson scale〕應該進行修訂，增設第六級，把風速超過每小時一百九十二英里的風暴分到這一級。）

第四項因素是大氣中的氣膠（aerosol，也稱為氣溶膠）減少，部分是因為最近制訂了降低海運空氣汙染的法規，限制海運燃油的硫含量上限。氣膠是空氣中的微粒，例如煙霧、灰塵、火山氣體或煙灰都是，氣膠能夠反射陽光，導致大氣稍微冷卻；氣膠也能夠吸收陽光，導致大氣稍微暖化。當我寫到這裡時，科學家仍然正在研究這種氣膠減少的情形如何影響二〇二三年的溫度。但是幾乎每一位科學家都同意，比起二氧化碳濃度增加所產生的熱，這種效應很渺小。

最後一項因素是東太平洋的洪阿東加－洪阿哈阿帕伊島（Hunga Tonga-Hunga Ha'apai）海底火

山爆發，噴出大量水氣和氣膠到平流層裡。水氣是一種溫室氣體，會在大氣中造成暖化效應；氣膠則會導致冷卻，如同我前面提到的。但是到目前為止，針對洪阿東加－洪阿哈阿帕伊島的研究大多發現，即使爆發對於二〇二三年破紀錄的溫度有影響的話，效應也是微不足道。

關於二〇二三年的大謎團是，這個出乎意料的炎熱年份對於未來全球暖化的軌跡有什麼意義。賓州大學的麥可・曼恩（Michael Mann）在內的科學家指出，二〇二三年的溫度雖然極端，但仍在大多數氣候模型預測的範圍之內。而德國波茲坦氣候影響研究所（Potsdam Institute for Climate Impact Research）的共同所長約翰・羅克斯特倫（Johan Rockström）等其他科學家想知道，這些氣候模型是否漏掉了什麼，特別是涉及海洋暖化方面。「我們不了解海洋變熱的程度為什麼如此劇烈，我們不知道未來會有什麼後果？」羅克斯特倫說，「我們正在目睹某種狀態轉移的最初徵兆嗎？或者，這是一種怪異的異常值？」[13]

對於全球暖化科學之父的漢森來說，二〇二三年是跨越界限的時刻。漢森預料，把地球氣候暖化限制在攝氏一・五度的目標，也就是國際間一致同意要限制危險變遷的風險的目標，在二〇二四年將被「實際超越。」漢森告訴《衛報》說：「我們正要進入攝氏一・五度的世界[14]，目前正在半路上。」

德州農工大學的氣候科學家安德魯・德斯勒（Andrew Dessler）站在未來的觀點回顧二〇二三年：「在你往後的人生，每一年都將是破紀錄最熱的一年。反過來說，二〇二三年終將成為本世紀最冷的年份[15]之一。趁它還在的時候，好好享受。」

對我來說，二〇二三年是既詭異，但又沒什麼好驚奇的一年。出書後的媒體採訪和大學校園座談中，經常有人半開玩笑地問，我是怎麼讓這本書剛好在一場歷史性熱浪期間出版的。我指出，由於這個世界對於化石燃料需索無度，這種巧合是有可能發生的。但這種情形也令人覺得有一點超現實，很像我陷入史蒂芬·金（Stephen King）小說裡的感覺。在奧斯丁，我們有四十多天的溫度都超過四十度。和許多德州人一樣，我在炎熱的日子過著蝙蝠般的生活——我只在清晨或夜晚才冒險外出，這時刺眼的陽光已經消失。盛夏的七月，家裡的空調壞了，我們花了好幾個星期的時間找承包商來修理。我們汗流浹背地空等，真是折磨。

儘管如此，二〇二三年還是有很多好消息。美國的喬·拜登（Joe Biden）總統在二〇二二年夏天簽署了《降低通膨法案》（Inflation Reduction Act）[16]，這是個雄心勃勃、影響深遠的法案，包裹了清潔能源與氣候政策，法案開始上路，可以在第一年創造一千三百二十億美元的投資，以及五萬個工作機會。根據國際能源總署的報告，全球的再生能源在二〇二三年成長了百分之五十，成長步調是過去二十年當中最快的[17]。發生在全世界的事情，也正發生在德州這個美國化石燃料的重鎮。事實上，在我寫下這些的那一天，德州電網的電力有百分之七十來自於再生能源，令人難以置信。

二〇二三年還有其他令人振奮的趨勢：電動車[18]的銷售增加了百分之三十一，現在占全球客車市場百分之十五以上。國際能源總署預計，到了二〇三〇年，電池電動車將占全球客車銷售的百分之三十六。同樣的，電熱泵取代燃氣爐的市場正在快速成長（我們的空調壞掉之後，改成在家裡安裝熱泵，效果很好）。在政策領域，愈來愈多的市與郡通過建築法規，要求採用白色屋頂與隔熱效果更好的建材。熱浪期間，公共衛生機構的溝通做得愈來愈好。雪梨為住在街頭或破舊房屋的人建置冷卻中心。自由城是非洲人口最稠密的都市之一，種植了一百多萬棵樹，並建立應用軟體（app）和網路平臺來監測樹木的生長與健康情形。二〇二四年奧運的舉辦地巴黎，持續展現如何把一座古老的城市改造成適合二十一世紀的生活，包括清理塞納河，讓人們可以在大熱天到河裡游泳。

但是，如果我們往後退幾步來看，就沒有那麼光明了。二〇二三年，因為炎熱、乾旱與戰爭，稻米價格來到二〇〇八年全球金融危機之後的最高點。破紀錄的二億五千八百萬人[19]面臨聯合國所稱的「重度飢餓」狀況，許多人瀕臨餓死邊緣。饑荒預警系統網路（Famine Early Warning Systems Network）是美國資助的研究機構，估計炎熱與乾旱在二〇二四年至少會影響全世界四分之一農田的作物產量。高科技糧食種植者也遇到難關。我在第六章提到的應用收穫公司，也就是位於肯塔基的室內農場業者在二〇二三年宣布破產。如同記者麥可．格倫瓦德（Michael Grunwald）所說：「這種〔室內〕農場的低迷不振提醒了我們，解決全世界糧食與農業問題的科技方案[20]，雖然超級必要，但也超級困難。」

在疫情流行的公路上，有好消息，也有壞消息。喀麥隆展開第一次大規模疫苗接種[21]計畫，每一年能夠拯救上萬名孩童的生命。但同時，世界各地的登革熱病例急遽增加，新爆發的疫情有百分之七十發生在亞洲。世界衛生組織估計，有三十九億人[22]正面臨登革熱感染的風險，這個人數相當於全球人口的一半。

南極洲與格陵蘭的冰層持續快速消退。有一篇在《自然氣候變遷》（*Nature Climate Change*）期刊最新發表的論文顯示，在南冰洋暖化的推動下，南極洲西部冰層在本世紀的剩餘時間當中無可避免會加速融化[23]，即使在溫室氣體汙染減少的最樂觀情境下也是如此。英國南極勘測的科學家凱特琳．諾騰（Kaitlin Naughten）說得很明白：「看來我們對於南極洲西部冰層的融化完全無法控制[24]。」另一項研究估計，格陵蘭目前**每一個小時**就會失去三千萬噸[25]的冰。大量冰冷淡水流入大西洋經向翻轉環流（Atlantic Meridional Overturning Circulation），導致大西洋中帶動熱與養分在熱帶和南北極之間循環的這股洋流正瀕臨崩潰。萬一真的發生，後果將是全球的大災難，包括美國東岸的海平面迅速上升、歐洲出現嚴寒冬季。有一位氣候科學家的意見是：「對歐洲農業來說，這是完全停頓的情境[27]。」

最令人擔憂的是，我們仍執意要繼續生產並消耗石油燃料。二〇二三年，美國的石油與天然氣產量達到史上最高點。大型石油和天然氣公司在二〇二二年賺到四兆美元的利潤，因此不令人意外地，他們更加堅定抱住化石燃料不放。英國石油（BP）對於在二〇三〇年達到減排百分之三十五的承諾有所退縮。埃克森美孚撤回對藻類生質燃料的資助。殼牌（Shell）石油公司宣布，二〇二三年的再生能源投資不會增加。聯合國氣候峰會COP28在杜拜舉行，充分展現了化石燃料持續居於主導地位的態勢，各國代表未能鼓起勇氣呼籲逐步汰除化石燃料（而只是呼籲脫離石油、天然氣和煤炭）。第五章寫到的氣候學家奧托（目前任職於倫敦帝國學院）在峰會上說：「在淘汰化石燃料之前[28]，這個世界將繼續變成更危險、更昂貴、更不確定的居住地。最終決議文中的每一個模糊字眼、每一個空洞承諾，都將使數百萬人進入氣候變遷的前線，而且許多人將會陣亡。」

氣候危機也深陷文化戰爭與民眾對於政府、機構、科學逐漸失去信任當中。芝加哥大學的一項調查發現，相信氣候變遷大部分或完全由人類造成的美國人比例，從二〇一八年的百分之六十，下降到二〇二三年的百分之四十九[29]。就像是氣候危機遭到病毒入侵，和引發反疫苗運動而導致許多人在Covid-19疫情期間相信偏方的病毒是同一支。德斯勒認為：「當社會上有不少人遇到病毒大流行，寧願吃馬的藥膏，而不去施打安全有效的疫苗時，很容易看出來，人類的一切可能在一千年之內結束[30]，說不定更快。」

我們注定會毀滅嗎？

這是我在二〇二三年最常被問到的問題。我的答案是，我們生活在適居區外緣，並非靠擲硬幣決定的。明天會是什麼模樣，取決於我們今天採取的行動。就氣候危機而言，沒有全球的臨界點，沒有一條線說我們跨越就輸了，也沒有預示大災難的時刻。我們避免排放到大氣中的每一噸二氧化碳都很重要。我們投給具有氣候智慧的政治人物的每一票都算數。你想要一顆適合居住的行星嗎?走出去,為它奮鬥。「在一個建立於化石燃料上的龐大系統中,我們都是參與者,」紐約哥倫比亞氣候學院的氣候科學家傑森.史默登(Jason Smerdon)說,「我們正視困難的程度,是我們有多願意在這個問題上做出改變。如果你在一艘水正灌進來的船上,你不會問船長說我們是不是搞砸了,你會拿起水桶,把水舀出去[31]。」

說實話,我現在比較沒那麼悲觀,比起四年前開始寫這本書的時候。是的,二〇二三年的爆熱讓我更明白,我們以前建立的世界,與我們正居住其中的愈來愈熱、愈來愈亂的世界,兩者之間的裂縫擴大了。

然而,奇怪的是,在我理解了氣候危機的範圍與規模之後,反而讓我的生活更加鮮明生動,弔詭的是,也變得更有意義。因為一旦你知道萬物都很脆弱,就會用不同的方式看待世界。瞬息萬變的世界,也是稍縱即逝的世界。這是今天還在眼前,明天就消失不見的世界。奧斯丁巴頓泉池(Barton Springs Pool)旁的那棵巨大又漂亮的長山核桃樹,也是這樣嗎?它可能就要消失,但是現在看起來很雄偉,陽光正透過它葉子的縫隙灑下。聖克魯斯(Santa Cruz)那片讓我開始愛上大海的海灘呢?它只是暫時聚集在一起的沙子,但此刻在我腳趾之間的沙子,依然讓我感覺起來很美好。我上個月在墨西哥灣岸區看到的那隻美洲鶴呢?這個地區繁榮發展的煉油廠正在消耗所有的淡水,導致濕地日漸乾涸,但是看看牠的紅冠和壯觀的羽翼!如果說二〇二三年教會我一件事,那就是:

在你的世界，無論是什麼事情讓你感動，不管你發現了哪些美麗和鼓舞人心的事物，現在好好多看幾眼，因為那很可能不會長久存在。

我希望，在二十、三十、四十年前，我們就有智慧、勇氣與政治領導人物，來制止人類對於化石燃料產生依賴。那麼，許多苦難與損失或許就能避免。僅在此借用詩人W・S・默溫（W. S. Merwin）的詩句：

這是
我們隨著年歲[32]來到之處
我們的知識不過爾爾
我們的希望如此渺茫
在我們眼前隱而不見
無法觸及，卻依舊可能

於德州奧斯丁
二〇二四年四月

致謝

這本書誕生於亞利桑那州一個溫度高達四十七度的日子，成長於一趟在午夜橫跨德州的漫長駕車旅程。在那趟車程中，我的太太席夢說服我說，「熱」是適合寫成書的重要主題，我需要把它寫下來。現在我完成了。但是，如果沒有許多人的協助與支持，我永遠也做不到。

我的經紀人Heather Schroder帶領我渡過許多泥沼，越過許多山頭。Reagan Arthur從一開始就看出這本書的重要性，並相信我可以做得到。我要感謝Little, Brown出版公司的Phil Marino、Bruce Nichols，特別是我的編輯Pronoy Sarkar，他們以最鼓舞人心的方式，鼓勵我寫下一本會讓人以不同方式思考自身世界的書。Elizabeth Garriga是吸引人們注意力的高手。再次感謝Barbara Perris，幫忙把我糾結的句子變得流暢易懂。還要感謝Linda Arends，她在出書過程中指引書稿的方向。

這本書裡有好幾章的基礎，是我為《滾石》（*Rolling Stone*）雜誌寫的文章，那裡是我多年記者生涯的家，我很幸運可以和一群理解氣候變遷有多麼迫切的人共事。我對Jann Wenner、Will Dana、Jason Fine、John Hendrickson、Phoebe Neidl、Noah Shachtman、Hannah Murphy、Cadence Bambenek，尤其是長期合作的編輯兼戰友Sean Woods感恩在心。

我很感激Adrienne Arsht-Rockefeller Foundation Resilience Center的同事，特別是Mauricio Rodas和Eleni Myrivili。Climate Resilience for All的執行長Kathy Baughman McLeod從這段旅程的起點就一路相伴。

謝謝Kishna Mohan、Ashwini Chidambaram及Vanessa Peter，當我人在無法聯絡到的地方時，幫我與別人聯繫。謝謝我在南極洲的同船夥伴，尤其是拉特、Alastair Graham、Kelly Hogan、Tasha Snow、波赫米、James Kirkham、奎斯特、博爾托羅托，以及沃林。感謝貝爾船長、大副溫肯和三副Luke Zeller帶我們穿越冰天雪地並安全返航。感謝多年來一直大力幫助我的科學家：曼恩、克德拉、豪斯法勒、Andrea Dutton、Jason Box、德斯勒。感謝我的研究員Lucy Marita Jakub和Elizabeth Morison，幫助我開始這項工作。謝謝Toby Kent陪我在墨爾本散步。謝謝Betsy Abell與我分享她的家族歷史。謝謝Marc Coudert坦率回答我的複雜問題。謝謝安德魯．葛倫斯坦（Andrew Grundstein）、Daniel Vecellio、羅斯－伊巴拉，John Whiteman、謝弗朗、普魯茲、Peter Kalmus從專業的角度幫忙看稿。

感謝Dan Dudek，我在每本書中都用到他的智慧。感謝基斯與侯姆斯，讓我在巴芬島活下來。

感謝Eric Nonacs的長期友誼和編輯智慧。感謝Mike Dugan，展現出好鄰居的意義。感謝Karl Koenig醫生，讓我保持行動力。感謝我的朋友Russell Banks，他在我快完成這本書時離開我們，證明了成為偉大的人與偉大的作家並不衝突。

我不知道如何表達對於Mary和Gary Wicha的愛和感激，感謝他們接納我，並且表現出很開心的樣子！Nicole、Rene、Erik、Ulan、Amil溫暖了我的世界。我勇敢且慷慨大方的媽媽Arlene Wadlow給了我一切。我的妹妹Jill在有人需要英雄的時刻，她會挺身而出。Grace、Georgia、Milo是我寫作的原因，也是我期盼的未來。

最後，感謝席夢，你是我的靈感泉源，我的第一位也是最好的讀者，我的旅行夥伴，我的馴服者。你就是，而且將永遠都是那麼熱情。

名詞解釋

反照率（albedo）：物體或表面反射陽光，同時也把熱反射回去的能力。白色屋頂的反照率高，黑色柏油路面的反照率低。改用反照率較高的材料，是對抗都市熱島效應的重要策略。像變色龍這樣的冷血動物，藉由控制體表的反照率來調節體溫：天氣炎熱時，牠們的體色變白，可以反射陽光；天氣寒冷時，牠們的體色變深，讓自己保暖。

核心體溫（core body temperature）：包括心、肝、腦和血液等人體內臟的溫度。核心體溫更適合當作體溫過高的指標；有別於周邊體溫（peripheral body temperature），那是皮膚表面或附近的溫度，容易受環境影響。人的核心體溫每天都有近日節律（circadian rhythm，也稱為晝夜節律），會根據一天中的時間，發生零點五度或更大的變化。體溫通常在早晨最低，白天上升，晚上再度下降。

適居區（Goldilocks Zone）：指圍繞恆星的一圈區域，這裡不會太熱，也不會太冷，液態水可以存在於行星表面。也稱為habitable zone。

熱穹（heat dome）：一個持續數天甚至數週的高壓區，將熱空氣困在下面，像鍋蓋一樣。在北緯地區，氣壓系通常從西向東移動，但有時會遭到阻擋，往往在噴流減弱和轉彎時。噴流是位於地表高空的強風帶，有助於附近低壓區的發展和移動，還有其他作用。

熱衰竭（heat exhaustion）：熱壓力升高而引起的狀況，症狀可能包括大量出汗、頭暈、噁心和昏倒。

酷熱指數（heat index）：結合相對濕度與氣溫所計算出來的數值。這是由物理學家羅伯特・斯特德曼（Robert Steadman）在一九七九年建立的模型，用來更準確衡量天氣條件給人的感受，這就是為什麼酷熱指數有時也稱為體感溫度（feels like temperature或apparent temperature）。美國國家氣象局提醒，酷熱指數是在假設陰涼、有微風的條件下而計算出來的數值，直接曝曬在陽光下可以使指數增加攝氏八度。加州大學柏克萊分校的氣候科學家大衛・倫普斯（David Romps）證明，國家氣象局的酷熱指數計算在高溫條件下的不準確度會提高，實際的酷熱指數可能被低估十一度之多。

熱壓力（heat stress）：人體無法排除多餘的熱的狀況。初期症狀包括中度出汗及脈搏加快。熱壓力升高會導致中暑和熱衰竭。

中暑（heatstroke）：一種威脅生命的疾病，通常伴隨核心體溫不受控地上升到超過攝氏四十度（華氏一百零四度），以及中樞神經系統功能異常，包括譫妄、抽搐、昏迷和死亡。

體溫過高（hyperthermia）：當你的身體吸收或產生的熱，超過可以散發的熱，而導致異常的高體溫。相反狀況則是體溫過低（hypothermia，也稱為失溫），這發生在當你的身體散發出去的熱，超過身體產生的熱時。

熱障（thermal barrier）：熱從一個物體或空間，傳遞到另一個物體或空間時減少的現象。在哺乳動物身上，毛皮是一種熱障。在建築物中，絕緣材料是一種熱障。這個名詞也用於熱邊界相關的情形中，例如在氣動加熱（aerodynamic heating，由於物體高速穿越空氣飛行造成的摩擦）導致火箭金屬表面變形或熔化之前，火箭可以達到的飛行速率。

熱舒適性（thermal comfort）：一個人心裡感覺到太熱或太冷的狀態。與描述生理狀態的體溫過高不同，熱舒適性描述的是心理狀態。換句話說，任何特定溫度給一個人的感覺，取決於感覺的人是誰。年齡、基本健康狀況、衣著、用藥情形，以及許多其他因素，都會有顯著影響。

蒸散作用（transpiration）：水分通過植物，再從葉子蒸發的過程。植物透過根部從土壤吸取水分，再把水分運輸到葉片，進行光合作用。但是，當葉片表面的氣孔為了交換二氧化碳與氧氣而開合時，到達葉子的水分幾乎都會以水氣的形式散失。隨著水氣的蒸發，對植物有冷卻作用，與流汗對人體有冷卻作用很類似。大棵的樹每天可以蒸散多達三十加侖的水，這種過程會從樹的周遭吸走熱，並使周遭的空氣降溫。

都市熱島效應（urban heat island）：人口稠密的地區，由於人類活動和人工製品更多，比周圍的鄉村地區明顯更熱。地磚、混凝土和鋼鐵，會吸收熱並將其輻射回來。建築物阻擋了涼爽的微風。樹木較少，代表樹蔭與蒸發冷卻作用較少。機器（如汽車、卡車、空調機、發電廠、工廠）的廢熱進一步增加了熱負載。可能造成的結果是，城市裡的溫度比附近農村地區高出八到十一度，這種溫差通常在夜間最大。

蟲媒傳染病（**vector-borne diseases**）：透過受感染的節肢動物（例如蚊子或蜱）叮咬而傳染病原的人類疾病，這些病原包括寄生蟲、病毒和細菌。節肢動物都是冷血動物，因此對溫度與氣候的變化特別敏感。

濕黑球溫度（**wet bulb globe temperature**，**簡稱WBGT**）：衡量在陽光直射下的熱壓力的一種方法，考量了溫度、濕度、風速，以及太陽輻射。

「濕球黑球溫度是從軍隊開始使用的，因為他們想找到一種更好的方法來預防熱傷亡。」喬治亞大學的地理學教授葛倫斯坦告訴我。這種溫度經常應用於體育運動、軍隊和勞工安全。「因為它考慮了許多因素，包括汗水的冷卻能力，所以比酷熱指數更能準確衡量熱壓力，」葛倫斯坦解釋，「問題是，氣象播報員會避免提到濕黑球溫度，因為它可能給出低於氣溫的讀數，讓人困惑。」例如，當我寫到這裡時，奧斯丁的氣溫是九十五度，濕度為百分之四十，吹著微風。酷熱指數是三十七度，但濕黑球溫度只有三十度，部分原因是天空有少量的雲，還有部分原因是濕度相對較低（就德州來說）。

濕球溫度（**wet bulb temperature**，**簡稱WBT**）：測量因水分蒸發讓空氣冷卻可達到的最低溫度。這是由英國醫生J．S．霍爾丹（J. S. Haldane）在二十世紀初發展出來的，他深入炎熱潮濕的康瓦耳錫礦，研究濕熱對工人的影響。霍爾丹研發出這種測量溫度的方法，把焦點放在濕度，以及人透過汗水蒸發而降溫的效果。

「濕球」這一詞是指把溫度計用濕棉布或棉襪包起來，放置在戶外來測量。隨著布中的水分蒸發，溫度計的溫度會降低，這很類似汗水的冷卻能力。當空氣乾燥，較多水分蒸發，濕球溫度會較低；當空氣潮濕，蒸發的效果較差，因此濕球溫度較高。

有時候，研究人員會使用濕球溫度來確定人體傳遞熱的熱力學極限。

濕球溫度與濕黑球溫度（見前一頁）不一樣，濕黑球溫度是後來才發展的，考量了風和太陽輻射的效應。

注釋

熱指數

1 Luke Kemp et al. "Climate Endgame: Exploring Catastrophic Climate Change Scenarios." *Proceedings of the National Academy of Sciences* 119, no. 34 (2022), e2108146119. https://www.pnas.org/doi/10.1073/pnas.2108146119

2 Ibid.

3 Colin Carlson et al. "Climate Change Increases Cross-Species Viral Transmission Risk." *Nature* 607 (2022), 555–562. https://doi.org/10.1038/s41586-022-04788-w

4 Ibid.

5 "Global Food Crisis." World Food Programme website. Accessed October 2022. https://www.wfp.org/emergencies/global-food-crisis

6 Ariel Ortiz-Bobea et al. "Anthropogenic Climate Change Has Slowed Global Agricultural Productivity Growth." *Nature Climate Change* 11 (2021), 306–312. https://doi.org/10.1038/s41558-021-01000-1

7 Meghan Werbick et al. "Firearm Violence: A Neglected 'Global Health' Issue." *Global Health* 17, no. 120 (2021). https://doi.org/10.1186/s12992-021-00771-8

8 Qi Zhao et al. "Global, Regional, and National Burden of Mortality Associated with Non-Optimal Ambient Temperatures from 2000 to 2019: a Three-Stage Modelling Study." *The Lancet Planetary Health*, vol. 5, issue 7 (July 2021), 415–425. https://doi.org/10.1016/S2542-5196(21)00081-4

序幕：適居區

1 James Ross Gardner. "Seventy-Two Hours Under the Heat Dome." *The New Yorker,* October 11, 2021. https://www.newyorker.com/magazine/2021/10/18/seventy-two-hours-under-the-heat-dome

2 Personal communication with Portland office of National Weather Service, October 2022.

3 Bob Berwyn. " 'We Need to Hear These Poor Trees Scream': Unchecked Global Warming Means Big Trouble for Forests." *Inside Climate News*, April 25, 2020. https://insideclimatenews.org/news/25042020/forest-trees-climate-change-deforestation/

4 Hannah Knowles. " 'Hawkpocalypse': Baby Birds of Prey Have Leaped from Their Nests to Escape West's Extreme Heat." *Washington Post*, July 17, 2021. https://www.washingtonpost.com/nation/2021/07/17/heat-wave-baby-hawks/

5 JoNel Aleccia. "As Extreme Heat Becomes More Common, ERs Turn to Body Bags to Save Lives." *Kaiser Health News*, July 22, 2021. https://khn.org/news/article/killer-heat-body-bags-ice-heatstroke-emergency-treatment-climate-change/

6 Personal communication with the author, October 2021.

7 Ibid.

8 Kristie L. Ebi. "Managing Climate Change Risks Is Imperative for Human Health." *Nature Reviews Nephrology* 18 (2021), 74–75. https://doi.org/10.1038/s41581-021-00523-2

9 Jaelen Ogadhoh. "14 in Clackamas County Die So Far in Summer Heat Waves." *Canby Herald*, August 10, 2021. https://pamplinmedia.com/wlt/95-news/518067-413985-14-in-clackamas-county-die-so-far-in-summer-heat-waves

10 Gardner, "Seventy-Two Hours Under the Heat Dome."

11 Vjosa Isai. "Heat Wave Spread Fire That 'Erased' Canadian Town." *New York Times*, July 10, 2021. https://www.nytimes.com/2021/07/10/world/canada/canadian-wildfire-british-columbia.html

12 Norimitsu Onishi. "After Deadly Fires and Disastrous Floods, a Canadian City Moves to Sue Big Oil." *New York Times*, August 29, 2022. https://www.nytimes.com/2022/08/29/world/canada/vancouver-floods-fires-lawsuit.html

13 Cathy Kearney. "B.C. Man Says He Watched in Horror as Lytton Wildfire Claimed the Lives of His Parents." *CBC News*, July 2, 2021. https://www.cbc.ca/news/canada/british-columbia/son-recounts-horror-of-losing-parents-in-lytton-bc-fire-1.6088297

14 Valerie Yurk. "Pacific Northwest Heat Wave Killed More Than a Billion Sea Creatures." *E&E News*, July 15, 2001. https://www.scientificamerican.com/article/pacific-northwest-heat-wave-killed-more-than-1-billion-sea-creatures/

15 比較極端低溫的死亡人數與極端高溫的死亡人數並不容易。首先，根據華盛頓大學流行病學家克莉絲蒂．艾比（Kristie Ebi）的意見，人們死於高溫的事件有完備的證據。「但是，關於人們確實死於寒冷的研究很零星，」她認為。許多研究顯示，冬季好發心血管疾病，但要把低溫與季節因素分開來，挑戰不小。「冬天的時候，一般來說，血壓、血液黏稠度與膽固醇都會升高，」艾比解釋，「可是，除了行為改變、日照長度與其他因素，我們不知道有多大程度可以歸於溫度。」其次，低溫死亡率與高溫死亡率的比較，通常比的是冬季死亡率和熱浪期間死亡率，這就像是把蘋果和橘子相比（冬季是季節，而熱浪是溫度事件）。第三，由於世界變熱，各種推測都指出，高溫相關的死亡率將會上升，主要的問題在於高溫會殺死誰，以及發生在何處。至於有一種見解認為，在更溫暖的世界，寒冷致死的案例數較少，這會以某種方式抵消高溫致死的案例數：「這種論點的核心暗示，海莉特阿姨死於高溫還算勉強可接受，因為喬叔就不會死於低溫，」艾比說，「該論點並非從個人層面的道德含意來思考。」

16 Elaina Dockterman. “How ‘Hot or Not’ Created the Internet We Know Today.” *Time*, June 18, 2014. https://time.com/2894727/hot-or-not-internet/

17 Danielle Jacquart and Claude Thomasset. *Sexuality and Medicine in the Middle Ages* (Princeton, NJ: Princeton University Press, 1988), 59.

18 Dennis Wong and Han Huang. “China’s Record Heat Wave, Worst Drought in Decades.” *South China Morning Post*, August 31, 2022. https://multimedia.scmp.com/infographics/news/china/article/3190803/china-drought/index.html

19 Quoted in Michael Le Page, “Heatwave in China Is the Most Severe Ever Recorded in the World.” *New Scientist*, August 23, 2022. https://www.newscientist.com/article/2334921-heatwave-in-china-is-the-most-severe-ever-recorded-in-the-world/

20 “Making the Case for Climate Action: The Growing Risks and Costs of Inaction.” Testimony before the House Select Committee on the Climate Crisis, April 15, 2021. https://docs.house.gov/meetings/CN/CN00/20210415/111445/HHRG-117-CN00-Wstate-McTeerToneyH-20210415.pdf

21 Christopher W. Callahan and Justin S. Mankin. “Globally Unequal Effect of Extreme Heat on Economic Growth.” *Science Advances*, Vol. 8, No. 43 (2022). https://www.science.org/doi/10.1126/sciadv.add3726

22 Christopher Flavelle. “Hotter Days Widen Racial Gap in U.S. Schools, Data Shows.” *New York Times*, Oct. 5, 2020. https://www.nytimes.com/2020/10/05/climate/heat-minority-school-performance.html

23 Bruce Bekkar et al. "Association of Air Pollution and Heat Exposure With Preterm Birth, Low Birth Weight, and Stillbirth in the US: A Systematic Review." *JAMA Network Open* 3, no. 6 (2020). https://doi.org/10.1001/jamanetworkopen.2020.8243

24 Barrak Alahmad et al. "Associations Between Extreme Temperatures and Cardiovascular Cause-Specific Mortality: Results From 27 Countries." *Circulation* vol. 147, issue 1 (2023), 35–46. https://www.doi.org/10.1161/CIRCULATIONAHA.122.061832; Woo-Seok Lee et al. "High Temperatures and Kidney Disease Morbidity: A Systematic Review and Meta-analysis." *Journal of Preventative Medicine & Public Health* 52, vol. 1 (2019), 1–13. https://doi.org/10.3961%2Fjpmph.18.149

25 Yoonhee Kim et al. "Suicide and Ambient Temperature: A Multi-Country Multi-City Study." *Environmental Health Perspectives* 127, vol. 11 (2019). https://doi.org/10.1289/EHP4898

26 Andreas Miles-Novelo and Craig A. Anderson. "Climate Change and Psychology: Effects of Rapid Global Warming on Violence and Aggression." *Current Climate Change Reports* 5 (2019), 36–46. https://doi.org/10.1007/s40641-019-00121-2

27 Annika Stechemesser et al. "Temperature Impacts on Hate Speech Online: Evidence from 4 Billion Geolocated Tweets from the USA." *The Lancet Planetary Health* 6, no. 9 (2022), 714–725. https://doi.org/10.1016/S2542-5196(22)00173-5

28 Kim et al.

29 Damian Carrington. "Almost 8,000 US Shootings Attributed to Unseasonable Heat." *The Guardian*, December 16, 2022. https://www.theguardian.com/world/2022/dec/16/almost-8000-us-shootings-attributed-to-unseasonable-heat-study

30 Josephus Daniel Perry and Miles E. Simpson. "Violent crimes in a city: environmental determinants." *Environment and Behavior* 19, no. 1 (1987), 77–90. https://doi.org/10.1177/0013916587191004

31 Marshall B. Burke et al. "Warming increases the risk of civil war in Africa." *Proceedings of National Academy of Sciences* 106, no. 49 (2009), 20670–20674. https://doi.org/10.1073/pnas.0907998106

32 Katrin G Burkart et al. "Estimating the cause-specific relative risks of non-optimal temperature on daily mortality: a two-part modelling approach applied to the Global Burden of Disease Study." *The Lancet* 398, no. 10301 (2021), 685–697. https://doi.org/10.1016/S0140-6736(21)01700-1

33 Rebecca R. Buchholz et al. "New seasonal pattern of pollution emerges from changing North American wildfires." *Nature Communications* 13, no. 2043 (2022). https://doi.org/10.1038/s41467-022-29623-8

34 Megan Sever. "Western wildfires' health risks extend across the country." *ScienceNews*, June 17, 2022. https://www.sciencenews.org/article/wildfire-health-risks-air-smoke-west-east-united-states

35 William J. Broad. "How the Ice Age Shaped New York." *New York Times*, June 5, 2018. https://www.nytimes.com/2018/06/05/science/how-the-ice-age-shaped-new-york.html

36 Andrew Dessler. *Introduction to Modern Climate Change* (Cambridge, England: Cambridge University Press, 2022), 33.

37 "Global Warming of 1.5° C." Intergovernmental Panel on Climate Change Special Report, 2018. https://www.ipcc.ch/sr15/

38 Robert Rohde. "Global Temperature Report for 2022." Berkeley Earth website. January 12, 2023. https://berkeleyearth.org/global-temperature-report-for-2022/

39 Ibid.

40 *Attribution of Extreme Weather Events in the Context of Climate Change* (Washington, DC: National Academies Press, 2016), 91.

41 "Western North American Extreme Heat Virtually Impossible Without Human-Caused Climate Change." *World Weather Attribution*, July 7, 2021. https://www.worldweatherattribution.org/western-north-american-extreme-heat-virtually-impossible-without-human-caused-climate-change/

42 Damian Carrington. "Oceans Were Hottest Ever Recorded in 2022, Analysis Shows." *The Guardian*, January 11, 2023. https://www.theguardian.com/environment/2023/jan/11/oceans-were-the-hottest-ever-recorded-in-2022-analysis-shows

43 Jason Samenow and Kasha Patel. "It's 70 Degrees Warmer Than Normal in Eastern Antarctica. Scientists are Flabbergasted." *Washington Post*, March 18, 2022. https://www.washingtonpost.com/weather/2022/03/18/antarctica-heat-wave-climate-change/

44 Chi Xu et al. "Future of the Human Climate Niche." *Proceedings of the National Academy of Sciences* 117, no. 21 (2020), 11350–11355. https://doi.org/10.1073/pnas.1910114117

45 Camilo Mora et al. "Global Risk of Deadly Heat." *Nature Climate Change* 7 (2017), 501–506. https://doi.org/10.1038/nclimate3322

46 Eun-Soon Im, Jeremy S. Pal, and Elfatih A. B. Eltahir. "Deadly Heat Waves Projected in the Densely Populated Agricultural Regions of South Asia." *Science Advances* vol. 3, issue 8 (2017). https://doi.org/10.1126/sciadv.1603322

47 Andrew May. "The Goldilocks Zone: The Place in a Solar System that's Just Right." *Live Science*, April 1, 2022. https://www.livescience.com/goldilocks-zone

第一章：警世故事

1 Mariposa County Sheriff's Report, case number MG2100896. August 18, 2021. Supplement 01, 1.

2 Facebook post accessed October 2022. https://www.facebook.com/sjeffe

3 Mariposa County Sheriff's Report, August 19, 2021. Supplement 06, 2.

4 Steve Rubenstein. "Remote Hiking Area Where Northern California Family Was Found Dead Treated as a Hazmat Site." *San Francisco Chronicle*, August 18, 2021. https://www.sfchronicle.com/bayarea/article/Remote-hiking-area-where-Northern-California-16395803.php

5 "Down and Out: A Collection of Tales from My 20 Years As a Cave Explorer." Self-published on Richard Gerrish's website. Accessed October 2022. https://richardgerrish.weebly.com/down-and-out.html

6 Personal communication with the author, September 2022.

7 Mariposa County Sheriff's Report. Supplement 10, 1.

8 AllTrails post, accessed July 2022.

9 Mariposa County Sheriff's Report. Supplement 10, 1.

10 Jose A. Del Rio. "Ferguson Fire Forces Largest Closing of Yosemite in Decades." *New York Times*, July 26, 2018. https://www.nytimes.com/2018/07/26/us/california-today-ferguson-fire-yosemite.html

11 AllTrails post, accessed July 2022.

12 Ibid.

13 Steven C. Sherwood and Matthew Huber. "An Adaptability Limit to Climate Change Due to Heat Stress." *Proceedings of the National Academy of Sciences* 107, no. 21 (2010), 9552–9555. https://doi.org/10.1073/pnas.0913352107

14 Amby Burfoot. "The Last Run." *Runner's World*, January 18, 2007. https://www.runnersworld.com/runners-stories/a20801399/the-dangers-of-running-in-the-heat/

15 Sarah Trent. "Philip Kreycik Wasn't Supposed to Die This Way." *Outside*, May 27, 2022. https://www.outsideonline.com/outdoor-adventure/environment/heat-related-illness-trail-running-death-philip-kreycik/

16 Gordon Wright. "Michael Popov's Last Run." Outside, August 15, 2012. https://www.outsideonline.com/health/running/michael-popovs-last-run-coming-grips-sudden-death-exceptional-ultrarunner/#close

17 John S. Cuddy and Brent S. Rudy. "High Work Output Combined with High Ambient Temperatures Caused Heat Exhaustion in a Wildland Firefighter Despite High Fluid Intake." *Wilderness & Environmental Medicine* 22, no. 2 (2011), 122–125. https://doi.org/10.1016/j.wem.2011.01.008

18 Personal communication with the author, April 2022.

19 Joshua Bote. " 'Can you help us': Final Text from California Family Found Dead on Hike Near Yosemite Released." *SFGate*, February 18, 2022. https://www.sfgate.com/bayarea/article/Final-texts-released-Chung-Gerrish-deaths-16930376.php

20 Ibid.

21 Personal communication with the author, April 2022.

22 Veronique Greenwood. "Why Does Heat Kill Cells?" *The Atlantic*, May 11, 2017. https://www.theatlantic.com/science/archive/2017/05/heat-kills-cells/526377/

23 "Federal Officials Close River After Mysterious Deaths of California Family and Their Dog." *CBS News*, September 6, 2021. https://www.cbsnews.com/news/john-gerrish-ellen-chung-daughter-deaths-merced-river-closed/

24 Michelle Blade. "Carbon Monoxide Could Have Killed Lancaster Man and His Family on California Hiking Trail." *Lancaster Guardian*, August 19, 2021. https://www.lancasterguardian.co.uk/news/people/carbon-monoxide-could-have-killed-lancaster-man-and-his-family-on-california-hiking-trail-3352070

25 Mariposa County Sheriff's Report, August 26, 2021. Supplement 16, 1.

26 Adrian Thomas. "Mariposa County Sheriff: 'I've Never Seen a Death Like This.' " Yourcentralvalley.com, August 18, 2021. https://www.yourcentralvalley.com/news/local-news/mariposa-county-sheriff-ive-never-seen-a-death-like-this/

27 Emily J. Hall et al. "Incidence and Risk Factors for Heat-Related Illness (Heatstroke) in UK Dogs Under Primary Veterinary Care in 2016." *Scientific Reports* 10, no. 9128 (2020). https://doi.org/10.1038/s41598-020-66015-8

28 Eric Roston. "These Very Good Dogs Will Suffer Most from a Warming Climate." *Bloomberg Green*, June 19, 2020. https://www.bloomberg.com/news/photo-essays/2020-06-19/these-dog-breeds-are-the-most-vulnerable-to-heat-climate-change

29 Leigh Arlegui et al. "Body Mapping of Sweating Patterns of Pre-Pubertal Children During Intermittent Exercise in a Warm Environment." *European Journal of Applied Physiology* 121 (2021). https://hdl.handle.net/2134/16831309.v1

30 Personal communication with the author, April 2022.

31 Nisha Charkoudian and Nina S. Stachenfeld. "Reproductive Hormone Influences on Thermoregulation in Women." *Comprehensive Physiology* 4, no. 2 (2014). https://doi.org/10.1002/cphy.c130029

32 Nisha Charkoudian et al. "Autonomic Control of Body Temperature and Blood Pressure: Influences of Female Sex Hormones." *Clinical Autonomic Research* 27 (2017). https://doi.org/10.1007/s10286-017-0420-z

33 Mariposa County Sheriff's Report, October 19, 2021. Supplement 50, 1.

第二章：熱如何形塑我們

1 Carl Zimmer. *Life's Edge: The Search for What It Means to Be Alive* (New York: Dutton, 2021), 242–246.

2 Ibid., 245.

3 Kévin Rey et al. "Oxygen Isotopes Suggest Elevated Thermometabolism Within Multiple Permo-Triassic Therapsid Clades." *eLife* 6 (2017). https://doi.org/10.7554/eLife.28589

4 Michael Logan. "Did Pathogens Facilitate the Rise of Endothermy?" *Ideas in Ecology and Evolution* 12 (2019), 1–8. https://doi.org/10.24908/iee.2019.12.1.n.

5 Personal communication with the author, April 2021.

6 Lewis Dartnell. *Origins: How Earth's History Shaped Human History* (New York: Basic Books, 2019), 14–15.

7 其他考古學發現把雙足行走的年代更往前推。瑪麗・李奇（Mary Leakey）在一九七六年發現的雷托利腳印（Laetoli footprints），年代為三百七十萬年前。一九九四年發現的原始地猿（*Ardipithecus ramidus*）化石具有某些特徵，讓科學家認為雙足步行可能起源於四百四十萬年前。還可參見Clare Wilson, "Human Ancestors May Have Walked on Two Legs 7 Million Years Ago," *New Scientist*, August 24, 2022.

8 Daniel E. Liberman. "Human Locomotion and Heat Loss: An Evolutionary Perspective." *Comprehensive Physiology* 5 (2015), 99–117. https://doi.org/10.1002/cphy.c140011

9 Robin C. Dunkin et al. "Climate Influences Thermal Balance and Water Use in African and Asian Elephants: Physiology Can Predict Drivers of Elephant Distribution." *Journal of Experimental Biology* 216, no. 15 (2013), 2939–2952. https://doi.org/10.1242/jeb.080218

10 Mulu Gebreselassie Gebreyohanes and Awol Mohammed Assen. Adaptation Mechanisms of Camels (*Camelus dromedarius*) for

Desert Environment: *A Review. Journal of Veterinary Science & Technology* 8, no. 6 (2017). https://doi.org/10.4172/2157-7579.1000486

11 Carl Zimmer. Hints of Human Evolution in Chimpanzees That Endure a Savanna's Heat. *New York Times*, April 27, 2018. https://www.nytimes.com/2018/04/27/science/chimpanzees-savanna-evolution.html

12 Dartnell, *Origins*, 12.

13 Kevin Hunt. *Chimpanzee: Lessons from Our Sister Species* (Cambridge, England: Cambridge University Press, 2021), 480–484.

14 Rick Weiss. "Healthy Hypothesis Curries Favor in Evolution of Spice." *Washington Post*, March 2, 1998. https://www.washingtonpost.com/archive/politics/1998/03/02/health-hypothesis-curries-favor-in-evolution-of-spice/e025c5ab-76c4-4d71-b1bc-9b36cef22bc0/

第三章：熱島

1 "Phoenix Flights Cancelled Because It's Too Hot for Planes." *BBC News*, June 20, 2017. https://www.bbc.com/news/world-us-canada-40339730

2 Personal communication with Phoenix office of National Weather Service, May 2022.

3 "Cool Neighborhoods NYC: A Comprehensive Approach to Keep Cities Cool in Extreme Heat." Report by the City of New York, Office of the Mayor. https://www1.nyc.gov/assets/orr/pdf/Cool_Neighborhoods_NYC_Report.pdf

4 Maricopa County Public Health. "Heat-Associated Deaths in Maricopa County, AZ Final Report for 2021." https://www.maricopa.gov/ArchiveCenter/ViewFile/Item/5494

5 Friederike Otto. *Angry Weather: Heat Waves, Floods, Storms and the New Science of Climate Change* (Berkeley/Vancouver: Greystone, 2020), 94.

6 Cascade Tuholske et al. "Global Urban Population Exposure to Extreme Heat." *Proceedings of the National Academy of Sciences* 118 (2021). https://doi.org/10.1073/pnas.2024792118

7 "68% of the World Population Projected to Live in Urban Areas by 2050, Says UN." United Nations website, May 16, 2018. Accessed October 2022. https://www.un.org/development/desa/en/news/population/2018-revision-of-world-urbanization-prospects.html

8 National Weather Service. “Extremely Powerful Hurricane Katrina Leaves a Historic Mark on the Northern Gulf Coast.” https://www.weather.gov/mob/katrina

9 Marty Graham. “Power Restored in Southwest, Mexico After Outage.” *Reuters*, September 8, 2011. https://www.reuters.com/article/us-outage-california/power-restored-in-southwest-mexico-after-outage-idUSTRE7880FW20110909

10 A. S. Ganesh. “The Ice King of the Past.” *The Hindu*, September 13, 2020. https://www.thehindu.com/children/the-ice-king-of-the-past/article32529190.ece

11 “How One of the World’s Wettest Major Cities Ran Out of Water.” *Bloomberg News*, February 3, 2021. https://www.bloomberg.com/news/features/2021-02-03/how-a-water-crisis-hit-india-s-chennai-one-of-the-world-s-wettest-cities

12 Ibid.

13 Mujib Mashal. “India Heat Wave, Soaring Up to 123 Degrees, Has Killed at Least 36.” *New York Times*, June 13, 2019. https://www.nytimes.com/2019/06/13/world/asia/india-heat-wave-deaths.html

14 “How One of the World’s Wettest Major Cities Ran Out of Water.”

15 Ibid.

16 R. K. Radhakrishnan. “Flood of Troubles.” *Frontline*, May 27, 2016. https://frontline.thehindu.com/the-nation/flood-of-troubles/article8581086.ece

17 Elizabeth Whitman. “On 107-Degree Day, APS Cut Power to Stephanie Pullman’s Home. She Didn’t Live.” *Phoenix New Times*, June 3, 2019. https://www.phoenixnewtimes.com/content/printView/11310515

18 Ibid.

19 Ibid.

20 Ibid.

第四章：逃亡的生命

1 Rickie Longfellow. Route 66: The Mother Road. US Department of Transportation website. Accessed October 2022. https://www.fhwa.dot.gov/infrastructure/back0303.cfm

2 Woody Guthrie. “The Great Dust Storm.” https://www.woodyguthrie.org/Lyrics/Dust_Storm_Disaster.htm

3 Sonia Shah. *The Next Great Migration: The Beauty and Terror of Life on the Move* (New York: Bloomsbury, 2020), 5.

4 Ibid.

5 Ibid.

6 Ibid.

7 Ibid.

8 Ibid.

9 James Bridle. "The Speed of a Tree: How Plants Migrate to Outpace Climate Change." *Financial Times*, April 1, 2022. https://www.ft.com/content/7d7621cd-7bb5-4f97-94f1-6985ce038e13

10 Ibid.

11 Emily S. Choy et al. "Limited Heat Tolerance in a Cold-Adapted Seabird: Implications of a Warming Arctic." *Journal of Experimental Biology* 224, no. 13 (2021). https://doi.org/10.1242/jeb.242168

12 Matthew L. Keefer et al. "Thermal Exposure of Adult Chinook Salmon and Steelhead: Diverse Behavioral Strategies in a Large and Warming River System." *PLoS One* 13, no. 9 (2018). https://doi.org/10.1371/journal.pone.0204274

13 Christian Martinez. "Wildlife Officials Truck Chinook Salmon to Cooler Waters in Emergency Move to Help Them Spawn." *Los Angeles Times*, May 20, 2022. https://www.latimes.com/california/story/2022-05-19/northern-california-chinook-salmon-trucked-to-cooler-waters

14 Quoted in Bob Brewyn, "Bumblebee Decline Linked With Extreme Heat Waves." *Inside Climate News*, February 6, 2020. https://insideclimatenews.org/news/06022020/bumblebee-climate-change-heat-decline-migration/

15 Personal communication with the author, October 2022.

16 "More Than Half of U.S. Counties Were Smaller in 2020 Than in 2010." US Census Bureau website. Accessed October 2022. https://www.census.gov/library/stories/2021/08/more-than-half-of-united-states-counties-were-smaller-in-2020-than-in-2010.html

17 Richard Hornbeck. "The Enduring Impact of the American Dust Bowl: Short- and Long-Run Adjustments to Environmental Catastrophe." *American Economic Review*, American Economic Association 102, no. 4 (2012), 1477–1507. https://www.nber.org/papers/w15605

18 World Bank Group. “Groundswell: Preparing for Internal Climate Migration.” World Bank report, 2018. https://www.worldbank.org/en/news/infographic/2018/03/19/groundswell---preparing-for-internal-climate-migration

19 Christina Goldbaum and Zia ur-Rehman. “In Pakistan’s Record Floods, Villages Are Now Desperate Islands.” *New York Times*, September 14, 2022. https://www.nytimes.com/2022/09/14/world/asia/pakistan-floods.html

20 Abrahm Lustgarten. “The Great Climate Migration.” *New York Times*, August 23, 2020. https://www.nytimes.com/interactive/2020/07/23/magazine/climate-migration.html

21 Lily Katz and Sebastian Sandoval-Olascoaga. “More People Are Moving In Than Out of Areas Facing High Risk From Climate Change.” *Redfin News*, August 25, 2021. https://www.redfin.com/news/climate-migration-real-estate-2021/

22 US Government Accountability Office. “Climate Change: A Climate Migration Pilot Program Could Enhance the Nation’s Resilience and Reduce Federal Fiscal Exposure.” GAO Report to Congressional Requesters, July 2020. https://www.gao.gov/assets/gao-20-488.pdf

23 Katz and Sandoval-Olascoaga, “More People Are Moving In Than Out.”

24 Ibid.

25 Quoted in Saul Elbein, “Five Reasons Extreme Weather is Bigger in Texas.” *The Hill*, September 1, 2022. https://thehill.com/policy/equilibrium-sustainability/3622655-five-reasons-extreme-weather-is-bigger-in-texas/

26 Jeff Goodell. *The Water Will Come: Rising Seas, Sinking Cities, and the Remaking of the Civilized World* (New York: Little, Brown, 2017).

27 有兩百四十六位德州民眾死於這場冰暴（實際傷亡人數可能遠遠更多），其中多人是在家或街上凍死。Patrick Svitek. “Texas Puts Final Estimate of Winter Storm Death Toll at 246.” *Texas Tribune*, January 2, 2022. https://www.texastribune.org/2022/01/02/texas-winter-storm-final-death-toll-246/

28 Ghosts of lost travelers are everywhere in *Luis Alberto Urrea’s The Devil’s Highway: A True Story* (New York: Little, Brown, 2004).

29 Jason Motlagh. “The Deadliest Crossing.” *Rolling Stone*, September 30, 2019. https://www.rollingstone.com/politics/politics-features/border-crisis-arizona-sonoran-desert-882613/

30 Sugam Pokharel and Catherine E. Shoichet. “This 6-Year-Old From India Died in the Arizona Desert. She Loved Dancing and Dreamed of Meeting Her Dad.” *CNN*, July 12, 2019. https://www.cnn.com/2019/07/12/asia/us-border-death-indian-girl-family/

index.html

第五章：剖析犯罪現場

1 Simon Levey. “Climate Scientist in TIME100 Most Influential List to Join Imperial.” Imperial College *London News*, September 15, 2021. https://www.imperial.ac.uk/news/229993/climate-scientist-time100-most-influential-list/

2 Joshua J. Mark. “Ancient Egyptian Warfare.” *World History Encyclopedia*. https://www.worldhistory.org/Egyptian_Warfare/

3 “tapas,” *Encyclopedia Britannica*, February 28, 2011. https://www.britannica.com/topic/tapas.

4 Joseph Bruchag. *The Native American Sweat Lodge: History and Legends* (Freedom, CA: Crossing Press, 1993), 24–29.

5 Martin Goldstein and Inge F. Goldstein. *The Refrigerator and the Universe: Understanding the Laws of Energy* (Cambridge, MA: Harvard University Press, 1993), 29.

6 *Ibn-Sina-Al-Biruni Correspondence* (Alberta, Canada: Center for Islam and Science, 2003), 8.

7 Razaullah Ansari. “On the Physical Researches of Al-Biruni.” *International Journal of Health Sciences* 10, no. 2 (1975), 198–217.

8 Martin Goldstein and Inge F. Goldstein, *The Refrigerator and the Universe*, 33–34.

9 Phil Jaekl. “Melting Butter, Poisonous Mushrooms and the Strange History of the Invention of the Thermometer.” *Time*, June 1, 2021. https://time.com/6053214/thermometer-history/

10 在描述倫福伯爵的生平與事業時，我汲取以下書籍的內容：G. I. Brown, *Scientist, Soldier, Statesman, Spy: Count Rumford, the Extraordinary Life of a Scientific Genius* (United Kingdom: Sutton Publishing, 1999)，以及 Sanborn C. Brown, *Benjamin Thompson, Count Rumford* (Cambridge, MA: MIT Press, 1981)。這本書也很有幫助：Hans Christian Von Baeyer, *Warmth Disperses and Time Passes: The History of Heat* (New York: Modern Library, 1999).

11 Jane Merrill. *Sex and the Scientist: The Indecent Life of Benjamin Thompson, Count Rumford (1753–1814)* (Jefferson, North Carolina: McFarland & Company, 2018).

12 D. S. L. Cardwell. *From Watt to Clausius: The Rise of Thermodynamics in the Early Industrial Age* (Ithaca, NY: Cornell University Press, 1971), 33.

13 Martin Goldstein and Inge F. Goldstein, *The Refrigerator and the Universe*, 29–35.

14 Von Baeyer, *Warmth Disperses and Time Passes*, 3.

15 Brown, *Scientist, Soldier, Statesman, Spy*, 86.

16 Brian Greene. *Until the End of Time: Mind, Matter, and Our Search for Meaning in an Evolving Universe* (New York: Knopf, 2020), 87.

17 Fred Pearce. "Land of the Midnight Sums." *New Scientist*, January 25, 2003. https://www.newscientist.com/article/mg17723795-300-land-of-the-midnight-sums/

18 Spencer R. Weart. *The Discovery of Global Warming* (Cambridge, MA: Harvard University Press, 2008). Accessed online October 2022. https://history.aip.org/climate/impacts.htm

19 Ibid.

20 Revelle in United States Congress, House of Representatives, Committee on Appropriations, *Report on the International Geophysical Year* (Washington, DC: Government Printing Office, 1957), 104–106.

21 Philip Shabecoff. "Global Warming Has Begun, Expert Tells Senate." *New York Times*, June 24, 1988.

22 Otto, *Angry Weather*, 94.

23 Myles Allen. "Liability for Climate Change." *Nature* 421 (2003), 891–892. https://doi.org/10.1038/421891a

24 Peter Stott et al. "Human Contribution to the European Heatwave of 2003." *Nature* 432 (2004), 610–614. https://doi.org/10.1038/nature03089

25 Hannah Hoag. "Russian Summer Tops 'Universal' Heatwave Index." *Nature*, October 29, 2014. https://doi.org/10.1038/nature.2014.16250

26 Otto, *Angry Weather*, 64.

27 Ibid.

28 Ibid, 84.

29 Ibid, 105.

30 Sjoukje Philip et al. "Attributing the 2017 Bangladesh floods from Meteorological and Hydrological Perspectives." *Hydrology and Earth System Sciences* 23 (2019), 1409–1429. https://doi.org/10.5194/hess-23-1409-2019

31 Sjoukje Philip et al. "Rapid Attribution Analysis of the Extraordinary Heatwave on the Pacific Coast of the US and Canada June 2021." Self-published by World Weather Attribution. https://www.worldweatherattribution.org/wp-content/uploads/NW-US-

extreme-heat-2021-scientific-report-WWA.pdf

32 Efi Rousi et al. "Accelerated Western European Heatwave Trends Linked to More Persistent Double Jets Over Eurasia." *Nature Communications* 13, no. 3851 (2022). https://doi.org/10.1038/s41467-022-31432-y

33 Chelsea Harvey. "Heat Wave 'Virtually Impossible' Without Climate Change." *E&E News*, July 8, 2021. https://www.eenews.net/articles/heat-wave-virtually-impossible-without-climate-change/

34 "Update of Carbon Majors 1965–2018." Climate Accountability Institute, December 20, 2020. https://climateaccountability.org/pdf/CAI%20PressRelease%20Dec20.pdf

第六章：神奇谷

1 Monique Brand. "As Temperatures Rise, Agriculture Industry Suffers." *Lampasas Dispatch Record*, July 25, 2022. https://www.lampasasdispatchrecord.com/news/temperatures-rise-agriculture-industry-suffers

2 Bob Sechler. " 'Difficult Times': Heat, Drought Bringing Pain for Texas Farmers and Ranchers." *Austin American-Statesman*, July 25, 2022. https://www.statesman.com/story/business/economy/2022/07/25/texas-weather-heat-drought-farmers-ranchers-impact-bringing-pain/65377249007/

3 Ibid.

4 Megan Durisin. "Smallest French Corn Crop Since 1990 Shows Drought's Huge Toll." *Bloomberg*, September 13, 2022. https://www.bloomberg.com/news/articles/2022-09-13/smallest-french-corn-crop-since-1990-shows-drought-s-huge-toll

5 Arshad R. Zargar. "Wheat Prices Hit Record High as India's Heat Wave-driven Export Ban Compounds Ukraine War Supply Woes." *CBS News*, May 17, 2022. https://www.cbsnews.com/news/india-heat-wave-wheat-prices-soar-climate-change-ukraine-war-supplies/

6 Wailin Wong. "Russia Has Blocked 20 Million Tons of Grain from Being Exported from Ukraine." *All Things Considered*, June 3, 2022. https://www.npr.org/2022/06/03/1102990029/russia-has-blocked-20-million-tons-of-grain-from-being-exported-from-ukraine

7 Ibid.

8 Jen Kirby. "Sri Lanka's protests are just the beginning of global instability." *Vox*, July 16, 2022. https://www.vox.com/23211533/

sri-lanka-protests-food-fuel-ukraine-war
9 Eyder Peralta. "Drought and Soaring Food Prices from Ukraine War Leave Millions in Africa Starving." *NPR*, May 18, 2022. https://www.npr.org/2022/05/18/1099733752/famine-africa-ukraine-invasion-drought
10 Edward Wong and Ana Swanson. "How Russia's War on Ukraine Is Worsening Global Starvation." *New York Times*, January 2, 2023. https://www.nytimes.com/2023/01/02/us/politics/russia-ukraine-food-crisis.html
11 Yuka Hayashi. "Ukraine War Creates Worst Global Food Crisis Since 2008, IMF Says." *Wall Street Journal*, September 20, 2022. https://www.wsj.com/articles/ukraine-war-creates-worst-global-food-crisis-since-2008-imf-says-11664553601
12 "Food Loss and Waste." US Food & Drug Administration website. Accessed October 2022. https://www.fda.gov/food/consumers/food-loss-and-waste
13 Michael Grunwald. "Biofuels Are Accelerating the Food Crisis — and the Climate Crisis, Too." *Canary Media*, April 19, 2022. https://www.canarymedia.com/articles/food-and-farms/biofuels-are-accelerating-the-food-crisis-and-the-climate-crisis-too
14 Elizabeth Kolbert. "Creating a Better Leaf." *The New Yorker*, December 6, 2021. https://www.newyorker.com/magazine/2021/12/13/creating-a-better-leaf
15 Tim Searchinger et al. "Creating a Sustainable Food Future." World Resources Report, 2019. https://research.wri.org/wrr-food
16 Ariel Ortiz-Bobea et al. "Anthropogenic Climate Change Has Slowed Global Agricultural Productivity Growth." *Nature Climate Change* 11 (2021), 306–312. https://doi.org/10.1038/s41558-021-01000-1
17 Chuang Zhao et al. "Temperature Increase Reduces Global Yields of Major Crops in Four Independent Estimates." *Proceedings of the National Academy of Sciences* 114, no. 35 (2017), 9326–9331. https://doi.org/10.1073/pnas.1701762114
18 David Lobell. "Heat and Hunger." Talk at Arizona State University, March 25, 2013. https://sustainability-innovation.asu.edu/media/video/david-lobell/
19 Eric J. Wallace. "Americans Have Planted So Much Corn That It's Changing the Weather." *Atlas Obscura*, December 3, 2018. https://www.atlasobscura.com/articles/corn-belt-weather
20 Mingfang Ting et al. "Contrasting Impacts of Dry Versus Humid Heat on US Corn and Soybean Yields." *Scientific Reports* 13, article 710 (2023). https://doi.org/10.1038/s41598-023-27931-7
21 E. Marie Muehe et al. "Rice Production Threatened by Coupled Stresses of Climate and Soil Arsenic." *Nature Communications* 10,

no. 4985 (2019). https://doi.org/10.1038/s41467-019-12946-4
22 "Rice Consumption and Cancer Risk." Columbia Public Health. Accessed October 2022. https://www.publichealth.columbia.edu/research/niehs-center-environmental-health-northern-manhattan/rice-consumption-and-cancer-risk
23 Chunwu Zhu et al. "Carbon Dioxide (CO_2) Levels This Century Will Alter the Protein, Micronutrients, and Vitamin Content of Rice Grains with Potential Health Consequences for the Poorest Rice-Dependent Countries." *Science Advances* 4, no. 5 (2018). https://doi.org/10.1126/sciadv.aaq1012
24 Naveena Sadasivam. "The Making of the 'Magic Valley.' " *Texas Observer*, August 21, 2018. https://www.texasobserver.org/the-making-of-the-magic-valley/
25 A. Park Williams et al. "Rapid Intensification of the Emerging Southwestern North American Megadrought in 2020–2021." *Nature Climate Change* 12 (2022), 232–234. https://doi.org/10.1038/s41558-022-01290-z
26 US Drought Monitor. Accessed February 2022. https://droughtmonitor.unl.edu
27 Danielle Prokop. "It's Like a Crime Scene: What's Happened to the Rio Grande in Far West Texas." *Source New Mexico*, February 22, 2023. https://sourcenm.com/2023/02/22/its-like-a-crime-scene-whats-happened-to-the-rio-grande-in-far-west-texas/
28 University of California Davis Botanical Conservatory. "The Genus Aloe." *Botanical Notes* 1, no. 1 (July 2009). https://greenhouse.ucdavis.edu/files/botnot_01-01.00.pdf
29 Ibid.
30 Jeff Goodell. "Is Texas' Disaster a Harbinger of America's Future?" *Rolling Stone*, February 17, 2021. https://www.rollingstone.com/culture/culture-news/austin-texas-ice-storm-climate-change-1129183/
31 Anthony J. Ranere et al. "The Cultural and Chronological Context of Early Holocene Maize and Squash Domestication in the Central Balsas River Valley, Mexico." *Proceedings of the National Academy of Sciences* 106, no. 13 (2009), 5014–5018. https://doi.org/10.1073/pnas.0812590106
32 Aaron Viner. "Ethanol Continues to Sustain Corn Prices." *Iowa Farmer Today*, May 26, 2022. https://www.agupdate.com/iowafarmertoday/news/state-and-regional/ethanol-continues-to-sustain-corn-prices/article_2ed66ffc-aabe-11ec-9e9c-cb70dac4ee17.html
33 Lisa Bramen. "When Food Changed History: the French Revolution." *Smithsonian*, July 14, 2010. https://www.smithsonianmag.

com/arts-culture/when-food-changed-history-the-french-revolution-93598442

34 "Russian Revolution of 1917." *Encyclopedia Britannica*. Accessed October 2022. https://www.britannica.com/summary/Russian-Revolution

35 Joshua Keating. "A Revolution Marches on its Stomach." *Slate*, April 8, 2014. https://slate.com/technology/2014/04/food-riots-and-revolution-grain-prices-predict-political-instability.html

36 Quoted in John McCracken, "The Corn Belt Will Get Hotter. Farmers Will Have to Adapt," *Grist*, September 23, 2022. https://grist.org/agriculture/the-corn-belt-will-get-hotter-farmers-will-have-to-adapt/

37 應用收穫（APPH）的市值一直瘋狂起伏，公司在二〇二一年初上市後不久，市值到達約三十四億美元，二〇二二年十月跌到一億七千二百萬美元的低點。.

38 "Heat Stress Blamed for Thousands of Cattle Deaths in Kansas." *PBS News Hour*, June 17, 2022. https://www.pbs.org/newshour/economy/heat-stress-blamed-for-thousands-of-cattle-deaths-in-kansas

39 Rob Williams. "Texas Cattle Fever Back with a Vengeance." *Texas A&M AgriLife Communications*, February 2, 2017. https://entomology.tamu.edu/2017/02/02/texas-cattle-fever-ticks-are-back-with-a-vengeance/

40 Latika Bourke. " 'Boiled Alive': New Footage Shows Full Scale of Live Exports Horror." *Sydney Morning Heral*d, May 5, 2018. https://www.smh.com.au/politics/federal/boiled-alive-new-footage-shows-full-scale-of-live-exports-horror-20180503-p4zd9q.html

41 "Everything You Need to Know about Fungi-based Proteins." Nature's Fynd website. Accessed October 2022. https://www.naturesfynd.com/blog/fungi-based-protein

42 Rebecca Zandbergen. "Massive Cricket-Processing Facility Comes Online in London, Ont." *CBC News*, July 1, 2022. https://www.cbc.ca/news/canada/london/cricket-farm-london-ontario-1.6506606

第七章：暖水塊

1 Ibid. See also the "Blob Tracker" maintained by California Current Integrated Assessment. https://www.integratedecosystemassessment.noaa.gov/regions/california-current/cc-projects-blobtracker

2 "Looking Back at the Blob: Record Warming Drives Unprecedented Ocean Change." NOAA Fisheries News, September 26, 2019. https://www.fisheries.noaa.gov/feature-story/looking-back-blob-record-warming-drives-unprecedented-ocean-change

3 Jon Brooks. “How ‘The Blob’ Has Triggered Disaster for California Seals,” KQED, November 23, 2015. https://www.kqed.org/science/373789/how-warmer-waters-have-led-to-emaciated-seals-on-california-beaches

4 “Alaska Cod Populations Plummeted During the Blob Heatwave.” NOAA Fisheries News, November 8, 2019. https://www.fisheries.noaa.gov/feature-story/alaska-cod-populations-plummeted-during-blob-heatwave-new-study-aims-find-out-why

5 Meredith L. McPherson et al. “Large-Scale Shift in the Structure of a Kelp Forest Ecosystem Co-Occurs with an Epizootic and Marine Heatwave.” *Communications in Biology* 4, no. 298 (2021). https://doi.org/10.1038/s42003-021-01827-6

6 Adam Vaughan. “Marine Heatwave Known as ‘the Blob’ Killed a Million US Seabirds.” *New Scientist*, January 15, 2020. https://www.newscientist.com/article/2229980-marine-heatwave-known-as-the-blob-killed-a-million-us-seabirds

7 Stella Chan and Joe Sterling. “Death Toll in Camp Fire Revised Down by one to 85.” *CNN*, February 8, 2019. https://www.cnn.com/2019/02/08/us/camp-fire-deaths

8 Conel M. O’D. Alexander. “The Origin of Inner Solar System Water.” *Philosophical Transactions of the Royal Society* vol. 375, issue 2094 (2017). https://dx.doi.org/10.1098/rsta.2015.0384

9 Personal communication with the author, January 14, 2020.

10 “How Much of the Ocean Have We Explored?” NOAA Ocean Facts. Accessed October 2022. https://oceanservice.noaa.gov/facts/exploration.html

11 Bob Holmes. “Ocean’s Great Fish All But Gone.” *New Scientist*, May 14, 2003. https://www.newscientist.com/article/dn3731-oceans-great-fish-all-but-gone

12 Sarah Kaplan. “By 2050, There Will Be More Plastic Than Fish in the Ocean, Study Says.” *Washington Post*, January 20, 2016. https://www.washingtonpost.com/news/morning-mix/wp/2016/01/20/by-2050-there-will-be-more-plastic-than-fish-in-the-worlds-oceans-study-says

13 Lijing Cheng et al. “Past and Future Ocean Warming.” *Nature Reviews Earth & Environment* 3 (2022) 776–794. https://doi.org/10.1038/s43017-022-00345-1

14 Chris Mooney and Brady Dennis. “Oceans Surged to Another Record-High Temperature in 2022.” *Washington Post*, January 11, 2023. https://www.washingtonpost.com/climate-environment/2023/01/11/ocean-heat-climate-change/

15 Lijing Cheng et al. “Upper Ocean Temperatures Hit Record High in 2020.” *Advances in Atmospheric Science* 38 (2021), 523–530.

https://doi.org/10.1007/s00376-021-0447-x

16 National Oceanic and Atmospheric Association. "Atmospheric Rivers: What Are They and How Does NOAA Study Them?" N*OAA Research News*, January 11, 2023. https://research.noaa.gov/article/ArtMID/587/ArticleID/2926/Atmospheric-Rivers-What-are-they-and-how-does-NOAA-study-them

17 Quoted in Chris Mooney and Brady Dennis, "Oceans Surged to Another Record-High Temperature in 2022."

18 "The Economic Value of Alaska's Seafood Industry." Report by Alaska Seafood Marketing Institute, January 2022. https://www.alaskaseafood.org/wp-content/uploads/MRG_ASMI-Economic-Impacts-Report_final.pdf

19 "Fisheries Economics of the United States Report, 2019." NOAA Fisheries. https://www.fisheries.noaa.gov/resource/document/fisheries-economics-united-states-report-2019

20 Ibid.

21 *IPCC Special Report on the Ocean and Cryosphere in a Changing Climate* (Cambridge, England: Cambridge University Press, 2022), 18. https://doi.org/10.1017/9781009157964.

22 Jon Henley. "Mediterranean Ecosystem Suffering 'Marine Wildfire' as Temperatures Peak." *The Guardian*, July 29, 2022. https://www.theguardian.com/environment/2022/jul/29/mediterranean-ecosystem-suffering-marine-wildfire-as-temperatures-peak

23 Ibid.

24 Darryl Fears. "On Land, Australia's Rising Heat is 'Apocalyptic.' In the Ocean, It's Worse." *Washington Post*, December 27, 2019. https://www.washingtonpost.com/graphics/2019/world/climate-environment/climate-change-tasmania/

25 Chris Mooney and John Muyskens. "Dangerous New Hot Zones Are Spreading Around the World." *Washington Post*, September 11, 2019. https://www.washingtonpost.com/graphics/2019/national/climate-environment/climate-change-world/

26 Kimberly L. Oremus et al. "Governance Challenges for Tropical Nations Losing Fish Species Due to Climate Change." *Nature Sustainability* 3 (2020), 277–280. https://doi.org/10.1038/s41893-020-0476-y

27 Quoted in Harrison Tusoff, "Fleeing Fish." *The Current*, February 24, 2020. https://www.news.ucsb.edu/2020/019806/fleeing-fish

28 Damien Cave. " 'Can't Cope': Australia's Great Barrier Reef Suffers 6th Mass Bleaching Event." *New York Times*, March 25, 2022. https://www.nytimes.com/2022/03/25/world/australia/great-barrier-reef-bleaching.html

29 Terry P. Hughes et al. "Emergent Properties in the Responses of Tropical Corals to Recurrent Climate Extremes." *Current Biology*

31, no. 23 (2021), 5393–5399. https://doi.org/10.1016/j.cub.2021.10.046

30 Reef 2050 Long-Term Sustainability Plan 2021–2025, Commonwealth of Australia 2021. Commonwealth of Australia. Accessed October 2022. https://www.dcceew.gov.au/parks-heritage/great-barrier-reef/long-term-sustainability-plan

31 Terry Hughes. "The Great Barrier Reef Actually Is 'in Danger.' " *The Hill*, July 26, 2021. https://thehill.com/opinion/energy-environment/564778-the-great-barrier-reef-actually-is-in-danger/

32 Nicola Jones. "Finding Bright Spots in the Global Coral Reef Catastrophe." *Yale e360*, October 21, 2021. https://e360.yale.edu/features/finding-bright-spots-in-the-global-coral-reef-catastrophe

第八章：血汗經濟

1 對於佩雷斯生前與死亡的報導，是採訪數十位家人與朋友後的結果，其中許多人因為移民身分的緣故，他們的談話不便直接公開。

2 Jen M. Cox-Ganser et al. "Occupations by Proximity and Indoor/Outdoor Work: Relevance to COVID-19 in All Workers and Black/Hispanic Workers." *American Journal of Preventative Medicine* 60, no. 5 (2021), 621–628. https://doi.org/10.1016/j.amepre.2020.12.016

3 Umair Irfan. "Extreme Heat is Killing American Workers." *Vox*, July 21, 2021. https://www.vox.com/22560815/heat-wave-worker-extreme-climate-change-osha-workplace-farm-restaurant

4 Jamie Goldberg. "Two Oregon Businesses Whose Workers Died During Heat Wave Fight State Fines." *The Oregonian*, May 6, 2002. https://www.oregonlive.com/business/2022/05/two-oregon-businesses-whose-workers-died-during-heat-wave-fight-state-fines.html

5 Livia Albeck-Ripka. "UPS Drivers Say 'Brutal' Heat Is Endangering Their Lives." *New York Times*, August 20, 2022. https://www.nytimes.com/2022/08/20/business/ups-postal-workers-heat-stroke-deaths.html

6 Twitter post by Teamsters for a Democratic Union, August 2, 2022. https://twitter.com/JimCShields/status/1554827644230717441?s=20&t=I_998pFBIDu2EiowCl7z9g

7 Annie Kelly, Niamh McIntyre, and Pete Pattirson. "Revealed: Hundreds of Migrant Workers Dying of Heat Stress in Qatar Each Year." *The Guardian*, October 2, 2019. https://www.theguardian.com/global-development/2019/oct/02/revealed-hundreds-of-

migrant-workers-dying-of-heat-stress-in-qatar-each-year See also "World Cup 2022: How Many Migrant Workers Have Died in Qatar?" *Reuters*, December 14, 2022. https://www.reuters.com/lifestyle/sports/world-cup-2022-how-many-migrant-workers-have-died-qatar-2022-11-24/

8 Quoted in Andrew Freedman and Jason Samenow, "Humidity and Heat Extremes Are on the Verge of Exceeding Limits of Human Survivability, Study Finds," *Washington Post*, May 8, 2020. https://www.washingtonpost.com/weather/2020/05/08/hot-humid-extremes-unsurvivable-global-warming/

9 Diane M. Gubernot. "Characterizing Occupational Heat-Related Mortality in the United States, 2000–2010: An Analysis Using the Census of Fatal Occupational Injuries Database." *American Journal of Independent Medicine* 58, no. 2 (2015), 203–211. https://doi.org/10.1002/ajim.22381

10 "Farm Workers and Advocates on Heat Wave Affecting Ag Workers and the Urgency for Citizenship." United Farm Worker Foundation press call, July 7, 2021. https://www.ufwfoundation.org/farm_workers_and_advocates_heat_wave_affecting_ag_workers_adds_urgency_to_citizenship_push

11 Richard J. Johnson. "Chronic Kidney Disease of Unknown Cause in Agricultural Communities." *New England Journal of Medicine* 380 (2019), 1843–1852. https://doi.org/10.1056/NEJMra1813869

12 Cecilia Sorensen, MD, and Ramon Garcia-Trabanino, MD. "A New Era of Climate Medicine — Addressing Heat-Triggered Renal Disease." *New England Journal of Medicine* 381 (2019), 693–696. https://doi.org/10.1056/NEJMp1907859

13 Christopher Flavelle. "Work Injuries Tied to Heat Are Vastly Undercounted, Study Finds." *New York Times*, July 17, 2021. https://www.nytimes.com/2021/07/15/climate/heat-injuries.html

14 "Extreme Heat: the Economic and Social Consequences for the United States." Report by Vivid Economics and Adrienne Arsht-Rockefeller Foundation Resilience Center, August 2021. Accessed October 2022. https://www.atlanticcouncil.org/wp-content/uploads/2021/08/Extreme-Heat-Report-2021.pdf

15 "Hot Cities, Chilled Economies." Report by Vivid Economics and Adrienne Arsht-Rockefeller Foundation Resilience Center, August 2022. Accessed October 2022. https://onebillionresilient.org/hot-cities-chilled-economies-dhaka/

16 Nina Jablonski. *Skin: A Natural History*. (Los Angeles and Berkeley: University of California Press, 2013), 78.

17 Walter Johnson. *River of Dark Dreams: Slavery and Empire in the Cotton Kingdom.* (Cambridge, MA: Harvard University Press,

2013), 173.

18 Johnson, *River of Dark Dreams*, 199–204.

19 Alan Derickson. "A Widespread Superstition: The Purported Invulnerability of Workers of Color to Occupational Heat Stress." *American Journal of Public Health* 109, no. 10 (2019), 1329–1335. https://doi.org/10.2105/AJPH.2019.305246

20 Ibid.

21 Ibid.

22 Ibid.

23 Ibid.

24 Ibid.

25 Ibid.

26 Ibid.

27 Ibid.

28 Ibid.

29 Ibid.

30 "Farm Where Worker Died Cited Earlier for Safety Violations." *Seattle Times*, July 2, 2021. https://www.seattletimes.com/seattle-news/farm-where-worker-died-earlier-cited-for-safety-violations/

31 Jamie Goldberg. "Marion County Farm Where Worker Died Was Previously Cited for Workplace Safety Violations." *The Oregonian*, July 1, 2001.

第九章：世界盡頭的冰

1 The International Thwaites Glacier Collaboration is a shared research initiative of the US National Science Foundation and the UK Natural Environment Research Council. https://thwaitesglacier.org/

2 Jeff Goodell. "The Doomsday Glacier." *Rolling Stone*, May 9, 2017. https://www.rollingstone.com/politics/politics-features/the-doomsday-glacier-113792/

3 "Quick Facts." National Snow and Ice Data Center website. Accessed October 2022. https://nsidc.org/learn/parts-cryosphere/ice-

sheets/ice-sheet-quick-facts

4 IPCC. *Climate Change 2021: The Physical Science Basis. Contribution of Working Group I to the Sixth Assessment Report of the Intergovernmental Panel on Climate Change* (Cambridge: Cambridge University Press, 2021), 1216–1217.

5 Ibid.

6 Jeff Goodell. “Will We Miss Our Last Chance to Save the World from Climate Change?” *Rolling Stone*, December 22, 2016. https://www.rollingstone.com/politics/politics-features/will-we-miss-our-last-chance-to-save-the-world-from-climate-change-109426/

7 Andrea Dutton et al. “Sea-level Rise Due to Polar Ice-sheet Mass Loss During Past Warm Periods.” *Science* 349, no. 6244 (2015). https://doi.org/10.1126/science.aaa4019

8 Sabrina Shankman. “Trillion-Ton, Delaware-Size Iceberg Breaks Off Antarctica’s Larsen C Ice Shelf.” *Inside Climate News*, July 12, 2017. https://insideclimatenews.org/news/12072017/antarctica-larsen-c-ice-shelf-breaks-giant-iceberg

9 Eric Rignot et al. “Four Decades of Antarctic Ice Sheet Mass Balance from 1979–2017.” *Proceedings of the National Academy of Sciences* 116, no. 4 (2019), 1095–1103. https://doi.org/10.1073/pnas.1812883116

10 “The Scientist Who Predicted Ice Sheet Collapse — 50 Years Ago.” *Nature* 554 (2018), 5–6. https://doi.org/10.1038/d41586-018-01390-x

11 John Mercer. “West Antarctic Ice Sheet and CO_2 Greenhouse Effect: a Threat of Disaster.” *Nature* 271 (1978), 321–325. https://doi.org/10.1038/271321a0

12 Ibid.

13 Ibid.

第十章：蚊子是我的媒介

1 Timothy C. Winegard. *The Mosquito: A Human History of Our Deadliest Predator* (New York: Dutton, 2019), 2.

2 Joshua Sokol. “The Worst Animal in the World.” *The Atlantic*. August 20, 2020. https://www.theatlantic.com/health/archive/2020/08/how-aedes-aegypti-mosquito-took-over-world/615328/

3 J. G. Rigau-Pérez. “The Early Use of Break-Bone Fever (Quebranta huesos, 1771) and Dengue (1801) in Spanish.” *American*

Journal of Tropical Medicine and Hygiene 59, no. 2 (1998), 272–274. https://doi.org/10.4269/ajtmh.1998.59.272

4 World Health Organization. "Dengue and Severe Dengue." WHO factsheet. https://www.who.int/news-room/fact-sheets/detail/dengue-and-severe-dengue

5 Ibid.

6 Ibid.

7 Simon Hales et al. "Potential Effect of Population and Climate Changes on Global Distribution of Dengue Fever: an Empirical Model." *The Lancet* 360, no. 9336 (2002), 830–834. https://doi.org/10.1016/S0140-6736(02)09964-6

8 Jane P. Messina et al. "The Current and Future Global Distribution and Population at Risk of Dengue." *Nature Microbiology* 4 (2019), 1508–1515. https://doi.org/10.1038/s41564-019-0476-8

9 Camilo Mora et al. "Over Half of Known Human Pathogenic Diseases Can Be Aggravated by Climate Change." *Nature Climate Change* 12 (2022), 869–875. https://doi.org/10.1038/s41558-022-01426-1

10 David M. Morens and Anthony S. Fauci. "Emerging Pandemic Diseases: How We Got to COVID-19." *Cell* 182, no. 5 (2020), 1077–1092. https://doi.org/10.1016/j.cell.2020.08.021

11 World Health Organization. WHO Coronavirus (COVID-19) Dashboard. Accessed January 2024. https://data.who.int/dashboards/covid19

12 Ibid.

13 "1918 Pandemic (H1N1 virus)." Centers for Disease Control website. Accessed October 2022. https://www.cdc.gov/flu/pandemic-resources/1918-pandemic-h1n1.html

14 Ali Raj et al. "Deadly Bacteria Lurk in Coastal Waters. Climate Change Increases the Risks." Center for Public Integrity website, Oct. 20, 2020. https://publicintegrity.org/environment/hidden-epidemics/vibrio-deadly-bacteria-coastal-waters-climate-change-health/

15 Frances Stead Sellars and Sabrina Malhi. "In Florida, Flesh-Eating Bacteria Follow in Hurricane Ian's Wake." *Washington Post*, October 18, 2022. https://www.washingtonpost.com/health/2022/10/18/flesh-eating-bacteria-florida/

16 Craig Welch. "Half of All Species on the Move — and We're Feeling it." *National Geographic*, April 26, 2017. https://www.nationalgeographic.com/science/article/climate-change-species-migration-disease

17 Sonia Shah, *The Next Great Migration*, 7.

18 Colin Carlson et al. "Climate Change Increases Cross-Species Viral Transmission Risk." *Nature* 607 (2022), 555–562. https://doi.org/10.1038/s41586-022-04788-w

19 Ed Yong. "We Created the 'Pandemicene'." *The Atlantic*, April 28, 2022. https://www.theatlantic.com/science/archive/2022/04/how-climate-change-impacts-pandemics/629699/

20 David Quammen. *Spillover: Animal Infections and the Next Human Pandemic* (New York: W. W. Norton & Company, 2012), 13–19.

21 Michael Worobey et al. "The Huanan Seafood Wholesale Market in Wuhan was the early epicenter of the COVID-19 pandemic." *Science* 377, no. 6609 (2022), 951–959. https://doi.org/10.1126/science.abp8715

22 Elahe Izadi. "Tracing the Long, Convoluted History of the AIDS Epidemic." *Washington Post*, February 24, 2015. https://www.washingtonpost.com/news/to-your-health/wp/2015/02/24/tracing-the-long-convoluted-history-of-the-aids-epidemic/

23 David Quammen, *Spillover*, 324.

24 Ibid.

25 Ibid.

26 Emily S. Rueb. "Peril on Wings: 6 of America's Most Dangerous Mosquitoes." *New York Times*, June 28, 2016. https://www.nytimes.com/2016/06/29/nyregion/mosquitoes-diseases-zika-virus.html

27 David M. Morens et al. "Eastern Equine Encephalitis Virus — Another Emergent Arbovirus in the United States." *New England Journal of Medicine* 381 (2019), 1989–1992. https://doi.org/10.1056/NEJMp1914328

28 World Health Organization. "Dengue Fever — Nepal." WHO Disease Outbreak News. Accessed October 2022. https://www.who.int/emergencies/disease-outbreak-news/item/2022-DON412

29 World Health Organization. "Malaria." WHO factsheet. Accessed October 2022. https://www.who.int/news-room/fact-sheets/detail/malaria

30 Colin Carlson et al. "Climate Change Increases Cross-Species Viral Transmission Risk." *Nature* 607 (2022), 555–562. https://doi.org/10.1038/s41586-022-04788-w

31 Sadie Ryan et al. "Shifting Transmission Risk for Malaria in Africa with Climate Change: a Framework for Planning and

Intervention." *Malaria Journal* 19, no. 170 (2020). https://doi.org/10.1186/s12936-020-03224-6

32 Emily Waltz. "Biotech Firm Announces Results from First US Trial of Genetically Modified Mosquitoes." *Nature News*, April 18, 2022. https://www.nature.com/articles/d41586-022-01070-x

33 David M. Morens et al. "Eastern Equine Encephalitis Virus — Another Emergent Arbovirus in the United States." *New England Journal of Medicine* 381 (2019), 1989–1992. https://doi.org/10.1056/NEJMp1914328

34 Dennis Bente. "Hyalomma Marginatum Chasing by Sirri Kar." Accessed October 2022. https://www.youtube.com/watch?v=R_kGHqNpOQM

35 World Health Organization. "Crimean-Congo Haemorrhagic Fever." WHO factsheet. Accessed October 2022. https://www.who.int/health-topics/crimean-congo-haemorrhagic-fever

36 Personal communication with the author, December 2020.

37 Ibid.

38 Meghan O'Rourke. "Lyme Disease is Baffling, Even to Experts." *The Atlantic*, September 2019. https://www.theatlantic.com/magazine/archive/2019/09/life-with-lyme/594736/

39 "What You Need to Know About Asian Longhorned Ticks — A New Tick in the United States." Centers for Disease Control and Prevention. Accessed October 2022. https://www.cdc.gov/ticks/longhorned-tick/index.html

40 Ben Beard et al. "Multistate Infestation with the Exotic Disease–Vector Tick Haemaphysalis longicornis." *Morbidity and Mortality Weekly Report* 67 (2018), 1310–1313. https://dx.doi.org/10.15585/mmwr.mm6747a3externalicon

第十一章：廉價冷氣

1 Arthur Miller. "Before Air-Conditioning." *The New Yorker,* June 14, 1998. https://www.newyorker.com/magazine/1998/06/22/before-air-conditioning

2 Salvatore Basile. *Cool: How Air-conditioning Changed Everything* (New York: Fordham University Press, 2014), 23.

3 Ibid, 24.

4 Ibid.

5 Eric Dean Wilson. *After Cooling: On Freon, Global Warming, and the Terrible Cost of Comfort* (New York: Simon & Schuster, 2021),

38.

6 Ibid, 54.

7 Thomas Thompson. *Blood and Money: A True Story of Murder, Passion, and Power* (New York: Doubleday, 1976), 19.

8 Wilson, *After Cooling,* 161.

9 Ibid, 175.

10 Ibid, 176.

11 William Styron. "As He Lay Dead, a Bitter Grief." *Life*, July 20, 1962.

12 William Faulkner. *The Reivers* (New York: Random House, 1962), 182.

13 Joel D. Treese. "Keeping Cool in the White House." White House Historical Association website. Accessed October 2022. https://www.whitehousehistory.org/keeping-cool-in-the-white-house

14 Ibid.

15 Michael Simon. "Why Aretha Franklin Didn't Rehearse for Her VH1 'Divas Live' Performance." *Hollywood Reporter*, August 21, 2018. https://www.hollywoodreporter.com/tv/tv-news/why-aretha-franklin-didnt-rehearse-her-vh1-divas-live-performance-1136286/

16 Steven Johnson. *How We Got to Now: Six Inventions That Made the Modern World* (New York: Riverhead Books, 2014), 88.

17 Angie Maxwell. "What We Get Wrong About the Southern Strategy." *Washington Post*, July 26, 2019. https://www.washingtonpost.com/outlook/2019/07/26/what-we-get-wrong-about-southern-strategy/

18 "Control of HFC-23 Emissions." EPA website. Accessed October 2022. https://www.epa.gov/climate-hfcs-reduction/control-hfc-23-emissions

19 International Energy Agency. *The Future of Cooling* (Paris: IEA, 2019), 13. https://www.iea.org/reports/the-future-of-cooling

20 Yoshiyuki Osada. "Daikin Buys Goodman for $3.7 Billion, Gains North America Reach." Reuters, August 29, 2012. https://www.reuters.com/article/us-goodman-daikin/daikin-buys-goodman-for-3-7-billion-gains-north-america-reach-idUSBRE87S0A820120829

21 HVAC Distributors. "Daikin's New Comfortplex Texas Facility Closer to Completion." *HVAC News*, February 11, 2016. https://hvacdist.com/daikins-new-comfortplex-texas-facility-closer-to-completion/

22 Sneha Sachar, Iain Campbell, and Ankit Kalanki. "Solving the Global Cooling Challenge: How to Counter the Climate Threat from Room Air Conditioners." Rocky Mountain Institute report, 2018. Accessed October 2022. https://www.rmi.org/insight/solving_the_global_cooling_challenge

23 Ibid, 6.

24 Quoted in Stephen Buranyi. "The Air-conditioning Trap: How Cold Air Is Heating the World." *The Guardian*, August 29, 2019. https://www.theguardian.com/environment/2019/aug/29/the-air-conditioning-trap-how-cold-air-is-heating-the-world

25 State of Florida Administrative Hearing. "State of Florida, Agency of Health Care Administration vs. Rehabilitation Center at Hollywood Hills, LLC." Case 17-005769, filed July 16, 2018, 16.

26 Daniel A. Barber. "After Comfort." Log 47, 45–50.

27 Ibid.

第十二章：隱形的東西不會傷害你

1 Aryn Baker. "What It's Like Living in One of the Hottest Cities on Earth—Where It May Soon Be Uninhabitable." *Time*, September 12, 2019. https://time.com/longform/jacobabad-extreme-heat/

2 Zofeen Ebrahim. "How Will Pakistan Stay Cool While Keeping Emissions in Check?" *The Third Pole*, March 11, 2022. https://www.thethirdpole.net/en/climate/pakistan-cooling-action-plan/

3 "CO2 Emissions Per Capita." Worldometer website. Accessed October 2022. https://www.worldometers.info/co2-emissions/co2-emissions-per-capita/

4 "Blue Marble —The Image of Earth from Apollo 17." NASA website. Accessed October 2022. https://www.nasa.gov/content/blue-marble-image-of-the-earth-from-apollo-17

5 Bob Dyer. "Iconic Image from Kent State Shootings Stokes the Fires of Anti-Vietnam War Sentiment." *Akron Beacon Journal*, May 4, 2020. https://www.cincinnati.com/in-depth/news/history/2020/05/01/kent-state-shooting-photos-mary-ann-vecchio-impacts-nation-jeffrey-miller-john-filo/3055009001/

6 Tom Junod. "Who Was the Falling Man?" *Esquire*, September 9, 2021. https://www.esquire.com/news-politics/a48031/the-falling-man-tom-junod/

7 “From Selma to Montgomery: Stephen Somerstein’s Photographs of the 1965 Civil Rights March,” New York Historical Society & Library website. Accessed October 2022. https://www.nyhistory.org/blogs/from-selma-to-montgomery-stephen-somersteins-photographs-of-the-1965-civil-rights-march

8 Baker, “What It’s Like Living in One of the Hottest Cities.”

9 照片放在作者的網站上，www.jeffgoodellwriter.com.

10 Christopher Adams. “Austin Just Experienced Its Hottest Seven Day Stretch in History.” KXAN weather blog. Accessed July 2022. https://www.kxan.com/weather/weather-blog/austin-just-experienced-its-hottest-7-day-stretch-in-history/

11 Tristan Crocker. “Daily Cartoon: Thursday, May 12.” *The New Yorker* website. Accessed October 2022. https://www.newyorker.com/cartoons/daily-cartoon/thursday-may-12th-dragon-warming

12 Michael G. Just et al. “Human Indoor Climate Preferences Approximate Specific Geographies.” *Royal Society Open Science* vol. 6, issue 3 (2019). https://doi.org/10.1098/rsos.180695

13 Quoted in Nala Rogers, “Americans Make Their Homes Feel Like the African Savannah Where Humans First Evolved.” *Inside Science*, March 19, 2019. https://www.insidescience.org/news/americans-make-their-homes-feel-african-savannah-where-humans-first-evolved

14 “What is the AccuWeather RealFeel Temperature?” *AcccuWeather News*, June 18, 2014. https://www.accuweather.com/en/weather-news/what-is-the-accuweather-realfeel-temperature/156655#

15 NOAA, “Why Do We Name Tropical Storms and Hurricanes?” NOAA website. Accessed October 2022. https://oceanservice.noaa.gov/facts/storm-names.html

16 “Richter Scale.” US Geological Survey website. Accessed October 2022. https://earthquake.usgs.gov/learn/glossary/?term=richter%20scale

17 “Heat Watch vs. Warning.” National Weather Service website. Accessed October 2022. https://www.weather.gov/safety/heat-ww

18 “WFO Non-Precipitation Weather Products (NPW) Specification.” National Weather Service Instruction 10-515, December 27, 2019. Accessed October 2022. https://www.nws.noaa.gov/directives/sym/pd01005015curr.pdf

19 David Hondula et al. “Spatial Analysis of United States National Weather Service Excessive Heat Warnings and Heat Advisories.” *Bulletin of the American Meteorological Society* 103, no. 9 (2022) E2017–E2031. https://doi.org/10.1175/BAMS-D-21-0069.1

20 Ibid.

21 Catrin Einhorn and Christopher Flavelle. "A Race Against Time to Rescue a Reef Against Climate Change." *New York Times*, December 5, 2020. https://www.nytimes.com/2020/12/05/climate/Mexico-reef-climate-change.html

22 John Sledge. "Solano's Storm." Mobile Bay, September 3, 2020. https://mobilebaymag.com/solanos-storm/

23 Eric Jay Dolin, A Furious Sky: *The Five Hundred Year History of America's Hurricanes* (New York: Liveright, 2020), 123.

24 Ibid, 207.

25 Ibid, 210.

26 Ibid.

27 "Names for Heat Waves," *Northside Sun*, November 5, 2021. https://www.northsidesun.com/editorials-local-news-opinion/editorial-names-heatwaves

28 "Europe Swelters Under a Heat Wave Called 'Lucifer.'" *New York Times*, August 6, 2017. https://www.nytimes.com/2017/08/06/world/europe/europe-heat-wave.html

29 Barbara Marshall. "European Heat Wave Called Lucifer: What Should We Call South Florida's?" *Palm Beach Post*, August 8, 2017. https://www.palmbeachpost.com/story/lifestyle/2017/08/08/european-heat-wave-called-lucifer/6763660007/

30 Jason Samenow. "Heat Wave 'Hugo?' New Coalition Seeks to Name Hot Weather Like Hurricanes." Washington Post, August 6, 2020. https://www.washingtonpost.com/weather/2020/08/06/naming-heat-waves/

31 Letter to Baughman McLeod and members of Adrienne Arsht-Rockefeller Foundation Resilience Center, August 17, 2020.

32 Laurence Kalkstein et al. "A New Spatial Synoptic Classification: Application To Air-Mass Analysis." *International Journal of Climatology* 16, no. 9 (1996), 983–1004. https://doi.org/10.1002/(SICI)1097-0088(199609)16:9<983:AID-JOC61>3.0.CO;2-N

33 Ashifa Kassam. "Seville to Name and Classify Heat Waves in Effort to Protect Public." *The Guardian*, June 26, 2022. https://www.theguardian.com/world/2022/jun/26/seville-name-classify-heatwaves-effort-to-protect-public

34 Marco Trujillo. "Spain Melts Under the Earliest Heat Wave in Over 40 Years." Reuters, June 14, 2022. https://www.reuters.com/world/europe/spain-melts-under-earliest-heat-wave-over-40-years-2022-06-13/

35 Ashifa Kassam. "'They're Being Cooked': Baby Swifts Die Leaving Nests as Heatwave Hits Spain." *The Guardian*, June 16, 2022. https://www.theguardian.com/world/2022/jun/16/spain-heatwave-baby-swifts-die-leaving-nest

36 Quoted in Ibid.

37 Ciara Nugent. “Zoe, the World’s First Named Heat Wave, Arrives in Seville.” *Time*, July 25, 2022. https://time.com/6200153/first-named-heat-wave-zoe-seville/

38 與作者分享的未發表研究，October 2022.

39 Akshaya Jha and Andrea La Nauze. “US Embassy Air-Quality Tweets Led to Global Health Benefits.” *Proceedings of the National Academy of Sciences* 199, no. 44 (2022), e2201092119. https://doi.org/10.1073/pnas.2201092119

40 World Meteorological Organization. “Considerations Regarding the Naming of Heat Waves.” October 2022. https://library.wmo.int/index.php?lvl=notice_display&id=22190

41 Ashley R. Williams. “California Becomes First US State to Begin Ranking Extreme Heat Wave Events” *USA Today*, September 12, 2022. https://www.usatoday.com/story/news/nation/2022/09/12/california-becomes-first-state-start-ranking-extreme-heat-waves/8061975001/

第十三章：烤焦、逃跑，或行動

1 An excellent, thorough account of the 2003 heat wave can be found in Richard Keller’s *Fatal Isolation: The Devastating Heat Wave of 2003* (Chicago: University of Chicago Press, 2015).

2 Keller, *Fatal Isolation*, 41.

3 Ibid.

4 “Report on Behalf of the Commission of Inquiry on the Health and Social Consequences of the Heat Weather.” French National Assembly, No. 1455, Vol. 1. https://www.assemblee-nationale.fr/12/rap-enq/r1455-t1.asp#P201_9399

5 Keller, *Fatal Isolation*, 41.

6 Alexandra Schwartz. “Paris Reborn and Destroyed.” *The New Yorker*, March 19, 2014. https://www.newyorker.com/culture/culture-desk/paris-reborn-and-destroyed

7 Jeff Goodell. “Will the Paris Climate Deal Save the World?” *Rolling Stone*, January 13, 2016. https://www.rollingstone.com/culture/culture-news/will-the-paris-climate-deal-save-the-world-56071/

8 Helene Chartier. “The Built Environment Industry Has a Huge Responsibility in the Climate Crisis.” *ArchDaily*, September 22,

2022. https://www.archdaily.com/989430/the-built-environment-industry-has-a-huge-responsibility-in-the-climate-crisis

9 Dana Rubenstein. "A Million More Trees for New York City: Leaders Want a Greener Canopy." *New York Times*, February 12, 2022. https://www.nytimes.com/2022/02/12/nyregion/trees-parks-nyc.html

10 Laura Millan Lombrana. "One of Europe's Hottest Cities Is Using 1,000-Year-Old Technology to Combat Climate Change." *Bloomberg News*, August 18, 2022. https://www.bloomberg.com/news/articles/2022-08-18/one-of-europe-s-hottest-cities-has-a-climate-change-battle-plan

11 Peter Yeung. "Africa's First Heat Officer Faces a Daunting Task." *Bloomberg News*, January 21, 2022. https://www.bloomberg.com/news/features/2022-01-21/how-africa-s-first-heat-officer-confronts-climate-change

12 Christina Capatides. "Los Angeles Is Painting Some of Its Streets White and the Reasons Why Are Pretty Cool." *CBS News*, April 9, 2018. https://www.cbsnews.com/news/los-angeles-is-painting-some-of-its-streets-white-and-the-reasons-why-are-pretty-cool/

13 "Green Roofs are Sprouting in India." *Times of India* website video. April 26, 2018. Accessed October 2022. https://timesofindia.indiatimes.com/videos/city/chennai/green-roofs-are-sprouting-in-chennai/videoshow/63929209.cms?from=mdr

14 Franck Lirzin. *Paris face au changement climatique* (Paris: l'Aube, 2022).

15 *Alistair Horne. Seven Ages of Paris* (New York: Vintage Books, 2004), 259.

16 Ibid, 342.

17 Ibid, 363–386.

18 Ibid, 363.

19 Henry W. Lawrence. *City Trees: A Historical Geography from the Renaissance through the Nineteenth Century* (Charlottesville: University of Virginia Press, 2006), 237.

20 Joan DeJean. *How Paris Became Paris: The Invention of the Modern* City (New York: Bloomsbury, 2014), 300.

21 Horne, *Seven Ages of Paris*, 374.

22 "Les Toits de Paris." Report from Atelier Parisian D'Urbanisme, October 2022, 14. Accessed November 2022. https://www.apur.org/sites/default/files/bd_toitures_paris.pdf

23 Ibid.

24 David Chazan. "Paris Wants Its 'Unique' Rooftops to Be Made UNESCO World Heritage Site." *The Telegraph*, January 28, 2015.

https://www.telegraph.co.uk/news/worldnews/europe/france/11375145/Paris-wants-its-unique-rooftops-to-be-made-Unesco-world-heritage-site.html

25 Personal communication with Jacque Frier, December 2022.

26 Nadia Razzhigaeva. "Are Cool Roofs the Future for Australian Cities?" UNSW Sydney news release, June 12, 2022. https://newsroom.unsw.edu.au/news/art-architecture-design/are-cool-roofs-future-australian-cities

27 Goodell, The Water Will Come, 116–144.

28 Lauren Ro and Alissa Walker. "Paris's Plan to Ban Cars from the Seine Holds up in Court." *Curbed*, October 25, 2018. https://archive.curbed.com/2016/9/27/13080078/paris-bans-cars-seine-right-bank-air-pollution-mayor-anne-hidalgo

29 Madeline Schwartz. "Bike Lane to the Élysée" *New York Review*, March 24, 2022. https://www.nybooks.com/articles/2022/03/24/bike-lane-to-the-elysee-une-femme-francaise-hidalgo/

30 Kim Willsher. "Anne Hidalgo: 'Being Paris Mayor Is Like Piloting a Catamaran in a Gale.'" *The Guardian*, March 3, 2020. https://www.theguardian.com/world/2020/mar/03/anne-hidalgo-paris-mayor-second-term-interview

31 Treepedia website. Accessed October 2022.

32 Anthony Cuthbertson. "Europe Heatwave: Paris Records its Hottest Temperature in History." *The Independent*, July 25, 2019. https://www.independent.co.uk/news/world/europe/paris-hottest-temperature-record-europe-heatwave-france-latest-a9019716.html

33 Vivian Song. "Admiring the Trees of Paris." *New York Times*, August 9, 2022. https://www.nytimes.com/2022/08/09/travel/paris-trees.html

34 Marcus Fairs. "Forestami Project Will See 'One Tree for Every Inhabitant' Planted in Milan." *Dezeen*, September 24, 2021. https://www.dezeen.com/2021/09/24/forestami-project-trees-planted-milan/

35 Elizabeth Pennisi. "Earth Home to 3 Trillion Trees, Half as Many as When Human Civilization Arose." *Science*, September 2, 2015. https://www.science.org/content/article/earth-home-3-trillion-trees-half-many-when-human-civilization-arose

36 Ibid.

37 Manuel Ausloos. "Heatwave in Paris Exposes City's Lack of Trees." *Reuters*, August 4, 2022. https://www.reuters.com/world/europe/heatwave-paris-exposes-citys-lack-trees-2022-08-04/

38 Katherine McNenney. "It Costs $4,351.12 to Plant One Tree in LA." City Watch, December 1, 2022. https://www.citywatchla.com/index.php/neighborhood-politics/26031-it-costs-4-351-12-to-plant-one-tree-in-la

39 "Tree and Shade Master Plan." City of Phoenix, 2010. Accessed November 2022. https://www.phoenix.gov/parkssite/Documents/PKS_Forestry/PKS_Forestry_Tree_and_Shade_Master_Plan.pdf

40 Nick Kampouris. "Athens' Unique Mulberry Trees on the Brink of Extinction Due to Insect Damage." *Greek Reporter*, February 11, 2020. https://greekreporter.com/2020/02/11/athens-unique-mulberry-trees-on-the-brink-of-extinction-due-to-insect-damage/

41 Patty Wetli. "The Ash Trees Last Stand, and Why It Matters." *WTTW News*, March 10, 2020. https://news.wttw.com/2020/03/04/ash-tree-last-stand-chicago-and-why-it-matters

42 Elizabeth Gamillo. "1.4 Million Trees May Fall to Invasive Insects by 2050." *Smithsonian*, March 17, 2022. https://www.smithsonianmag.com/smart-news/14-million-urban-trees-may-fall-to-invasive-insects-by-2050-180979752/

43 Rosie Ninesling. "The Year a Love-Sick Occultist Poisoned Austin's Treaty Oak." *Austin Monthly*, March 2022. https://www.austinmonthly.com/the-year-a-love-sick-occultist-poisoned-austins-treaty-oak/

44 Macquarie University website. Accessed November 2022. https://www.whichplantwhere.com.au/

45 Zach Hope. "Amid the Mourning, New Life for One of Melbourne's Most-Loved Trees." *The Age*, June 27, 2020. https://www.theage.com.au/national/victoria/amid-the-mourning-new-life-for-one-of-melbourne-s-most-loved-trees-20200619-p5545i.html

46 "Texas Tree Death Toll from Drought Hits 5.6 Million, says Forest Service." *Houston Chronicle*, February 17, 2012. https://www.chron.com/neighborhood/champions-klein/news/art-icle/Texas-tree-death-toll-from-drought-hits-5-6-9505128.php

47 Manuel Esperon-Rodriguez et al. "Climate Change Increases Global Risk to Urban Forests." *Nature Climate Change* 12 (2022), 950–955. https://doi.org/10.1038/s41558-022-01465-8

48 American Forests Tree Equity Score. American Forests website. Accessed October 2022. https://www.americanforests.org/tools-research-reports-and-guides/tree-equity-score/

49 Colin Marshall. "Story of Cities #50: The Reclaimed Stream Bringing Life to the Heart of Seoul." *The Guardian*, May 25, 2016. https://www.theguardian.com/cities/2016/may/25/story-cities-reclaimed-stream-heart-seoul-cheonggyecheon

50 Brian Barth. "Curitiba: the Greenest city on Earth." *The Ecologist*, March 15, 2004. https://theecologist.org/2014/mar/15/curitiba-greenest-city-earth

51 Personal communication with the author, July 2022.

52 Jared Green. "Earth Day Interview with Richard Weller: A Hopeful Vision for Global Conservation." *The Dirt*, April 18, 2022. https://dirt.asla.org/2022/04/18/earth-day-interview-with-richard-weller-a-bold-vision-for-global-conservation/

53 Champs-Élysées Committee. "The Champs-Élysées — History & Perspectives." Exhibition at Pavillon de l'Arsenal, February 14 to September 13, 2020. https://www.pavillon-arsenal.com/fr/expositions/11463-champs-elysees.html

54 Nadja Sayej. "Paris's Champs-Élysées Is Getting a Major Makeover — But What Does That Mean for the Locals?" *Architectural Digest*, January 29, 2021. https://www.architecturaldigest.com/story/pariss-champs-elysees-getting-major-makeover-what-does-that-mean-locals

55 Kim Willsher. "Paris Agrees to Turn Champs-Élysées into 'Extraordinary Garden.'" *The Guardian*, January 10, 2021. https://www.theguardian.com/world/2021/jan/10/paris-approves-plan-to-turn-champs-elysees-into-extraordinary-garden-anne-hidalgo

56 Tom Ravenscroft. "Anne Lacaton and Jean-Philippe Vassal Win Pritzker Architecture Prize 2021." *Dezeen*, March 16, 2021. https://www.dezeen.com/2021/03/16/anne-lacaton-jean-philippe-vassal-pritzker-architecture-prize-2021/

57 Shefali Anand. "With Grand Paris Express, Paris Hopes to Expand Its Borders — And Metropolitan Might." *Wall Street Journal*, July 2, 2018. https://www.wsj.com/articles/with-grand-paris-express-paris-hopes-to-expand-its-borders-and-metropolitan-might-1530553113

58 Emeline Cazi and Audrey Garric. "How Paris Is Preparing for Life 'at 50° C.'" *Le Monde*, July 17, 2022. https://www.lemonde.fr/en/environment/article/2022/07/17/how-paris-is-preparing-for-life-under-50-c_5990462_114.html

第十四章：白熊

1 Roni Dengler. "Ancient Mosses Suggest Canada's Baffin Island is the Hottest It's Been in 45,000 Years." *Science News*, October 30, 2017. https://www.science.org/content/article/ancient-mosses-suggest-canada-s-baffin-island-hottest-it-s-been-45000-years

2 Ashifa Kassam. "'Soul-crushing' Video of Starving Polar Bear Exposes Climate Crisis, Experts Say." *The Guardian*, December 8, 2017. https://www.theguardian.com/environment/2017/dec/08/starving-polar-bear-arctic-climate-change-video

3 Matt Stevens. "Video of Starving Polar Bear 'Rips Your Heart Out of Your Chest.'" *New York Times*, December 11, 2017. https://www.nytimes.com/2017/12/11/world/canada/starving-polar-bear.html

4 Quoted in Katharine Hayhoe, "Yeah, the Weather Has Been Weird." *Foreign Policy*, May 31, 2017. https://foreignpolicy.com/2017/05/31/everyone-believes-in-global-warming-they-just-dont-realize-it/

5 Katheryn Schultz. "Literature's Arctic Obsession." *The New Yorker*, April 17, 2017. https://www.newyorker.com/magazine/2017/04/24/literatures-arctic-obsession

6 Ibid.

7 Ibid.

8 *Herman Melville. Moby Dick: or, the Whale* (Berkeley: University of California Press, 1983), 196.

9 Ibid, 197.

10 Wally Herbert and Roy M. Koerner. "The First Surface Crossing of the Arctic Ocean." *Geographical Journal* 136, no. 4 (1970), 511–533. https://doi.org/10.2307/1796181

11 EPA "Importance of Methane." Global Methane Initiative website. Accessed October 2022. https://www.epa.gov/gmi/importance-methane

12 Jeff Goodell. "Can Geoengineering Save the World?" *Rolling Stone*, October 4, 2011. https://www.rollingstone.com/politics/politics-news/can-geoengineering-save-the-world-238326/

13 NASA "2018's Biggest Volcanic Eruption of Sulfur Dioxide." NASA website. Accessed October 2022. https://www.nasa.gov/feature/goddard/2019/2018-s-biggest-volcanic-eruption-of-sulfur-dioxide

14 David Wallace-Wells. "Air Pollution Kills Ten Million People a Year. Why Do We Accept That As Normal?" *New York Times*, July 8, 2022. https://www.nytimes.com/2022/07/08/opinion/environment/air-pollution-deaths-climate-change.html

15 David Keith. "What's the Least Bad Way to Cool the Planet?" *New York Times*, October 1, 2022. https://www.nytimes.com/2021/10/01/opinion/climate-change-geoengineering.html

16 International Energy Agency. "Global CO_2 Emissions Rebounded to Their Highest Level in History in 2021." IEA press release, March 8, 2022. https://www.iea.org/news/global-co2-emissions-rebounded-to-their-highest-level-in-history-in-2021

17 Personal communication with the author, July 2021.

18 *Doug Peacock. Grizzly Years: In Search of the American Wilderness* (New York: Holt Paperbacks, 1996), 139.

尾聲：跨出適居區

1 Dana Nuccitelli. “Scientists Warned the US President About Global Warming 50 Years Ago Today.” *The Guardian*, November 15, 2015. https://www.theguardian.com/environment/climate-consensus-97-percent/2015/nov/05/scientists-warned-the-president-about-global-warming-50-years-ago-today

2 Neela Banerjee, Lisa Song, and David Hasemyer. “Exxon’s Own Research Confirmed Fossil Fuels’ Role in Global Warming Decades Ago.” *Inside Climate News*, September 16, 2015. https://insideclimatenews.org/news/16092015/exxons-own-research-confirmed-fossil-fuels-role-in-global-warming/

3 David Wallace-Wells. “Beyond Catastrophe A New Climate Reality is Coming into View.” *New York Times Magazine*, October 26, 2022. https://www.nytimes.com/interactive/2022/10/26/magazine/climate-change-warming-world.html

4 Holly Yan and Christina Maxouris. “The US Just Topped 1,100 Coronavirus Deaths a Day. One State Is Getting National Guard Help, and Others Keep Breaking Records.” *CNN*, October 22, 2020. https://www.cnn.com/2020/10/22/health/us-coronavirus-thursday/index.html

5 “Newly Released Estimates Show Traffic Fatalities Reached a 16-Year High in 2021.” National Highway Traffic Safety Administration press release, May 17, 2022. https://www.nhtsa.gov/press-releases/early-estimate-2021-traffic-fatalities

6 Brink Lindsey. “What Is the Permanent Problem?” Brink Lindsey website. September 28, 2022. https://brinklindsey.substack.com/p/what-is-the-permanent-problem

7 James Hansen. *Storms of My Grandchildren: The Truth About the Coming Climate Catastrophe and Our Last Chance to Save Humanity* (New York: Bloomsbury, 2009), 175.

8 Peter Brannen. *The Ends of the World: Volcanic Apocalypses, Lethal Oceans, and Our Quest to Understand Earth’s Past Mass Extinctions* (New York: Ecco, 2017), p. 127.

9 Ibid, p. 123.

10 Elizabeth Kolbert. *The Sixth Extinction: An Unnatural History* (New York: Henry Holt, 2014), 268–269.

11 “Dr. Ayana Elizabeth Johnson: Hope is Courage and Taking Action Together. The Jane Goodall Hopecast,” May 31, 2021. https://news.janegoodall.org/2021/06/01/jane-goodall-hopecast-podcast-ep-15-dr-ayana-elizabeth-johnson/

平裝版後記

1 Copernicus Climate Change Service. "Copernicus: 2023 Is the Hottest Year on Record, with Global Temperatures Close to the 1.5° C Limit." Press release, January 9, 2024. https://climate.copernicus.eu/copernicus-2023-hottest-year-record

2 Rebecca Hersher. "Frankly Astonished: 2023 Was Significantly Hotter Than Any Other Year on Record." *NPR News*, January 12, 2024. https://www.npr.org/2024/01/12/1224398788/frankly-astonished-2023-was-significantly-hotter-than-any-other-year-on-record

3 Damian Carrington. "'Gobsmackingly Bananas': Scientists Stunned by Planet's Record September Heat." *The Guardian*, October 4, 2023. https://www.theguardian.com/environment/2023/oct/05/gobsmackingly-bananas-scientists-stunned-by-planets-record-september-heat

4 Michael Wilson. "Orange Skies and Burning Eyes as Smoke Shrouds New York City." *New York Times*, June 7, 2023. https://www.nytimes.com/2023/06/07/nyregion/nyc-wildfire-smoke-scenes.html

5 Dinah Voyles Pulver. "101.1 Degrees? Water Temperatures off Florida Keys Among the Hottest in the World." *USA Today*, July 25, 2023. https://www.usatoday.com/story/news/nation/2023/07/25/water-temperatures-in-florida/70463489007/

6 "Cyclone Freddy Among Africa's Deadliest Storms." *Reuters*, March 20, 2023. https://www.reuters.com/business/environment/cyclone-freddy-among-africas-deadliest-storms-2023-03-15/

7 Maricopa County. 2023 Weekly Heat Mortality/Morbidity Reports. Accessed January 2024. https://www.maricopa.gov/1858/Heat-Surveillance

8 Rodrigo Viga Gaier. "Taylor Swift Fan Died of Heat Exhaustion at Rio Concert, Police Say." *Reuters*, December 27, 2023. https://www.reuters.com/world/americas/taylor-swift-fan-died-heat-exhaustion-rio-concert-police-say-2023-12-27/

9 Zeke Hausfather. "State of the Climate: 2023 Smashes Records for Surface Temperature and Ocean Heat." *Carbon Brief*, January 12, 2024. https://www.carbonbrief.org/state-of-the-climate-2023-smashes-records-for-surface-temperature-and-ocean-heat/

10 NASA Earth Observatory. "Five Factors to Explain the Record Heat of 2023." January 13, 2024. https://earthobservatory.nasa.gov/images/152313/five-factors-to-explain-the-record-heat-in-2023

11 Ibid.

12 Ibid.

13 Jonathan Watts. "World Will Look Back at 2023 as Year Humanity Exposed Its Inability to Tackle Climate Crisis, Scientists Say." *The Guardian*, December 29, 2023. https://www.theguardian.com/environment/2023/dec/29/world-will-look-back-at-2023-as-year-humanity-exposed-its-inability-to-tackle-climate-crisis

14 Oliver Milman. "Global Heating Will Pass 1.5C Threshold This Year, Top Ex-NASA Scientist Says." *The Guardian*, January 8, 2024. https://www.theguardian.com/environment/2024/jan/08/global-temperature-over-1-5-c-climate-change

15 Damian Carrington. "2023 Smashes Record for the World's Hottest Year by Huge Margin." *The Guardian*, January 9, 2024. https://www.theguardian.com/environment/2024/jan/09/2023-record-world-hottest-climate-fossil-fuel

16 Nathaniel Meyersohn. "Biden's Climate Law Has Led to 86,000 New Jobs and $132 Billion in Investment, New Report Says." *CNN*, August 14, 2023. https://www.cnn.com/2023/08/14/business/climate-clean-energy-jobs-biden/index.html當中

17 International Energy Agency. "Electricity 2024." January 2024. https://www.iea.org/reports/electricity-2024

18 Dan Neil. "You've Formed Your Opinion on EVs. Now Let Me Change It." *Wall Street Journal*, January 19, 2024. https://www.wsj.com/lifestyle/cars/youve-formed-your-opinion-on-evs-now-let-me-change-it-6c6fd1c1?mod=hp_trending_now_article_pos3

19 "UN: 258 Million People Faced Acute Food Insecurity in 2022." *AP*, May 3, 2023. https://apnews.com/article/un-hunger-ukraine-covid-f4c0eda5f48eee25163ab14e835e666d

20 Michael Grunwald. "Why Vertical Farming Just Doesn't Work." Canary Media, June 28, 2023. https://www.canarymedia.com/articles/food-and-farms/why-vertical-farming-just-doesnt-work

21 Paul Njie and Natasha Booty. "Cameroon Starts World-First Malaria Mass Vaccine Rollout." *BBC News*, January 22, 2024. https://www.bbc.com/news/world-africa-68037008

22 World Health Organization. "Dengue and Severe Dengue." WHO fact sheet, March 17, 2023. https://www.who.int/news-room/fact-sheets/detail/dengue-and-severe-dengue

23 Kaitlin Naughten et al. "Unavoidable Future Increase in West Antarctic Ice-Shelf Melting Over the Twenty-First Century." *Nature Climate Change* 13, 1222–1228 (2023). https://doi.org/10.1038/s41558-023-01818-x

24 Clive Cookson. "'It Looks Like We've Lost Control' of Our Ice Sheets." *Financial Times*, November 30, 2023. https://www.ft.com/content/87695156-d715-4cd7-8621-0dc3858a4965

25 Damien Carrington. "Greenland Losing 30m Tonnes of Ice an Hour, Study Reveals." *The Guardian*, January 17, 2024. https://

www.theguardian.com/environment/2024/jan/17/greenland-losing-30m-tonnes-of-ice-an-hour-study-reveals

26 Rene M. Van Westen et al. "Physics-Based Early Warning Signal Shows That AMOC Is on Tipping Course." *Science Advances*, vol. 10, issue 6 (2024). https://doi.org/10.1126/sciadv.adk1189

27 Bob Berwyn. "Extreme Climate Impacts from Collapse of a Key Atlantic Ocean Current Could Be Worse Than Expected, a New Study Warns." *Inside Climate News*, February 4, 2024. https://insideclimatenews.org/news/09022024/climate-impacts-from-collapse-of-atlantic-meridional-overturning-current-could-be-worse-than-expected

28 Damian Carrington. "Failure of Cop28 on Fossil Fuel Phase-out Is 'Devastating,' Say Scientists." *The Guardian*, December 14, 2023. https://www.theguardian.com/environment/2023/dec/14/failure-cop28-fossil-fuel-phase-out-devastating-say-scientists

29 The Associated Press–NORC Center for Public Affairs Research. "Americans' Views on Climate, Energy Policy and Electric Vehicles." Press release, April 2023. https://apnorc.org/projects/americans-views-on-climate-energy-policy-and-electric-vehicles

30 Andrew Dessler. "'Where Is Everybody?': The Fermi Paradox, the Drake Equation, and Climate Change." *The Climate Brink*, January 4, 2024. https://www.theclimatebrink.com/p/where-is-everyone-the-fermi-paradox

31 Zoë Schlanger. "Prepare for a 'Gray Swan' Climate." *The Atlantic*, January 22, 2024. https://www.theatlantic.com/science/archive/2024/01/climate-change-acceleration-nonlinear-gray-swan/677201

32 W. S. Merwin. "To the New Year" from *Present Company* (Port Townsend, WA: Copper Canyon Press, 2005).

參考書目

請至以下網址查閱 https://reurl.cc/XGo84e

熱浪會先殺死你

作　　者　傑夫・古戴爾（Jeff Goodell）
翻　　譯　徐仕美，畢馨云（11-12章）
責任編輯　何維民

版　　權　吳玲緯　楊靜
行　　銷　闕志勳　吳宇軒　余一霞
業　　務　李再星　李振東　陳美燕
副總編輯　何維民
編輯總監　劉麗真
事業群總經理　謝至平
發 行 人　何飛鵬

出　　版　麥田出版
115台北市南港區昆陽街16號4樓
電話：02-25000888　傳真：02-25001951
發　　行　英屬蓋曼群島商家庭傳媒股份有限公司城邦分公司
115台北市南港區昆陽街16號8樓
客服專線：02-25007718；02-25007719
24小時傳真服務：02-25001990；02-25001991
服務時間：週一至週五09:30-12:00，13:30-17:00
郵撥帳號：19863813 戶名：書虫股份有限公司
讀者服務信箱E-mail：service@readingclub.com.tw
城邦網址：http://www.cite.com.tw
麥田出版臉書：http://www.facebook.com/RyeField.Cite/
香港發行所　城邦（香港）出版集團有限公司
香港九龍土瓜灣土瓜灣道86號順聯工業大廈6樓A室
電話：852-25086231
傳真：852-25789337
馬新發行所　城邦（馬新）出版集團
41, Jalan Radin Anum, Bandar Baru Seri Petaling,
57000 Kuala Lumpur, Malaysia.
電話：+6(03) 90563833　傳真：+6(03) 90563833　E-mail：service@cite.my

印　　刷　前進彩藝有限公司
電腦排版　黃雅藍
書封設計　兒日工作室

初版一刷　2024年8月

定　　價　490元
I S B N　978-626-310-677-2

THE HEAT WILL KILL YOU FIRST: Life and Death on a Scorched Planet
by Jeff Goodell

國家圖書館出版品預行編目資料

熱浪會先殺死你／傑夫・古戴爾（Jeff Goodell）著；徐仕美譯. -- 初版. – 臺北市：麥田出版：英屬蓋曼群島商家庭傳媒股份有限公司城邦分公司發行, 2024.07
面；　公分
譯自：The heat will kill you first : life and death on a scorched planet
ISBN 978-626-310-677-2（平裝）

1. CST：地球暖化　2. CST：全球氣候變遷　3. CST：通俗作品
328.8018　113006029